HZ Books

华章图书

一本打开的书，
一扇开启的门，
通向科学殿堂的阶梯，
托起一流人才的基石。

iOS全埋点
解决方案

王灼洲 ◎ 著

iOS
AutoTrack
Solution

机械工业出版社
China Machine Press

图书在版编目（CIP）数据

iOS 全埋点解决方案 / 王灼洲著 . —北京：机械工业出版社，2020.4

ISBN 978-7-111-65362-2

I. i… II. 王… III. 移动终端－应用程序－程序设计 IV. TN929.53

中国版本图书馆 CIP 数据核字（2020）第 062642 号

iOS 全埋点解决方案

出版发行：机械工业出版社（北京市西城区百万庄大街 22 号 邮政编码：100037）

责任编辑：董惠芝　　　　　　　　　　　　　　责任校对：李秋荣

印　　刷：大厂回族自治县益利印刷有限公司　　版　　次：2020 年 5 月第 1 版第 1 次印刷

开　　本：186mm×240mm　1/16　　　　　　　印　　张：19.5

书　　号：ISBN 978-7-111-65362-2　　　　　　定　　价：89.00 元

客服电话：（010）88361066　88379833　68326294　　投稿热线：（010）88379604

华章网站：www.hzbook.com　　　　　　　　　　读者信箱：hzit@hzbook.com

　　大部分互联网行业的从业人员可能都比较熟悉埋点这个概念，即通过嵌入第一方或者第三方 SDK，采集用户在产品上的操作，也就是采集用户的行为数据。埋点一般可以分为客户端埋点和后端埋点。客户端埋点由于更加贴近业务，更加直观，因此成为目前市面上的主流数据采集手段。其中，Android 与 iOS 端的埋点更是得到了广泛应用。对于 iOS 端的埋点，目前市面上主要流行代码埋点与全埋点两种技术方案。其中，代码埋点即显式地调用数据采集 SDK 提供的接口来采集数据，在采集能力上有比较大的优势，但是需要做额外的开发，易用性较为欠缺；全埋点则不需要额外写代码，使用方便快捷，但是在采集能力上有所欠缺，并且存在比较多的兼容性问题。两种方案说不上孰优孰劣，各自有适用的应用场景。根据服务客户所积累的最佳实践，我们推崇两种方案综合使用。

　　灼洲以及他所负责的 SDK 团队，在公司内部一直负责客户端与服务端的数据采集 SDK 的研发工作，不仅为客户提供了完整的数据采集方案，而且解决了客户在数据采集过程中碰到的各种疑难问题。在整个研发与服务客户的过程中，灼洲团队积累了丰富的经验，并且通过开源数据采集 SDK、持续举办各种技术沙龙，为整个数据采集的技术社区做出了一些贡献。在这个过程中，团队也希望能够通过这本书的出版，给读者讲明白"iOS 全埋点"这一之前看起来有点像"黑科技"的技术方案的实现细节，以及各种实现方式的优缺点。同时，也希望读者在读了本书之后，能够对数据采集有更多的认识，能够结合自己的实际业务场景，设计出更好的数据采集方案。

曹犟

神策数据联合创始人、CTO

前　言 *Preface*

为何写作本书?

随着大数据行业的快速发展, 数据采集也变得越来越重要。国内企业对全埋点技术需求迫切, 但是这方面的学习资源一直比较缺乏。目前, 国内外还没有系统讲解 iOS 全埋点技术的专著。同时, 行业里存在对全埋点概念过度包装的现象, 希望本书能够揭开 iOS 全埋点技术的神秘面纱, 给企业带来价值, 推动更多开发者参与大数据行业生态建设。

自第一本书——《Android 全埋点解决方案》出版以来, 我收到了许多读者朋友的反馈, 有的与我分享他们的阅读感悟, 有的与我探讨具体的技术问题, 有的说这本书改变了他们的职业生涯, 也有人给我邮寄了锦旗……不仅收获了好的口碑, 而且获得了不错的销售成绩。这一切让我感觉到, 这些年在埋点技术道路上付出的所有艰辛和努力都是值得的。

我目前就职于神策数据, 是神策数据合肥研发中心负责人。神策数据是一家以重构中国互联网数据根基为愿景的公司, 十分重视基础数据的采集与建模。神策数据的采集技术一直在不断革新, 包括 Android SDK、iOS SDK、Web JS SDK 、C++ SDK、C# SDK、Java SDK、Python SDK、PHP SDK、Ruby SDK、Golang SDK、Node SDK、APICloud SDK 等。神策数据愿意将一些成熟的技术与国内外开发者交流与共享, 并已于 2019 年 1 月正式成立供 IT 开发者分享、使用与交流技术的开源社区——神策数据开源社区 (Sensors Data Open Source)。开源社区一方面能够帮助我们更好地服务客户, 推动企业的数字化转型; 另一方面能够造福同行, 推动数据行业生态建设。同时, 我们也期待在开源社区 (http://opensource.sensorsdata.cn/) 能够就数据采集相关技术与读者有更多的交流和共享。

本书读者对象

本书适合各水平层次的 iOS 开发工程师、系统工程师、架构师, 以及项目经理和技术经理等阅读。

本书内容特色

1. 内容稀缺

数据埋点技术在互联网领域尤其是移动端使用非常普遍，全埋点被誉为"最全、最便捷、界面友好、技术门槛低"的数据采集方式。关注该技术的企业很多，但是图书市场目前还是空白。

2. 实战经验总结

作者从事移动开发近10年，开发和维护着国内第一个商用的开源Android & iOS数据埋点SDK，在神策数据深度服务超过1000家企业客户，有比较丰富的技术沉淀与经验积累——这些都毫无保留地写在了本书中。

3. 理论与实操并重

本书全面、系统地讲解了基于iOS平台的数据埋点技术和解决方案，包括iOS应用程序启动和退出、页面浏览、控件点击、手势等全埋点的实现原理，并且都提供了完整的项目源码，具有极强的理论性和实操性。

如何阅读本书

本书系统地讲解了iOS全埋点的解决方案，同时涵盖了用户标识、时间相关、数据存储、数据同步、采集崩溃、App与H5打通、React Native全埋点等内容，建议大家按照书中的章节顺序阅读，由浅入深、循序渐进。

此外，本书还提供了完整的项目源码，建议一边阅读，一边实操。

勘误和支持

由于作者水平有限，且编写时间仓促，同时技术也在不断更新和迭代，书中难免会出现一些错误或者表述不准确的地方，恳请读者朋友批评和指正。

本书附赠源码的获取方式：关注微信公众号"华章计算机"，回复"65362"即可。

更多关于华章图书的信息和活动福利，请关注华章的官方新浪微博"华章图书"。

致谢

感谢神策数据的创始人桑文锋、曹犟、付力力、刘耀洲等在工作中的指导和帮助，感谢神策数据开源社区中每一位充满活力和共享精神的朋友们。

感谢机械工业出版社华章公司的编辑杨福川老师，在半年多的时间里始终支持我的写作，鼓励、帮助、引导我顺利完成全部书稿。同时，也非常感谢神策数据 iOS 工程师张敏超辅助完成本书写作。

谨以此书献给大数据行业的关注者和建设者！

王灼洲
2020 年 2 月

$\mathcal{C}ontents$ 目　　录

推荐序
前言

第1章　数据采集SDK ················· 1

1.1　数据采集SDK简介 ·············· 1

1.2　搭建SDK框架 ···················· 3

　1.2.1　新建Cocoa Touch Framework ······ 3

　1.2.2　新建Workspace ············· 4

　1.2.3　新建Demo工程 ············· 7

　1.2.4　添加依赖关系 ············· 10

　1.2.5　编写埋点SDK ············· 10

　1.2.6　Demo集成埋点SDK ········· 18

第2章　应用程序退出和启动 ········· 20

2.1　全埋点简介 ···················· 20

2.2　应用程序退出 ·················· 21

　2.2.1　应用程序状态 ············· 21

　2.2.2　实现步骤 ················· 22

2.3　应用程序启动 ·················· 24

　2.3.1　实现步骤 ················· 24

　2.3.2　优化 ····················· 26

2.4　被动启动 ······················ 28

　2.4.1　Background Modes ········· 29

　2.4.2　实现步骤 ················· 30

　2.4.3　优化 ····················· 33

第3章　页面浏览事件 ··············· 36

3.1　UIViewController生命周期 ····· 36

3.2　Method Swizzling ·············· 37

　3.2.1　Method Swizzling基础 ····· 37

　3.2.2　实现Method Swizzling的相关
　　　　　函数 ··················· 39

　3.2.3　实现Method Swizzling ····· 40

3.3　实现页面浏览事件全埋点 ······· 42

　3.3.1　实现步骤 ················· 42

　3.3.2　优化 ····················· 45

　3.3.3　扩展 ····················· 48

　3.3.4　遗留问题 ················· 52

第4章　控件点击事件 ··············· 53

4.1　Target-Action ················· 53

4.2　方案一 ························ 54

　4.2.1　实现步骤 ················· 55

　4.2.2　优化$AppClick事件 ······· 57

　4.2.3　支持更多控件 ············· 65

4.3　方案二 ························ 70

4.3.1　实现步骤 ················ 70

4.3.2　支持更多控件 ········· 75

4.4　方案总结 ······················· 78

第5章　UITableView 和 UICollection-View 点击事件 ·········· 80

5.1　支持 UITableView 控件 ······· 80

5.1.1　方案一：方法交换 ····· 80

5.1.2　方案二：动态子类 ····· 86

5.1.3　方案三：消息转发 ····· 93

5.1.4　三种方案的总结 ······· 102

5.1.5　优化 ························ 103

5.2　支持 UICollectionView 控件 ···· 107

第6章　手势采集 ·············· 112

6.1　手势识别器 ···················· 112

6.2　手势全埋点 ···················· 114

6.2.1　UITapGestureRecognizer
　　　全埋点 ················ 114

6.2.2　UILongPressGestureRecognizer
　　　全埋点 ················ 118

第7章　用户标识 ·············· 121

7.1　登录之前 ······················· 122

7.1.1　UDID ···················· 122

7.1.2　UUID ···················· 125

7.1.3　MAC 地址 ·············· 126

7.1.4　IDFA ····················· 128

7.1.5　IDFV ····················· 129

7.1.6　IMEI ····················· 130

7.1.7　最佳实践 ··············· 130

7.2　登录之后 ······················· 140

第8章　时间相关 ··············· 144

8.1　事件发生的时间戳 ········· 145

8.2　统计事件持续时长 ········· 147

8.2.1　实现步骤 ··············· 147

8.2.2　事件的暂停和恢复 ···· 152

8.2.3　后台状态下的事件时长 ··· 155

8.3　全埋点事件时长 ············ 158

8.3.1　$AppEnd 事件时长 ··· 158

8.3.2　$AppViewScreen 事件时长 ··· 160

第9章　数据存储 ··············· 162

9.1　数据存储策略 ················ 162

9.1.1　沙盒 ······················ 163

9.1.2　数据缓存 ··············· 165

9.2　文件缓存 ······················· 166

9.2.1　实现步骤 ··············· 166

9.2.2　优化 ······················ 174

9.2.3　总结 ······················ 179

9.3　数据库缓存 ···················· 179

9.3.1　实现步骤 ··············· 179

9.3.2　优化 ······················ 190

9.3.3　总结 ······················ 197

第10章　数据同步 ············· 198

10.1　同步数据 ···················· 198

10.1.1　Foundation 简介 ···· 198

10.1.2　同步数据 ············· 202

10.2　数据同步策略 ············· 212

10.2.1　基本原则 ············· 212

10.2.2　策略一 ················ 214

10.2.3　策略二 ················ 215

10.2.4 策略三 ············· 220

第 11 章 采集崩溃 ············· 223

11.1 NSException 异常 ············· 223

11.1.1 捕获 NSException 异常 ······· 224

11.1.2 传递 UncaughtException-

Handler ············· 227

11.2 捕获信号 ············· 229

11.2.1 Mach 异常和 Unix 信号 ······ 230

11.2.2 捕获 Unix 信号异常 ······· 231

11.3 采集应用程序异常时的 $AppEnd

事件 ············· 235

第 12 章 App 与 H5 打通 ········· 238

12.1 App 与 H5 打通原因 ········· 238

12.2 方案一：拦截请求 ············· 239

12.2.1 修改 UserAgent ········· 239

12.2.2 是否拦截 ············· 243

12.2.3 二次加工 H5 事件 ········· 244

12.2.4 拦截 ············· 246

12.2.5 测试验证 ············· 247

12.3 方案二：JavaScript 与 WebView

相互调用 ············· 255

第 13 章 App Extension ········· 259

13.1 App Extension 介绍 ········· 259

13.1.1 App Extension 类型 ······· 259

13.1.2 App Extension 生命周期 ······ 261

13.1.3 App Extension 通信 ······· 261

13.1.4 App Extension 示例 ······· 262

13.2 App Extension 埋点 ········· 270

第 14 章 React Native 全埋点 ······ 283

14.1 React Native 简介 ········· 283

14.1.1 创建项目 ············· 283

14.1.2 基础控件 ············· 286

14.2 React Native 全埋点 ········· 293

14.2.1 事件响应 ············· 293

14.2.2 $AppClick 事件 ········· 295

第 1 章　*Chapter 1*

数据采集 SDK

数据分析的流程一般为：数据采集→数据传输→数据建模→数据统计 / 分析 / 挖掘→数据可视化 / 反馈。因此，数据采集是基本，是源头。

1.1　数据采集 SDK 简介

数据采集 SDK 一般需要包含两大基础功能。

❑ 通过埋点来采集数据。

❑ 将采集的数据传输到指定的服务器端。

不论是采集数据，还是传输数据，都要求数据采集 SDK 能最大限度地保证数据的准确性、完整性和及时性，这就要求数据采集 SDK 能处理很多细节方面的问题，比如用户标识、网络策略、缓存数据策略、同步数据策略、数据准确性和数据安全性等。

目前，业界主流的埋点方式主要有如下三种。

❑ 代码埋点

❑ 全埋点

❑ 可视化埋点

代码埋点指应用程序集成埋点 SDK 后，在启动时初始化埋点 SDK，然后在某个事件发生的时候调用埋点 SDK 提供的方法来触发事件。

代码埋点是"最原始"的埋点方式，同时也是"最万能"的埋点方式，这是因为它具有下述一系列的优点。

❑ 可以精准控制埋点的位置。

❑ 可以更方便、更灵活地自定义事件和属性。

❏ 可以采集更丰富的与业务相关的数据。

❏ 可以满足更精细化的分析需求。

当然，代码埋点也有相应的缺点。

❏ 前期埋点成本相对较高。

❏ 若分析需求或事件设计发生变化，则需要应用程序修改埋点并发版。

全埋点也叫无埋点、无码埋点、无痕埋点、自动埋点，指无须应用程序开发工程师写代码或者只写少量的代码，即可预先自动收集用户的所有或者绝大部分的行为数据，然后根据实际的业务分析需求从中筛选出所需的数据并进行分析。

全埋点可以采集的事件如下。

❏ 应用程序启动事件（\$AppStart）

❏ 应用程序退出事件（\$AppEnd）

❏ 页面浏览事件（\$AppViewScreen）

❏ 控件单击事件（\$AppClick）

❏ 应用程序崩溃事件（\$AppCrashed）

全埋点有如下几个优点。

❏ 前期埋点成本相对较低。

❏ 若分析需求或事件设计发生变化，无须应用程序修改埋点并发版。

❏ 可以有效地解决"历史数据回溯"问题。

同时，全埋点也有一些缺点。

❏ 由于技术方面的原因，对于一些复杂的操作（比如缩放、滚动等），很难做到全面覆盖。

❏ 无法自动采集与业务相关的数据。

❏ 无法满足更精细化的分析需求。

❏ 各种兼容性方面的问题（比如 Android 和 iOS 之间的兼容性，不同系统版本之间的兼容性，同一个系统版本不同 ROM 之间的兼容性等）。

可视化埋点也叫圈选，是指通过可视化的方式进行埋点。

可视化埋点一般有两种应用场景。

❏ 默认情况下，不进行任何埋点，然后通过可视化的方式指定给哪些控件进行埋点（指定埋点）。

❏ 默认情况下，全部进行埋点，然后通过可视化的方式指定不给哪些控件进行埋点（排除埋点）。

可视化埋点的优点和缺点，整体上与全埋点的优点和缺点类似。

本书以全埋点为核心进行介绍，部分内容也适用于代码埋点。

1.2　搭建 SDK 框架

　　下面我们简单地介绍如何从零开始搭建一个数据采集 SDK 框架。后面介绍的所有内容，都是在该框架基础上进行扩展的。

　　提示：本书使用的开发环境如下。

　　❑ 操作系统：macOS

　　❑ Xcode 版本号：10.2.1

　　❑ 平台：iOS 12.3

　　❑ 开发语言：Objective-C

1.2.1　新建 Cocoa Touch Framework

　　第一步：启动 Xcode，依次单击 File → New → Project（或者使用快捷键 Shift+Command+ N），出现图 1-1 所示的窗口。

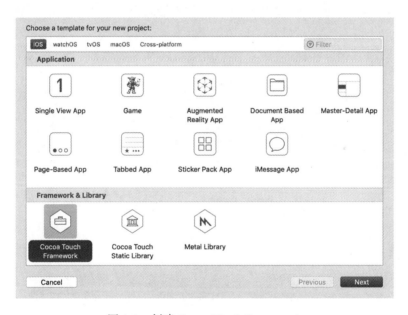

图 1-1　创建 Cocoa Touch Framework

　　第二步：双击 Framework & Library 栏目下的 Cocoa Touch Framework 项，出现图 1-2 所示的窗口。

　　第三步：在 "Choose options for your new project" 窗口填写 Project 的相关信息。 Product Name 为 SensorsSDK，如图 1-3 所示，然后单击 Next 按钮。

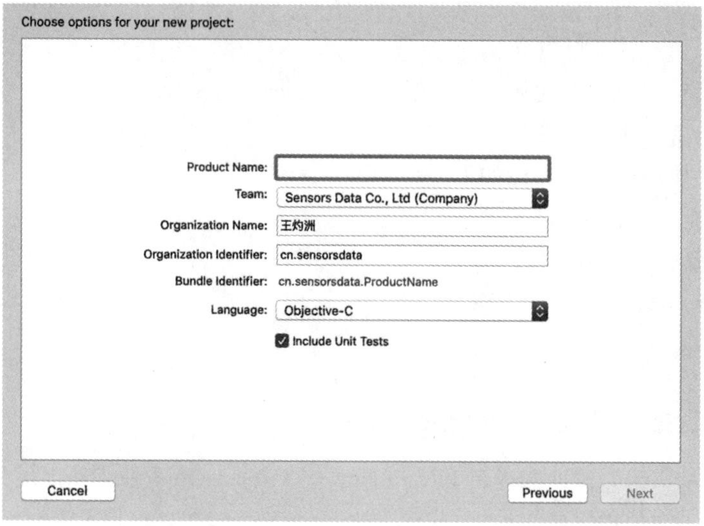

图 1-2 Choose options for your new project 窗口

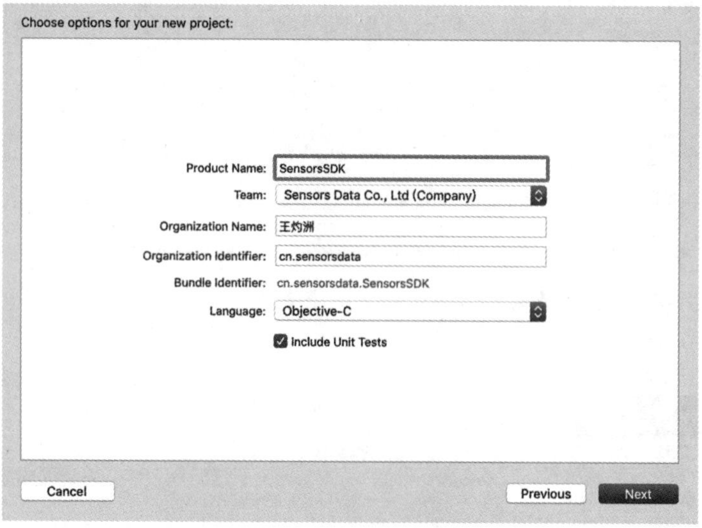

图 1-3 填写 Project 信息

第四步：选择 SensorsSDK Project 的保存位置，并单击 Create 按钮。此时，Xcode 会打开当前 Project 窗口，如图 1-4 所示，然后关闭当前窗口。

1.2.2 新建 Workspace

第一步：依次单击 File → New → Workspace（或者使用快捷键 Control+Command+N），出现图 1-5 所示的窗口。

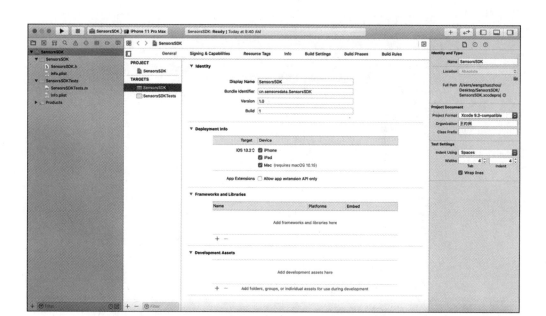

图 1-4 SensorsSDK Project 窗口

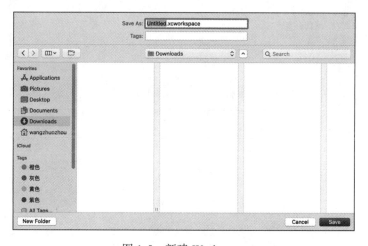

图 1-5 新建 Workspace

第二步：将 Workspace 的名字填写为 SensorsSDK，选择存储位置为第一步创建的 SensorsSDK Project 根目录下，如图 1-6 所示。

然后单击 Save 按钮，此时 Xcode 会打开 SensorsSDK Workspace 窗口。

第三步：在当前的 SensorsSDK Workspace 窗口，依次单击 File → Add Files to "SensorsSDK"（或者使用 Option+Command+A 快捷键），出现图 1-7 所示的窗口。然后选中 SensorsSDK.xcodeproj 文件，将 1.2.1 节第一步创建的 SensorsSDK Project 添加到当前 SensorsSDK Workspace 中，最后单击 Add 按钮。

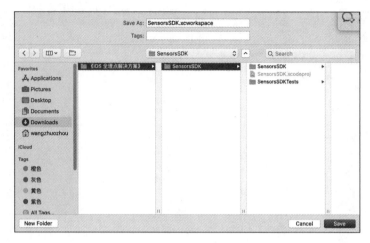

图 1-6　选择存储位置

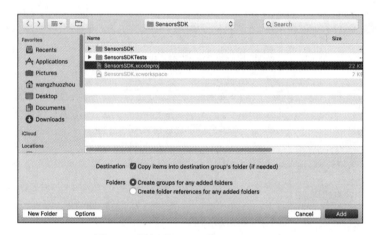

图 1-7　添加 Project 到 Workspace 中

此时，SensorsSDK Workspace 的目录结构如图 1-8 所示。

图 1-8　SensorsSDK Workspace 目录结构

1.2.3　新建 Demo 工程

第一步：依次单击 File → New → Project（或者使用快捷键 Shift+Command+N），出现图 1-9 所示的窗口。

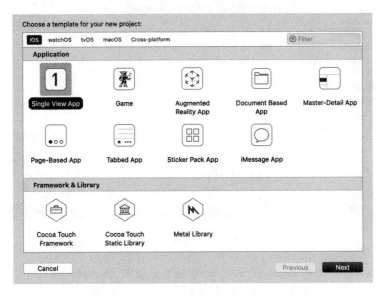

图 1-9　Choose a template for your new protect 窗口

第二步：双击 Single View App 图标，出现图 1-10 所示的窗口。

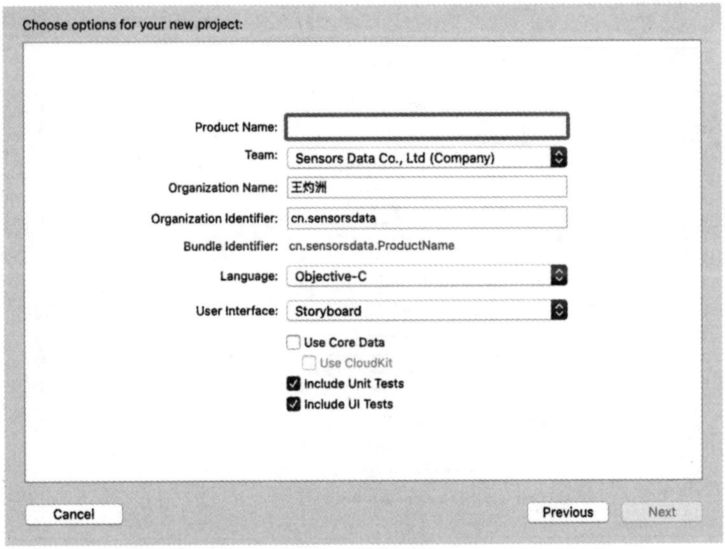

图 1-10　Choose options for your new project 窗口

第三步：填写 Product Name 为 Demo，然后单击 Next 按钮，出现图 1-11 所示的窗口，选择保存位置。

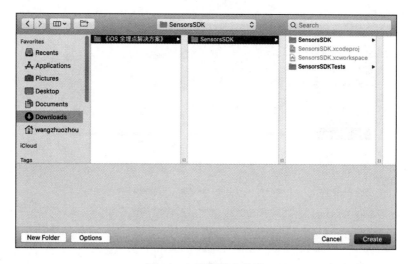

图 1-11　选择保存位置

第四步：选择 Demo Project 的保存位置为 SensorsSDK Project 同级目录，并单击 Create 按钮。此时，Xcode 打开当前的 Demo Project 窗口，如图 1-12 所示，然后关闭该窗口。

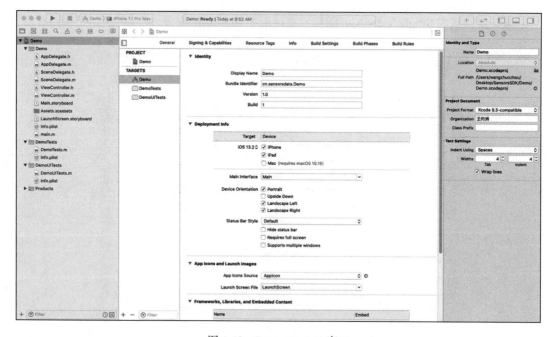

图 1-12　Demo Project 窗口

　　第五步：返回到 SensorsSDK Workspace 窗口，依次单击 File → Add Files to "SensorsSDK"（或者使用快捷键 Option+Command+A），出现图 1-13 所示的窗口。

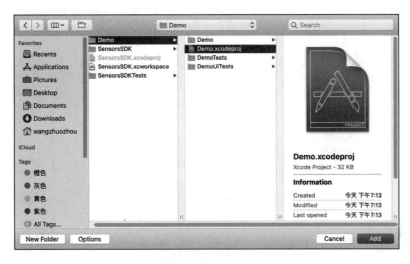

图 1-13　将 Demo 添加到 Workspace 中

　　第六步：选中 Demo.xcodeproj 文件，然后单击 Add 按钮，将 Demo Project 添加到 Sensors SDK Workspace 中。此时，SensorsSDK Workspace 的目录结构如图 1-14 所示。

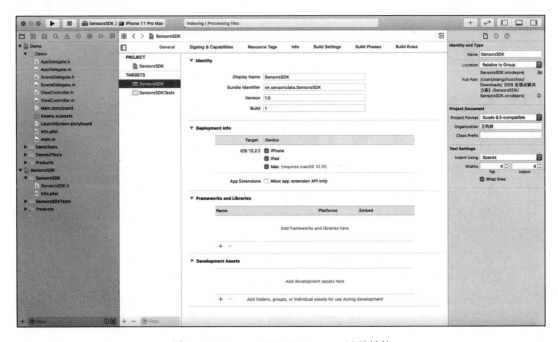

图 1-14　SensorsSDK Workspace 目录结构

1.2.4 添加依赖关系

在 SensorsSDK Workspace 窗口中，单击 Demo TARGETS，依次单击 General → Embedded Binaries，单击添加（+）按钮，弹出图 1-15 所示的窗口，单击 SensorsSDK.framework，然后单击 Add 按钮。

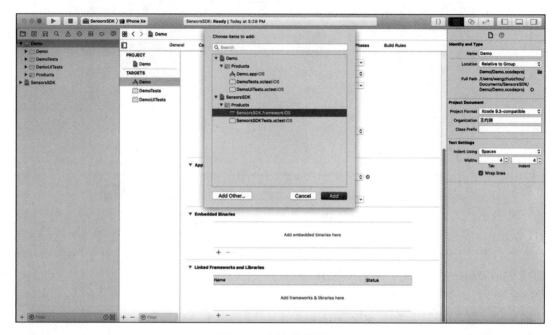

图 1-15　添加依赖关系

1.2.5 编写埋点 SDK

第一步：新建埋点 SDK 主类 SensorsAnalyticsSDK。

（1）在 SensorsSDK Workspace 窗口中，选择 SensorsSDK Group，依次单击 File…→ New → File…，出现图 1-16 所示的窗口。

（2）双击 Cocoa Touch Class 图标，弹出图 1-17 所示的窗口。

（3）输入 Class 的名称 SensorsAnalyticsSDK 及 Subclass of（父类）的名称 NSObject，如图 1-18 所示，然后单击 Next 按钮。

（4）选择存储位置 SensorsSDK Group，如图 1-19 所示，然后单击 Create 按钮。

第二步：实现埋点 SDK 获取实例以及 +sharedInstance 类方法。

在 SensorsAnalyticsSDK.h 文件中，添加对 +sharedInstance 类方法的声明。

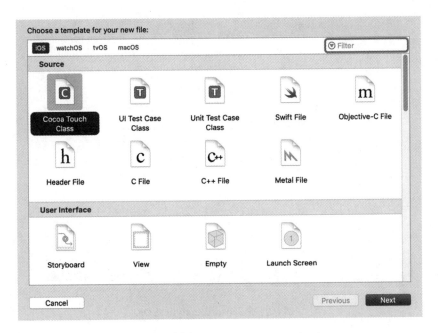

图 1-16 创建 Cocoa Touch Class（一）

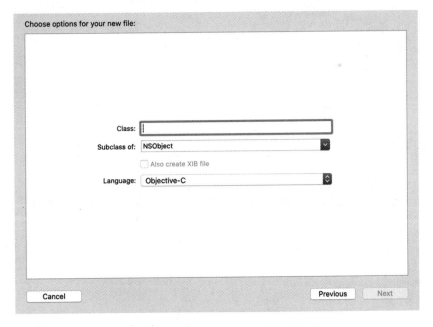

图 1-17 创建 Cocoa Touch Class（二）

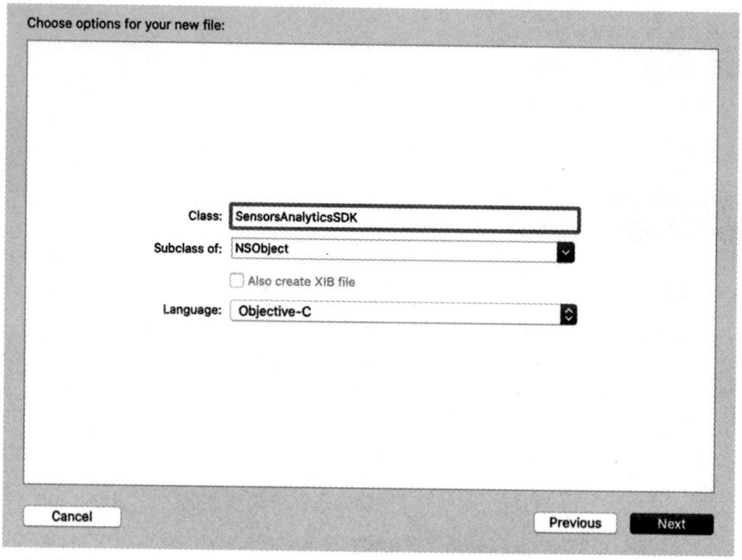

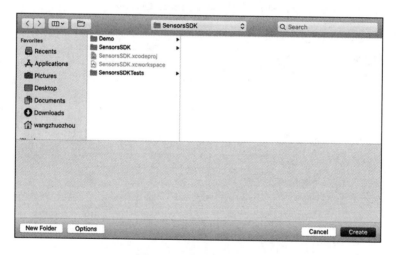

图 1-18　创建 SensorsAnalyticsSDK 类

图 1-19　选择存储位置

```
//
//  SensorsAnalyticsSDK.h
//  SensorsSDK
//
//  Created by 王灼洲 on 2019/8/8.
//  Copyright © 2019 SensorsData. All rights reserved.
//

#import <UIKit/UIKit.h>
```

```
NS_ASSUME_NONNULL_BEGIN

@interface SensorsAnalyticsSDK : NSObject

/**
@abstract
获取SDK实例

@return返回单例
*/
+ (SensorsAnalyticsSDK *)sharedInstance;

@end

NS_ASSUME_NONNULL_END
```

 注意 需要把 #import <Foundation/Foundation.h> 改成 #import <UIKit/UIKit.h>。

在 SensorsAnalyticsSDK.m 文件中，实现 +sharedInstance 类方法。

```
//
// SensorsAnalyticsSDK.m
// SensorsSDK
//
// Created by王灼洲on 2019/8/8.
// Copyright © 2019 SensorsData. All rights reserved.
//

#import "SensorsAnalyticsSDK.h"

@implementation SensorsAnalyticsSDK

+ (SensorsAnalyticsSDK *)sharedInstance {
    static dispatch_once_t onceToken;
    static SensorsAnalyticsSDK *sdk = nil;
    dispatch_once(&onceToken, ^{
        sdk = [[SensorsAnalyticsSDK alloc] init];
    });
    return sdk;
}

@end
```

第三步：实现基本预置属性。

一般情况下，用户触发的任何事件都携带一些最基本的信息，比如操作系统类型、操作系统版本号、运营商信息、应用程序版本号、生产厂商等，这些信息都可以由埋点 SDK

自动采集。我们把这些默认由埋点 SDK 自动采集的事件基本信息（属性）称为预置属性。

我们可以在 SensorsAnalyticsSDK 类初始化时获取这些预置属性，然后在触发事件时，将这些预置属性添加到每一个事件中。

首先，在 SensorsAnalyticsSDK.m 文件中新增一个 NSDictionary<NSString *, id> 类型的属性 automaticProperties，用于保存事件的预置属性。

```
@interface SensorsAnalyticsSDK ()

/// 由SDK默认自动采集的事件属性即预置属性
@property (nonatomic, strong) NSDictionary<NSString *, id> *automaticProperties;

@end

@implementation SensorsAnalyticsSDK

......

@end
```

接着，我们在 SensorsAnalyticsSDK.m 文件中新增 -collectAutomaticProperties 方法来获取预置属性。

```
#include <sys/sysctl.h>

static NSString * const SensorsAnalyticsVersion = @"1.0.0";

@implementation SensorsAnalyticsSDK

......

#pragma mark - Properties
- (NSDictionary<NSString *, id> *)collectAutomaticProperties {
    NSMutableDictionary *properties = [NSMutableDictionary dictionary];
    //操作系统类型
    properties[@"$os"] = @"iOS";
    // SDK平台类型
    properties[@"$lib"] = @"iOS";
    //设备制造商
    properties[@"$manufacturer"] = @"Apple";
    //SDK版本号
    properties[@"$lib_version"] = SensorsAnalyticsVersion;
    //手机型号
    properties[@"$model"] = [self deviceModel];
    //操作系统版本号
    properties[@"$os_version"] = UIDevice.currentDevice.systemVersion;
    //应用程序版本号
```

```
    properties[@"$app_version"]  =  NSBundle.mainBundle.infoDictionary[@"CFBundleS
        hortVersionString"];
    return [properties copy];
}

/// 获取手机型号
- (NSString *)deviceModel {
    size_t size;
    sysctlbyname("hw.machine", NULL, &size, NULL, 0);
    char answer[size];
    sysctlbyname("hw.machine", answer, &size, NULL, 0);
    NSString *results = @(answer);
    return results;
}

@end
```

系统暂时支持的预置属性如表 1-1 所示，其他的预置属性可根据实际需求自行扩展。

表 1-1　预置属性

预置属性	备　注
$os	操作系统类型
$lib	SDK 类型
$manufacturer	设备制造商
$lib_version	SDK 版本号
$model	手机型号
$os_version	操作系统版本号
$app_version	应用版本号

第四步：实现 -init 方法。

在 SensorsAnalyticsSDK.m 文件中实现 -init 方法，并在 -init 方法中初始化预置属性。

```
@implementation SensorsAnalyticsSDK

......

- (instancetype)init {
    self = [super init];
    if (self) {
        _automaticProperties = [self collectAutomaticProperties];
    }
    return self;
}

@end
```

第五步：实现 -track:properties: 方法，用于触发事件。

在 SensorsAnalyticsSDK.h 文件中，声明 SensorsAnalyticsSDK 的类别 Track，并添加 -track:properties: 方法的声明。

```
#pragma mark - Track
@interface SensorsAnalyticsSDK (Track)

/**
@abstract
调用Track接口，触发事件
@discussion
properties是一个NSDictionary（字典）。
其中，key是属性的名称，必须是NSString类型；value则是属性的内容
@param eventName        事件名称
@param properties       事件属性
*/
- (void)track:(NSString *)eventName properties:(nullable NSDictionary<NSString *, id>
    *)properties;

@end
```

在 SensorsAnalyticsSDK.m 文件中，实现 SensorsAnalyticsSDK 的类别 Track，并实现 -track:properties: 方法。

```
@implementation SensorsAnalyticsSDK (Track)

- (void)track:(NSString *)eventName properties:(NSDictionary<NSString *,id> *)
    properties {
    NSMutableDictionary *event = [NSMutableDictionary dictionary];
    // 设置事件名称
    event[@"event"] = eventName;
    // 设置事件发生的时间戳，单位为毫秒
    event[@"time"] = [NSNumber numberWithLong:NSDate.date.timeIntervalSince1970 * 1000];

    NSMutableDictionary *eventProperties = [NSMutableDictionary dictionary];
    // 添加预置属性
    [eventProperties addEntriesFromDictionary:self.automaticProperties];
    // 添加自定义属性
    [eventProperties addEntriesFromDictionary:properties];
    // 设置事件属性
    event[@"properties"] = eventProperties;
}

@end
```

如何处理调用 -track:properties: 方法触发的事件数据呢？后文的数据存储和数据同步章节会对此专门做介绍。目前为了方便测试，我们暂且在 Xcode 控制台将事件打印出来。因

此，如果你在 Xcode 控制台看到了事件日志，那就表示成功触发了事件。

在 SensorsAnalyticsSDK.m 文件中实现 -printEvent: 方法，同时在 -track:properties: 方法的最后调用 -printEvent: 方法，以在 Xcode 控制台中打印事件日志。

```objectivec
@implementation SensorsAnalyticsSDK

......

- (void)printEvent:(NSDictionary *)event {
#if DEBUG
    NSError *error = nil;
    NSData *data = [NSJSONSerialization dataWithJSONObject:event options:NSJSONW
        ritingPrettyPrinted error:&error];
    if (error) {
        return NSLog(@"JSON Serialized Error: %@", error);
    }
    NSString *json = [[NSString alloc] initWithData:data encoding:NSUTF8String
        Encoding];
    NSLog(@"[Event]: %@", json);
#endif
}

@end

@implementation SensorsAnalyticsSDK (Track)

- (void)track:(NSString *)eventName properties:(NSDictionary<NSString *,id> *)
     properties {
    NSMutableDictionary *event = [NSMutableDictionary dictionary];
    // 设置事件名称
    event[@"event"] = eventName;
    // 设置事件发生的时间戳，单位为毫秒
    event[@"time"] = [NSNumber numberWithLong:NSDate.date.timeIntervalSince1970 * 1000];

    NSMutableDictionary *eventProperties = [NSMutableDictionary dictionary];
    // 添加预置属性
    [eventProperties addEntriesFromDictionary:self.automaticProperties];
    // 添加自定义属性
    [eventProperties addEntriesFromDictionary:properties];
    // 设置事件属性
    event[@"properties"] = eventProperties;

    // 在Xcode控制台中打印事件日志
    [self printEvent:event];
}

@end
```

第六步：修改 SensorsSDK.h 文件。

在 SensorsSDK.h 文件中导入上面新建主类的头文件 SensorsAnalyticsSDK.h。

```
#import "SensorsAnalyticsSDK.h"
```

第七步：修改 Headers。

依次选择 SensorsSDK→Build Phases→Headers，然后将 Project 下的 SensorsAnalyticsSDK.h 头文件拖到 Public 下，如图 1-20 所示。

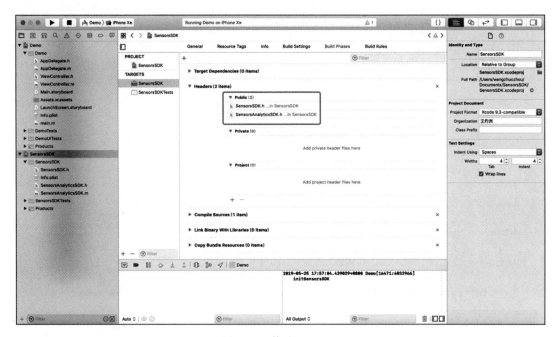

图 1-20　修改 Headers

1.2.6　Demo 集成埋点 SDK

第一步：在 AppDelegate.m 文件的头部导入 SDK 头文件。

```
#import <SensorsSDK/SensorsSDK.h>
```

第二步：初始化埋点 SDK。

在 AppDelegate.m 文件的 -application:didFinishLaunchingWithOptions: 方法中初始化埋点 SDK。

```
@implementation AppDelegate

- (BOOL)application:(UIApplication *)application didFinishLaunchingWithOptions:(NSDictionary *)launchOptions {
    // Override point for customization after application launch.

    //初始化埋点SDK
```

```
    [SensorsAnalyticsSDK sharedInstance];

    return YES;
}

......

@end
```

第三步：触发事件。

在 AppDelegate.m 文件的 -application:didFinishLaunchingWithOptions: 方法中初始化 SDK 之后，调用 SensorsAnalyticsSDK 的 -track:properties: 方法来触发事件。

```
- (BOOL)application:(UIApplication *)application didFinishLaunchingWithOptions:(NS
    Dictionary *)launchOptions {
    // Override point for customization after application launch.

    //初始化SDK
    [SensorsAnalyticsSDK sharedInstance];

    //触发事件
    [[SensorsAnalyticsSDK sharedInstance] track:@"MyFirstEvent" properties:@
        {@"testKey" : @"testValue"}];

    return YES;
}
```

第四步：测试验证。

通过 Xcode 启动 Demo，可以在 Xcode 控制台中看到如下事件信息。

```
{
    "event": "MyFirstEvent",
    "time": 1558778927173,
    "properties": {
        "$model": "x86_64",
        "$manufacturer": "Apple",
        "$lib_version": "1.0.0",
        "$os": "iOS",
        "testKey": "testValue",
        "$os_version": "12.3",
        "$app_version": "1.0",
        "$lib": "iOS"
    }
}
```

至此，一个非常基础的数据采集（埋点）SDK 框架完成。完整的项目源码读者可以参考网址 https://github.com/wangzhzh/SensorsSDK。

Chapter 2 第 2 章

应用程序退出和启动

通过应用程序退出事件（$AppEnd），可以分析应用程序的平均使用时长；通过应用程序启动事件（$AppStart），可以分析日活和新增。本章重点介绍 $AppEnd 和 $AppStart 的全埋点实现方案。

2.1 全埋点简介

目前，全埋点可以采集以下 4 个事件。

（1）$AppEnd 事件：应用程序退出事件。

iOS 应用程序常见的退出场景如下。

❑ 双击 Home 键切换到其他应用程序。

❑ 单击 Home 键让当前应用程序进入后台。

❑ 双击 Home 键并上滑，强杀当前应用程序。

❑ 当前应用程序发生崩溃导致应用程序退出。

（2）$AppStart 事件：应用程序启动事件。

iOS 应用程序常见的启动场景如下。

❑ 冷启动：应用程序被系统终止后，在这种状态下启动的应用程序。

❑ 热启动：应用程序没有被系统终止，仍在后台运行，在这种状态下启动的应用程序。

（3）$AppViewScreen 事件：应用程序内的页面浏览事件，对于 iOS 应用程序来说，就是指切换不同的 UIViewController。

（4）$AppClick 事件：控件点击事件，比如点击 UIButton、UITableView 等。

事件名称前加 $ 符号的目的是为了区分是数据采集 SDK 自动采集的事件，还是自定义事件。我们将数据采集 SDK 自动采集的事件称为预置事件。

本章将先介绍 $AppStart 事件和 $AppEnd 事件，$AppViewScreen 事件和 $AppClick 事件将在后面的章节介绍。

2.2 应用程序退出

在介绍应用程序退出事件（$AppEnd）的全埋点实现方案之前，我们先简单介绍一下 iOS 应用程序状态相关的内容。

2.2.1 应用程序状态

大家都知道，一个标准的 iOS 应用程序在不同的时期会有不同的状态，如 2-1 所示。

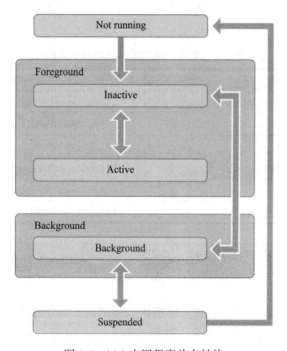

图 2-1 iOS 应用程序状态转换

正常情况下，iOS 应用程序主要有 5 种常见的状态。

（1）Not running。非运行状态，指应用程序还没有被启动，或者已被系统终止。

（2）Inactive。前台非活动状态，指应用程序即将进入前台状态，但当前未接收到任何事件（可能正在执行其他代码）。应用程序通常只在转换到其他状态时才会短暂地进入该状态。

（3）Active。前台活跃状态，指应用程序正在前台运行，可接收事件并进行处理。这也是一个 iOS 应用程序处于前台的正常模式。

（4）Background。进入后台状态，指应用程序进入后台并可执行代码。大多数应用程序在被挂起前都会短暂地进入该状态。

（5）Suspended。挂起状态，指应用程序进入后台但没有执行任何代码，系统会自动地将应用程序转移到该状态，并且在执行该操作前不会通知应用程序。挂起时，应用程序会保留在内存中，但不执行任何代码。当系统出现内存不足情况时，系统可能会在未通知应用程序的情况下清除被挂起的应用程序，为前台应用程序尽可能腾出更多的运行资源。

在应用程序的状态转换过程中，系统会回调实现 UIApplicationDelegate 协议类的一些方法（如在 Demo 中，Xcode 默认创建 AppDelegate 类），并发送相应的本地通知（系统会先回调相应的方法，待回调方法执行后，再发送相应的通知）。回调方法和本地通知的对应关系可参考表 2-1。

表 2-1　回调方法和本地通知对应关系

回调方法	本地通知
- application:didFinishLaunchingWithOptions:	UIApplicationDidFinishLaunchingNotification
- applicationDidBecomeActive:	UIApplicationDidBecomeActiveNotification
- applicationWillResignActive:	UIApplicationWillResignActiveNotification
- applicationDidEnterBackground:	UIApplicationDidEnterBackgroundNotification
- applicationWillEnterForeground:	UIApplicationWillEnterForegroundNotification
- applicationWillTerminate:	UIApplicationWillTerminateNotification

关于 iOS 应用程序状态的更详细内容，读者也可参考苹果公司公司官网的文档介绍。

2.2.2　实现步骤

通过上面介绍的内容可知，一个 iOS 应用程序退出，就意味着该应用程序进入了"后台"，即处于 Background 状态。因此，对于实现 $AppEnd 事件的全埋点，我们只需要注册监听 UIApplicationDidEnterBackgroundNotification 本地通知，然后在收到通知时触发 $AppEnd 事件，即可实现 $AppEnd 事件全埋点。

我们下面详细介绍 $AppEnd 事件全埋点的实现步骤。

第一步：注册监听 UIApplicationDidEnterBackgroundNotification 本地通知。

在 SensorsAnalyticsSDK.m 文件中实现 -setupListeners 方法，用来注册监听 UIApplicationDidEnterBackgroundNotification 本地通知，然后在其相应的回调方法中触发 $AppEnd 事件。

```objc
@implementation SensorsAnalyticsSDK

#pragma mark - Application lifecycle

- (void)setupListeners {
    NSNotificationCenter *center = [NSNotificationCenter defaultCenter];

    // 注册监听UIApplicationDidEnterBackgroundNotification本地通知
    // 即当应用程序进入后台后，调用通知方法
    [center addObserver:self
        selector:@selector(applicationDidEnterBackground:)
              name:UIApplicationDidEnterBackgroundNotification
           object:nil];
}

- (void)applicationDidEnterBackground:(NSNotification *)notification {
    NSLog(@"Application did enter background.");

    // 触发$AppEnd事件
    [self track:@"$AppEnd" properties:nil];
}

@end
```

第二步：在 SensorsAnalyticsSDK.m 文件的初始化方法 -init 中调用 -setupListeners 方法，并在 -dealloc 方法中移除监听。

```objc
@implementation SensorsAnalyticsSDK

- (instancetype)init {
    self = [super init];
    if (self) {
        _automaticProperties = [self collectAutomaticProperties];

        // 添加应用程序状态监听
        [self setupListeners];
    }
    return self;
}

- (void)dealloc {
    [[NSNotificationCenter defaultCenter] removeObserver:self];
}

@end
```

第三步：测试验证。

通过 Xcode 运行 Demo，然后单击 Home 键让应用程序进入后台，我们可以在 Xcode 控制台中看到 $AppEnd 事件信息。

```
{
    "event" : "$AppEnd",
    "time" : 1573551862603,
    "properties" : {
        "$model" : "x86_64",
        "$manufacturer" : "Apple",
        "$lib_version" : "1.0.0",
        "$os" : "iOS",
        "$os_version" : "12.3",
        "$app_version" : "1.0",
        "$lib" : "iOS"
    }
}
```

通过测试可以发现，以下操作均可正常触发 $AppEnd 事件。

❑ 双击 Home 键进入切换应用程序页面，然后切换到其他应用程序时。

❑ 双击 Home 键进入切换应用程序页面，然后通过上滑强杀当前应用程序时。

当应用程序发生崩溃时，如何采集 $AppEnd 事件，我们会在第 11 章讲解。

至此，一个简单的 $AppEnd 事件全埋点就实现了。

2.3　应用程序启动

应用程序的启动一般分为两类场景。

❑ 冷启动。

❑ 热启动（从后台恢复）。

不管是冷启动还是热启动，触发 $AppStart 事件的时机都可以理解为"应用程序开始进入前台并处于活动状态"，即前文介绍的 Active 状态。因此，为了实现 $AppStart 事件的全埋点，我们可以注册监听 UIApplicationDidBecomeActiveNotification 本地通知，然后在其相应的回调方法中触发 $AppStart 事件。

2.3.1　实现步骤

我们下面详细介绍 $AppStart 事件的全埋点实现步骤。

第一步：在 SensorsAnalyticsSDK.m 文件的 -setupListeners 方法中新增注册监听 UIApplicationDidBecomeActiveNotification 本地通知。

```
@implementation SensorsAnalyticsSDK
```

```
#pragma mark - Application lifecycle

- (void)setupListeners {
    NSNotificationCenter *center = [NSNotificationCenter defaultCenter];

    ......

    // 注册监听UIApplicationDidBecomeActiveNotification本地通知
    // 即当应用程序进入前台并处于活动状态之后，调用通知方法
    [center addObserver:self
        selector:@selector(applicationDidBecomeActive:)
              name:UIApplicationDidBecomeActiveNotification
           object:nil];
}

- (void)applicationDidBecomeActive:(NSNotification *)notification {
    NSLog(@"Application did become active.");

    // 触发$AppStart事件
    [self track:@"$AppStart" properties:nil];
}

@end
```

第二步：测试验证。

通过 Xcode 运行 Demo，我们可以在 Xcode 控制台中看到 $AppStart 事件信息。

```
{
    "event" : "$AppStart",
    "time" : 1573552181820,
    "properties" : {
        "$model" : "x86_64",
        "$manufacturer" : "Apple",
        "$lib_version" : "1.0.0",
        "$os" : "iOS",
        "$os_version" : "12.3",
        "$app_version" : "1.0",
        "$lib" : "iOS"
    }
}
```

通过测试可以发现，以下场景均可正常触发 $AppStart 事件。

❏ 从后台恢复应用程序时。

❏ 从 Web 或其他应用程序唤醒当前应用程序时。

至此，一个简单的 $AppStart 事件全埋点就实现了。

2.3.2 优化

在 2.3.1 节，我们已经实现了 $AppStart 事件的全埋点，但这仅仅是 $AppStart 事件全埋点征途的第一步。

通过继续测试可以发现，仍有以下几个特殊场景存在问题。

❑ 下拉通知栏并上滑，会触发 $AppStart 事件。

❑ 上滑控制中心并下拉，会触发 $AppStart 事件。

❑ 双击 Home 键进入切换应用程序页面，最后又选择当前应用程序，会触发 $AppStart 事件。

以上几个场景均会触发 $AppStart 事件，明显与实际情况不符。

这些现象是什么原因导致的呢？

我们继续分析，可以发现以下几个现象。

❑ 下拉通知栏时，系统会发送 UIApplicationWillResignActiveNotification 本地通知；上滑通知栏时，系统会发送 UIApplicationDidBecomeActiveNotification 本地通知。

❑ 上滑控制中心时，系统会发送 UIApplicationWillResignActiveNotification 本地通知；下拉控制中心时，系统会发送 UIApplicationDidBecomeActiveNotification 本地通知。

❑ 双击 Home 键进入切换应用程序页面时，系统会发送 UIApplicationWillResignActiveNotification 本地通知；选择当前应用程序，系统会发送 UIApplicationDidBecomeActiveNotification 本地通知。

我们很容易总结出规律：在以上几个场景下，系统均是先发送 UIApplicationWillResignActiveNotification 本地通知，再发送 UIApplicationDidBecomeActiveNotification 本地通知。而我们又是通过注册监听 UIApplicationDidBecomeActiveNotification 本地通知来实现 $AppStart 事件全埋点，因此均会触发 $AppStart 事件。

那么，如何解决这个问题呢？

在解决该问题之前，我们先看另一个现象：不管是冷启动还是热启动，系统均没有发送 UIApplicationWillResignActiveNotification 本地通知。因此，只要在收到 UIApplicationDidBecomeActiveNotification 本地通知时，判断之前是否收到过 UIApplicationWillResignActiveNotification 本地通知即可。若没有收到，则触发 $AppStart 事件；若已收到，则不触发 $AppStart 事件，这样就能够解决上面出现的问题。

我们下面详细介绍解决步骤和方法。

第一步：在 SensorsAnalyticsSDK.m 文件中新增是否已接收到 UIApplicationWillResignActiveNotification 本地通知的标记位（BOOL 类型的 applicationWillResignActive）。

```
@interface SensorsAnalyticsSDK()

/// 标记应用程序是否已收到UIApplicationWillResignActiveNotification本地通知
```

```
@property (nonatomic) BOOL applicationWillResignActive;

@end
```

第二步：在 SensorsAnalyticsSDK.m 文件的 -setupListeners 方法中新增注册监听 UIApp-licationWillResignActiveNotification 本地通知。

```
#pragma mark - Application lifecycle

- (void)setupListeners {
    NSNotificationCenter *center = [NSNotificationCenter defaultCenter];

    ......

    // 注册监听UIApplicationWillResignActiveNotification本地通知
    [center addObserver:self
              selector:@selector(applicationWillResignActive:)
                  name:UIApplicationWillResignActiveNotification
                object:nil];
}

- (void)applicationWillResignActive:(NSNotification *)notification {
    NSLog(@"Application will resign active.");

    //标记已接收到UIApplicationWillResignActiveNotification本地通知
    self.applicationWillResignActive = YES;
}
```

第三步：修改 SensorsAnalyticsSDK.m 文件中的 -applicationDidBecomeActive: 方法，还原 applicationWillResignActive 标记位。

```
- (void)applicationDidBecomeActive:(NSNotification *)notification {
    NSLog(@"Application did become active.");

    // 还原标记位
    if (self.applicationWillResignActive) {
        self.applicationWillResignActive = NO;
        return;
    }

    // 触发$AppStart事件
    [self track:@"$AppStart" properties:nil];
}
```

第四步：测试验证。

在 Demo 中，分别测试上述三个特殊场景，发现均不再触发 $AppStart 事件。但是，通过回归测试，我们发现这里又引入了一个新问题：当应用程序从后台恢复时，没有触发

$AppStart 事件。

这又是什么原因导致的呢？

通过测试可知，单击 Home 键让应用程序进入后台时，系统会先发送 UIApplicationWill-ResignActiveNotification 本地通知，然后发送 UIApplicationDidEnterBackgroundNotification 本地通知。当发送 UIApplicationWillResignActiveNotification 本地通知时，我们设置了标记位（即 applicationWillResignActive = YES）；当从后台恢复时，我们会收到 UIApplication-DidBecomeActiveNotification 本地通知，但此时已经不符合触发 $AppStart 事件的条件了（即只有 applicationWillResignActive 为 NO 时才会触发 $AppStart 事件）。

又该如何解决该问题呢？

其实很简单，当我们收到 UIApplicationDidEnterBackgroundNotification 本地通知时，在触发 $AppEnd 事件之前还原 applicationWillResignActive 标记位即可（即 applicationWillResign-Active=NO）。

这里修改一下 SensorsAnalyticsSDK.m 文件中的 -applicationDidEnterBackground: 方法。

```
- (void)applicationDidEnterBackground:(NSNotification *)notification {
    NSLog(@"Application did enter background.");

    // 还原标记位
    self.applicationWillResignActive = NO;

    // 触发$AppEnd事件
    [self track:@"$AppEnd" properties:nil];
}
```

这样处理之后，我们就能解决应用程序从后台恢复时，没有触发 $AppStart 事件的问题了。

2.4　被动启动

"被动启动？什么意思？从来没有听说过！"

你若有这些疑问，那就对了！因为这是神策数据自创的一个名词。

在 iOS 7 之后，苹果公司新增了后台应用程序刷新功能，该功能允许操作系统在一定的时间间隔内（该时间间隔因用户的操作习惯而有所不同，可能是几个小时，也可能是几天），拉起应用程序并同时让其进入后台运行，以便应用程序获取最新的数据并更新相关内容，从而确保用户在打开应用程序时可以第一时间查看最新内容。例如，新闻或者社交媒体类型的应用程序可以使用这个功能在后台获取最新的数据内容，用户打开应用程序时，可以缩短应用程序启动和获取内容展示的等待时间，最终提升产品的用户体验。

后台应用程序刷新，对于用户来说，可以缩短等待时间；对于产品来说，可以提升用户体验；但对于数据采集 SDK 来说，可能会带来一系列问题。比如，当系统拉起应用程序（触发 $AppStart 事件）并同时让其进入后台运行时，应用程序的第一个页面（UIViewController）也会被加载，即会触发一次页面浏览事件（$AppViewScreen 事件，我们在第 3 章会介绍它的全埋点实现原理），这明显是不合理的，因为用户并没有打开应用程序，更没有浏览第一个页面。其实，整个后台应用程序刷新的过程，对于用户而言，完全是透明的、无感知的。

因此，在实际的数据采集过程中，我们需要避免这种情况的发生，以免影响正常的数据分析。

我们把应用程序由 iOS 系统触发、自动进入后台运行，称为（应用程序的）被动启动，通常使用 $AppStartPassively 事件来表示。

后台应用程序刷新是最常见的造成被动启动的原因之一。而后台应用程序刷新只是其中一种后台运行模式，还有一些其他的后台运行模式同样也会触发被动启动，下面我们会进行详细介绍。

2.4.1　Background Modes

使用 Xcode 创建新的应用程序，默认情况下后台刷新功能是关闭的，我们可以在 Capabilities 标签中开启 Background Modes，然后勾选所需的功能，如图 2-2 所示。

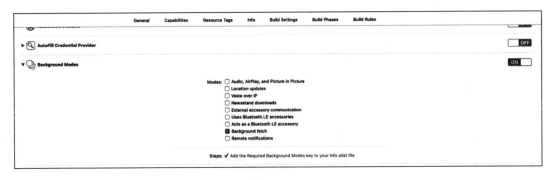

图 2-2　开启 Background Modes

由图 2-2 可知，还有如下几种后台运行模式，它们同样会导致触发被动启动（$AppStartPassively 事件）。

❑ Location updates：在该模式下，由于地理位置变化而触发应用程序启动。

❑ Newsstand downloads：该模式只针对报刊杂志类应用程序，当有新的报刊可下载时，触发应用程序启动。

❑ External accessory communication：在该模式下，一些 MFi 外设通过蓝牙或者 Lightning 接头等方式与 iOS 设备连接，从而可在外设给应用程序发送消息时，触发对应的应用程序启动。

❑ Uses Bluetooth LE accessories：该模式与 External Accessory communication 类似，

只是无须限制 MFi 外设，而需要 Bluetooth LE（低功耗蓝牙）设备。

- ❑ Acts as a Bluetooth LE accessory：在该模式下，iPhone 设备作为一个蓝牙外设连接，可以触发应用程序启动。
- ❑ Background fetch：在该模式下，iOS 系统会在一定的时间间隔内触发应用程序启动，进而获取应用程序数据。
- ❑ Remote notifications：该模式支持静默推送，当应用程序收到静默推送后，不会有任何界面提示，但会触发应用程序启动。

2.4.2 实现步骤

后台应用程序刷新拉起应用程序后，首先会回调 AppDelegate 中的 -application:didFinish-LaunchingWithOptions: 方法。因此，我们可以通过注册监听 UIApplicationDidFinishLaunchingNotification 本地通知来采集被动启动事件信息。

在 SensorsAnalyticsSDK.m 文件的 -setupListeners 方法中新增注册监听 UIApplicationDidFinishLaunchingNotification 本地通知，并在相应的回调方法中触发 $AppStartPassively 事件。

```
#pragma mark - Application lifecycle

- (void)setupListeners {
    NSNotificationCenter *center = [NSNotificationCenter defaultCenter];

    ......

    // 注册监听UIApplicationDidFinishLaunchingNotification本地通知
    [center addObserver:self
              selector:@selector(applicationDidFinishLaunching:)
                  name:UIApplicationDidFinishLaunchingNotification
                object:nil];
}

- (void)applicationDidFinishLaunching:(NSNotification *)notification {
    NSLog(@"Application did finish launching.");

    // 触发被动启动事件
    [self track:@"$AppStartPassively" properties:nil];
}
```

但是，这里有一个问题：对于应用程序正常的冷启动，也会发送 UIApplicationDidFinishLaunchingNotification 本地通知，导致正常的冷启动也会触发 $AppStartPassively 事件。那如何解决这个问题呢？

我们先来看 UIApplication 类中的一个属性。

```
@property(nonatomic,readonly) NSTimeInterval backgroundTimeRemaining API_
    AVAILABLE(ios(4.0));
```

它表示在应用程序被系统强杀之前，还能继续在后台运行的时间。当应用程序进入前台运行时，backgroundTimeRemaining 的值会被设置为 UIApplicationBackgroundFetchInterval-Never。当应用程序启动时，如果 backgroundTimeRemaining 属性的值不等于 UIApplication-BackgroundFetchIntervalNever，那就意味着此时应用程序是被动启动的。

因此，我们可以通过如下步骤来解决上面的问题。

第一步：在 SensorsAnalyticsSDK.m 文件中新增一个私有属性 launchedPassively，用于标记当前是否处于被动启动状态。

```
@interface SensorsAnalyticsSDK ()

......

/// 是否为被动启动
@property (nonatomic, getter=isLaunchedPassively) BOOL launchedPassively;

@end
```

第二步：在 SensorsAnalyticsSDK.m 文件的初始化方法 -init 中，通过判断 background-TimeRemaining 属性的值是否等于 UIApplicationBackgroundFetchIntervalNever 来设置 launchedPassively 标记位。

```
- (instancetype)init {
    self = [super init];
    if (self) {
        _automaticProperties = [self collectAutomaticProperties];

        // 设置是否被动启动标记
        _launchedPassively = UIApplication.sharedApplication.backgroundTimeRemaining !=
            UIApplicationBackgroundFetchIntervalNever;

        // 添加应用程序状态监听
        [self setupListeners];
    }
    return self;
}
```

第三步：修改 SensorsAnalyticsSDK.m 文件中的 -applicationDidFinishLaunching: 方法，如果 isLaunchedPassively 为 YES，再触发 $AppStartPassively 事件。

```
- (void)applicationDidFinishLaunching:(NSNotification *)notification {
    NSLog(@"Application did finish launching.");

    // 当应用程序在后台运行时，触发被动启动事件
    if (self.isLaunchedPassively) {
```

```
    // 触发被动启动事件
    [self track:@"$AppStartPassively" properties:nil];
    }
}
```

这样即可解决冷启动也会触发被动启动事件的问题。

那如何测试（模拟）被动启动事件呢？

第一步：开启 Background Modes。

在 Demo 的 Capabilities 标签中开启 Backgroud Modes，并勾选 Background Fetch 复选框，如图 2-3 所示。

图 2-3　开启 Background Modes

这里之所以要勾选 Background Fetch 复选框，是因为 Background Fetch 场景相对比较好模拟，方便测试，其他场景一般都需要硬件或者服务器环境配合。

第二步：选中 Demo Scheme，然后依次单击 Xcode 菜单栏中的 Product → Scheme → Edit-Scheme → Run → Options，出现图 2-4 所示的窗口。

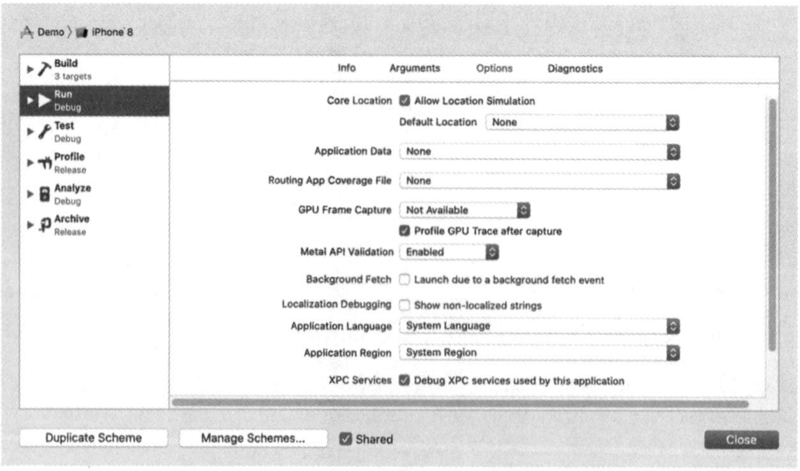

图 2-4　开启 Background Fetch 调式模式

勾选 Background Fetch 选项，然后单击 Close 按钮。

第三步：测试验证。

通过 Xcode 运行 Demo，我们可以看到应用程序并没有进入前台运行（在模拟器上图标闪了一下），但是在 Xcode 控制台中已经打印出 $AppStartPassively 事件信息。

```
{
    "event" : "$AppStartPassively",
    "time" : 1573557742173,
    "properties" : {
        "$model" : "x86_64",
        "$manufacturer" : "Apple",
        "$lib_version" : "1.0.0",
        "$os" : "iOS",
        "$os_version" : "12.3",
        "$app_version" : "1.0",
        "$lib" : "iOS"
    }
}
```

至此，我们已经实现了被动启动事件信息的采集。

2.4.3　优化

在 2.4.2 节测试被动启动的时候，我们应该可以发现，在 Xcode 控制台中，除了打印出被动启动 $AppStartPassively 事件外，还打印出在第 1 章中添加的测试事件 MyFirstEvent。

```
{
    "event": "MyFirstEvent",
    "time": 1575075147140,
    "properties": {
        "$model": "x86_64",
        "$manufacturer": "Apple",
        "$lib_version": "1.0.0",
        "$os": "iOS",
        "testKey": "testValue",
        "$os_version": "12.3",
        "$app_version": "1.0",
        "$lib": "iOS"
    }
}
```

这样，就会给数据分析带来困扰：到底 MyFirstEvent 事件是在什么场景下触发的，是在冷启动时触发的还是在被动启动下触发的？

如果是在被动启动下触发的所有事件，加上一个特殊的属性 $app_state，这样就能非常方便地进行区分。

修改 SensorsAnalyticsSDK.m 文件中的 -track:properties: 方法，对于在被动启动下触发

的所有事件都加上 $app_state 属性。

```objc
- (void)track:(NSString *)eventName properties:(NSDictionary<NSString *,id> *)properties {
    NSMutableDictionary *event = [NSMutableDictionary dictionary];
    // 设置事件名称
    event[@"event"] = eventName;
    // 设置事件发生的时间戳，单位为毫秒
    event[@"time"] = [NSNumber numberWithLong:NSDate.date.timeIntervalSince1970 * 1000];

    NSMutableDictionary *eventProperties = [NSMutableDictionary dictionary];
    // 添加预置属性
    [eventProperties addEntriesFromDictionary:self.automaticProperties];
    // 添加自定义属性
    [eventProperties addEntriesFromDictionary:properties];

    // 判断是否为被动启动状态
    if (self.isLaunchedPassively) {
        // 添加应用程序状态属性
        eventProperties[@"$app_state"] = @"background";
    }

    // 设置事件属性
    event[@"properties"] = eventProperties;

    // 在Xcode控制台中打印事件信息
    [self printEvent:event];
}
```

这样处理之后，在被动启动下触发的 MyFirstEvent 事件就有了 $app_state 属性。

```json
{
    "event": "MyFirstEvent",
    "time": 1575078531677,
    "properties": {
        "$model": "x86_64",
        "$manufacturer": "Apple",
        "$lib_version": "1.0.0",
        "$os": "iOS",
        "$app_state": "background",
        "$os_version": "12.3",
        "$app_version": "1.0",
        "$lib": "iOS"
    }
}
```

但此时还有一个问题：在应用程序被动启动之后，双击应用程序图标，应用程序进入前台运行时，触发的 $AppStart 事件也有 $app_state 属性，这明显有问题。

这是什么原因导致的呢？

　　这是因为当应用程序被动启动后，launchedPassively 标记位属性已被设置为 YES；而
当应用程序进入前台运行时，没有将 launchedPassively 属性设置为 NO。

　　因此，针对这个问题，我们只需要修改 SensorsAnalyticsSDK.m 文件的 -application-
DidBecomeActive: 方法，在触发 $AppStart 事件之前将 launchedPassively 属性设置为 NO
即可。

```
- (void)applicationDidBecomeActive:(NSNotification *)notification {
    NSLog(@"Application did become active.");

    // 还原标记位
    if (self.applicationWillResignActive) {
        self.applicationWillResignActive = NO;
        return;
    }

    // 将被动启动标记设为NO，正常记录事件
    self.launchedPassively = NO;

    // 触发$AppStart事件
    [self track:@"$AppStart" properties:nil];
}
```

　　至此，我们已经实现应用程序 $AppEnd 事件和应用程序 $AppStart 事件的全埋点。

页面浏览事件

本章主要介绍页面浏览事件（$AppViewScreen）全埋点的实现原理。在介绍具体的实现原理之前，我们先介绍 UIViewController 生命周期相关的内容以及 iOS 的 "黑魔法" ——Method Swizzling。

3.1　UIViewController 生命周期

众所周知，每一个 UIViewController 管理着一个由多个视图组成的树形结构，其中根视图保存在 UIViewController 的 view 属性中。UIViewController 会懒加载它所管理的视图集，直到第一次访问 view 属性时，才会去加载或者创建 UIViewController 的视图集。

几种常用的加载或者创建 UIViewController 的视图集的方法如下。

❑ 使用 Storyboard。

❑ 使用 Nib 文件。

❑ 使用代码，即重写 -loadView。

以上这些方法最终都会创建出合适的根视图并保存在 UIViewController 的 view 属性中，这是 UIViewController 生命周期的第一步。当 UIViewController 的根视图需要展示在页面上时，会调用 -viewDidLoad 方法。在这个方法中，我们可以做一些对象初始化相关的工作。

需要注意的是，此时，视图的 bounds 还没有确定。如果使用代码创建视图集，-viewDidLoad 方法会在 -loadView 方法调用结束之后运行。如果使用 Stroyboard 或者 Nib 文件创建视图集，-viewDidLoad 方法则会在 -awakeFromNib 方法之后调用。

当 UIViewController 的视图在屏幕上的显示状态发生变化时，UIViewController 会自动回调一些方法，以确保子类能够应对这些变化。图 3-1 展示了 UIViewController 在不同的显示状态时会回调不同的方法。

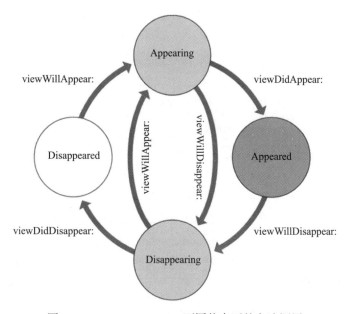

图 3-1　UIViewController 不同状态下的方法调用

UIViewController 被销毁前，还会回调 -dealloc 方法。我们一般通过重写该方法来主动释放不能被 ARC 自动释放的资源。

现在我们对 UIViewController 的整个生命周期有了一些基本的了解。那么该如何去实现页面浏览事件（$AppViewScreen）的全埋点呢？

通过 UIViewController 的整个生命周期可知，当执行到 -viewDidAppear: 方法时，表示视图已经在屏幕上渲染完成，即页面已经显示出来，正等待用户进行下一步操作。因此，执行到 -viewDidAppear: 方法的时间点是触发页面浏览事件的最佳时机。如果想要实现页面浏览事件的全埋点，就需要使用 iOS 的"黑魔法"——Method Swizzling 的相关技术。

3.2　Method Swizzling

Method Swizzling，顾名思义，就是交换两个方法的实现。简单来说，就是利用 Objective-C Runtime 的动态绑定特性，将一个方法的实现与另一个方法的实现进行交换。

3.2.1　Method Swizzling 基础

在 Objective-C 的 Runtime 中，一个类是用一个名为 objc_class 的结构体表示的，它的定义如下：

```
struct objc_class {
    Class _Nonnull isa  OBJC_ISA_AVAILABILITY;

#if !__OBJC2__
    Class _Nullable super_class                            OBJC2_UNAVAILABLE;
    const char * _Nonnull name                             OBJC2_UNAVAILABLE;
    long version                                           OBJC2_UNAVAILABLE;
    long info                                              OBJC2_UNAVAILABLE;
    long instance_size                                     OBJC2_UNAVAILABLE;
    struct objc_ivar_list * _Nullable ivars                OBJC2_UNAVAILABLE;
    struct objc_method_list * _Nullable * _Nullable methodLists OBJC2_UNAVAILABLE;
    struct objc_cache * _Nonnull cache                     OBJC2_UNAVAILABLE;
    struct objc_protocol_list * _Nullable protocols        OBJC2_UNAVAILABLE;
#endif

} OBJC2_UNAVAILABLE;
```

在上面的结构体中，虽然有很多字段在 OBJC2 中已经废弃了（OBJC2_UNAVAILABLE），但是了解这个结构体有助于我们理解 Method Swizzling 的底层原理。我们从上述结构体中可以发现一个 objc_method_list 指针，它保存着当前类的所有方法列表。同时，objc_method_list 也是一个结构体，它的定义如下：

```
struct objc_method_list {
    struct objc_method_list * _Nullable obsolete          OBJC2_UNAVAILABLE;

    int method_count                                       OBJC2_UNAVAILABLE;
#ifdef __LP64__
    int space                                              OBJC2_UNAVAILABLE;
#endif
    /* variable length structure */
    struct objc_method method_list[1]                      OBJC2_UNAVAILABLE;
}
```

我们从上面的结构体中发现一个 objc_method 字段，它的定义如下：

```
struct objc_method {
    SEL _Nonnull method_name                               OBJC2_UNAVAILABLE;
    char * _Nullable method_types                          OBJC2_UNAVAILABLE;
    IMP _Nonnull method_imp                                OBJC2_UNAVAILABLE;
}
```

我们从上面的结构体中还发现，一个方法由如下三部分组成。
❑ method_name：方法名。
❑ method_types：方法类型。
❑ method_imp：方法实现。

使用 Method Swizzling 交换方法，其实就是修改了 objc_method 结构体中的 mthod_imp，即改变了 method_name 和 method_imp 的映射关系，如图 3-2 所示。

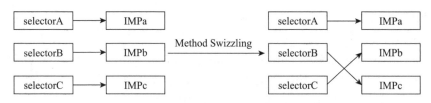

图 3-2　method_name 和 method_imp 的映射关系

那我们如何改变 method_name 和 method_imp 的映射关系呢？ Objective-C 的 Runtime 提供了很多非常方便的函数，让我们可以很简单地实现 Method Swizzling，即改变 method_name 和 method_imp 的映射关系，从而达到交换方法的效果。

3.2.2　实现 Method Swizzling 的相关函数

下面我们介绍几个实现 Method Swizzling 的相关函数。

（1）Method class_getInstanceMethod(Class _Nullable aClass, SEL _Nonnull aSelector) OBJC_AVAILABLE(10.0, 2.0, 9.0, 1.0, 2.0);

功能：返回目标类 aClass、方法名为 aSelector 的实例方法。

参数说明

❑ aClass：目标类。

❑ aSelector：方法名。

说明　只有当前类以及它的父类均不包含指定的方法时，才会返回 NULL。

（2）BOOL class_addMethod(Class _Nullable aClass, SEL _Nonnull aSelector, IMP _Nonnullimp, const char * _Nullable types) OBJC_AVAILABLE(10.5, 2.0, 9.0, 1.0, 2.0);

功能：给目标类 aClass 添加一个新的方法，同时包括方法的实现。

参数说明

❑ aClass：目标类。

❑ aSelector：要添加方法的方法名。

❑ imp：要添加方法的方法实现。

❑ types：方法实现的编码类型。

说明　返回成功，说明已经成功在目标类中添加了该方法；返回失败，说明在目标类中已经存在相同方法名的方法。

（3）IMP method_getImplementation(Method _Nonnull method) OBJC_AVAILABLE (10.5, 2.0, 9.0, 1.0, 2.0);

功能：返回方法实现的指针。

参数说明

❑ method：目标方法。

（4）IMP class_replaceMethod(Class _Nullable aClass, SEL _Nonnull aSelector, IMP _Nonnull imp, const char * _Nullable types) OBJC_AVAILABLE(10.5, 2.0, 9.0, 1.0, 2.0);

功能：替换目标类 aClass 的 aSelector 方法的指针。

参数说明

❑ aClass：目标类。

❑ aSelector：目前方法的方法名。

❑ imp：新方法的方法实现。

❑ types：方法实现的编码类型。

（5）void method_exchangeImplementations(Method _Nonnull m1, Method _Nonnull m2) OBJC_AVAILABLE(10.5, 2.0, 9.0, 1.0, 2.0);

功能：交换两个方法的实现指针。

参数说明

❑ m1：交换方法 1。

❑ m2：交换方法 2。

3.2.3　实现 Method Swizzling

在了解了 Method Swizzling 的底层原理以及相关函数后，下面介绍实现 Method Swizzling 的方法。

在上面介绍的函数中，method_exchangeImplementations(Method _Nonnull m1, Method_Nonnull m2) 函数是用来实现两个方法交换的。因此，我们可以基于该函数来实现 Method Swizzling。

下面介绍具体的实现步骤。

在 SensorsSDK 项目中新建一个 NSObject 的类别 SASwizzler。然后，新增一个类方法 +sensorsdata_swizzleMethod:withMethod: 用来实现 Method Swizzling。之所以要创建 NSObject 的类别，主要是为了让所有继承自 NSObject 的子类，都具有 Method Swizzling 的能力。

NSObject+SASwizzler.h 定义如下：

```
//
//  NSObject+SASwizzler.h
//  SensorsSDK
//
//  Created by王灼洲on 2019/8/8.
//  Copyright © 2019 SensorsData. All rights reserved.
//
```

```
#import <Foundation/Foundation.h>

NS_ASSUME_NONNULL_BEGIN

@interface NSObject (SASwizzler)

/**
交换方法名为originalSEL和方法名为alternateSEL两个方法的实现

@param originalSEL原始方法名
@param alternateSEL要交换的方法名称
*/
+ (BOOL)sensorsdata_swizzleMethod:(SEL)originalSEL withMethod:(SEL)alternateSEL;

@end

NS_ASSUME_NONNULL_END
```

NSObject+SASwizzler.m 实现如下：

```
//
//   NSObject+SASwizzler.m
//   SensorsSDK
//
//   Created by王灼洲on 2019/11/18.
//   Copyright © 2019 SensorsData. All rights reserved.
//

#import "NSObject+SASwizzler.h"
#import <objc/runtime.h>
#import <objc/message.h>

@implementation NSObject (SASwizzler)

+ (BOOL)sensorsdata_swizzleMethod:(SEL)originalSEL withMethod:(SEL)alternateSEL {
    // 获取原始方法
    Method originalMethod = class_getInstanceMethod(self, originalSEL);
    // 当原始方法不存在时，返回NO，表示Swizzling失败
    if (!originalMethod) {
        return NO;
    }

    // 获取要交换的方法
    Method alternateMethod = class_getInstanceMethod(self, alternateSEL);
    // 当需要交换的方法不存在时，返回NO，表示Swizzling失败
    if (!alternateMethod) {
        return NO;
    }

    // 交换两个方法的实现
    method_exchangeImplementations(originalMethod, alternateMethod);
```

```
    // 返回YES，表示Swizzling成功
    return YES;
}

@end
```

3.3　实现页面浏览事件全埋点

通过对 UIViewController 生命周期和 Method Swizzling 的学习，我们可以利用 Method Swizzling 来交换 UIViewController 的 -viewDidAppear: 方法，然后在交换的方法中触发 $AppViewScreen 事件，以实现页面浏览事件的全埋点。

3.3.1　实现步骤

下面我们介绍详细的实现步骤。

第一步：在 SensorsSDK 项目中，新建一个 UIViewController 的类别 SensorsData。UIViewController+SensorsData.h 定义如下：

```
//
//  UIViewController+SensorsData.h
//  SensorsSDK
//
//  Created by 王灼洲 on 2019/8/8.
//  Copyright © 2019 SensorsData. All rights reserved.
//

#import <UIKit/UIKit.h>

NS_ASSUME_NONNULL_BEGIN

@interface UIViewController (SensorsData)

@end

NS_ASSUME_NONNULL_END
```

UIViewController+SensorsData.m 实现如下：

```
//
//  UIViewController+SensorsData.m
//  SensorsSDK
//
//  Created by 王灼洲 on 2019/8/8.
//  Copyright © 2019 SensorsData. All rights reserved.
//

#import "UIViewController+SensorsData.h"
```

```
@implementation UIViewController (SensorsData)

@end
```

第二步：在 UIViewController+SensorsData.m 文件中添加交换后的方法 -sensorsdata_ viewDidAppear:，然后在该方法中调用原始方法，并触发 $AppViewScreen 事件。

```
#import "UIViewController+SensorsData.h"
#import "SensorsAnalyticsSDK.h"

@implementation UIViewController (SensorsData)

- (void)sensorsdata_viewDidAppear:(BOOL)animated {
    // 调用原始方法，即- viewDidAppear:
    [self sensorsdata_viewDidAppear:animated];

    // 触发$AppViewScreen事件
    NSMutableDictionary *properties = [[NSMutableDictionary alloc] init];
    [properties setValue:NSStringFromClass([self class]) forKey:@"$screen_name"];
    [[SensorsAnalyticsSDK sharedInstance] track:@"$AppViewScreen" properties:properties];
}

@end
```

第一次看到这个方法，你可能会惊讶，这不就是递归吗？如果这么想，你就错了。在程序运行时，该方法的实现会被交换到 -viewDidAppear: 方法的实现里（只是目前还没有交换，看着像递归）。也就是说，-viewDidAppear: 方法中调用的是 -sensorsdata_viewDidAppear: 方法的实现；而 -sensorsdata_viewDidAppear: 方法中调用的是 -viewDidAppear: 方法的实现。之所以这么做，主要是因为我们要在原有 -viewDidAppear: 方法的最后添加触发 $AppViewScreen 事件的逻辑，而不是完全删除 -viewDidAppear: 方法中原有的实现逻辑。

第三步：在 UIViewController+SensorsData.m 中重写 +load 类方法，并在 +load 类方法中调用 NSObject 的类别 SASwizzler 的 +sensorsdata_swizzleMethod:withMethod: 类方法交换 -viewDidAppear: 方法。

```
#import "NSObject+SASwizzler.h"

@implementation UIViewController (SensorsData)

+ (void)load {
    [UIViewController sensorsdata_swizzleMethod:@selector(viewDidAppear:) withMethod:
        @selector(sensorsdata_viewDidAppear:)];
}

......

@end
```

为什么要在 UIViewController+SensorsData.m 的 +load 类方法里实现方法交换？
苹果公司官方对 +load 类方法的说明如下。

Summary

Invoked whenever a class or category is added to the Objective-C runtime; implement this method to perform class-specific behavior upon loading.

Declaration

+ (void)load;

Discussion

The load message is sent to classes and categories that are both dynamically loaded and statically linked, but only if the newly loaded class or category implements a method that can respond.

The order of initialization is as follows:

1. All initializers in any framework you link to.

2. All +load methods in your image.

3. All C++ static initializers and C/C++ __attribute__(constructor) functions in your image.

4. All initializers in frameworks that link to you.

In addition:

❑ A class's +load method is called after all of its superclasses ' +load methods.

❑ A category +load method is called after the class ' s own +load method.

In a custom implementation of load you can therefore safely message other unrelated classes from the same image, but any load methods implemented by those classes may not have run yet.

从苹果公司的官方描述可知，+load 类方法是在类或者类别被加载到 Objective-C 时执行的。如果在 +load 类方法中实现 Method Swizzling，替换的方法会在应用程序运行的整个生命周期中生效，这也是我们期望的结果。接下来，我们来学习程序到底是怎么运行的。在实现 Method Swizzling 之前，对于 UIViewController 来说，调用的 -viewDidAppear: 方法和 -sensorsdata_viewDidAppear: 方法如下。

```
- (void)viewDidAppear:(BOOL)animated {
    NSLog(@"viewDidAppear");
}

- (void)sensorsdata_viewDidAppear:(BOOL)animated {
    // 调用原始方法，即- viewDidAppear:
    [self sensorsdata_viewDidAppear:animated];

    // 触发$AppViewScreen事件
    NSMutableDictionary *properties = [[NSMutableDictionary alloc] init];
    [properties setValue:NSStringFromClass([self class]) forKey:@"$screen_name"];
```

```
    [[SensorsAnalyticsSDK sharedInstance] track:@"$AppViewScreen" properties:
        properties];
}
```

而在应用程序开始加载，执行了 UIViewController+SensorsData 中的 +load 类方法之后，即在 Method Swizzling 之后，-viewDidAppear: 方法和 -sensorsdata_viewDidAppear: 方法就进行了交换。

```
- (void)viewDidAppear:(BOOL)animated {
    // 调用原始方法，即 - viewDidAppear:
    [self sensorsdata_viewDidAppear:animated];

    // 触发$AppViewScreen事件
    NSMutableDictionary *properties = [[NSMutableDictionary alloc] init];
    [properties setValue:NSStringFromClass([self class]) forKey:@"$screen_name"];
    [[SensorsAnalyticsSDK sharedInstance] track:@"$AppViewScreen" properties:
        properties];
}

- (void)sensorsdata_viewDidAppear:(BOOL)animated {
    NSLog(@"viewDidAppear");
}
```

这也就解释了为什么在实现 -sensorsdata_viewDidAppear: 方法时需要调用方法本身。同时，我们也能明白为什么它不是递归？

第四步：测试验证。

运行 Demo，我们可以在 Xcode 控制台中看到 $AppViewScreen 事件信息。

```
{
    "event" : "$AppViewScreen",
    "time" : 1574076388814,
    "properties" : {
        "$model" : "x86_64",
        "$manufacturer" : "Apple",
        "$lib_version" : "1.0.0",
        "$os" : "iOS",
        "$os_version" : "12.3",
        "$app_version" : "1.0",
        "$screen_name" : "ViewController",
        "$lib" : "iOS"
    }
}
```

至此，我们简单实现了页面浏览事件的全埋点。

3.3.2 优化

基于上面介绍的页面浏览事件全埋点方案，在测试的过程中，我们发现一个问题：在应用程序启动的过程中，会触发多余的 $AppViewScreen 事件，比如 UIInputWindowController
对应的页面浏览事件。

```
{
    "event": "$AppViewScreen",
    "time": 1558966492699,
    "properties": {
        "$model": "x86_64",
        "$manufacturer": "Apple",
        "$lib_version": "1.0.0",
        "$os": "iOS",
        "$os_version": "12.3",
        "$app_version": "1.0",
        "$screen_name": "UIInputWindowController",
        "$lib": "iOS"
    }
}
```

之所以会出现这个问题，主要是因为我们交换了所有 UIViewController 的 -viewDidAppear:
方法。

针对这个问题，其实解决方案也很简单：对于 $AppViewScreen 事件，我们可以引入
黑名单机制，即在黑名单里配置哪些 UIViewController 及其子类不能触发 $AppViewScreen
事件。

下面我们详细介绍如何实现黑名单机制。

第一步：在 SensorsSDK 项目中创建一个 sensorsdata_black_list.plist 文件，并把 Root
的类型修改为 Array，该文件就是黑名单文件。然后在 sensorsdata_black_list.plist 文件中添
加第一个需要加入黑名单的控制器 UIInputWindowController，如图 3-3 所示。

Key	Type	Value
▼ Root	Array	(1 item)
Item 0	String	**UIInputWindowController**

图 3-3　修改 sensorsdata_black_list.plist 文件

在 sensorsdata_black_list.plist 文件上单击鼠标右键，然后依次选择 Open As → Source
Code 即可查看该文件的文本信息。

```
<?xml version="1.0" encoding="UTF-8"?>
<!DOCTYPE plist PUBLIC "-//Apple//DTD PLIST 1.0//EN" "http://www.apple.com/DTDs/
PropertyList-1.0.dtd">
<plist version="1.0">
<array>
    <string>UIInputWindowController</string>
</array>
</plist>
```

第二步：在 UIViewController+SensorsData.m 文件中新增 -shouldTrackAppViewScreen 方法，用来判断当前 UIViewController 是否在黑名单里。

```
static NSString * const kSensorsDataBlackListFileName = @"sensorsdata_black_list";

@implementation UIViewController (SensorsData)

......

- (BOOL)shouldTrackAppViewScreen {
    static NSSet *blackList = nil;
    static dispatch_once_t onceToken;
    dispatch_once(&onceToken, ^{
        // 获取黑名单文件路径
        NSString *path = [[NSBundle bundleForClass:SensorsAnalyticsSDK.class] path-
            ForResource:kSensorsDataBlackListFileName ofType:@"plist"];
        // 读取文件中黑名单类名的数组
        NSArray *classNames = [NSArray arrayWithContentsOfFile:path];
        NSMutableSet *set = [NSMutableSet setWithCapacity:classNames.count];
        for (NSString *className in classNames) {
            [set addObject:NSClassFromString(className)];
        }
        blackList = [set copy];
    });
    for (Class cla in blackList) {
        // 判断当前视图控制器是否为黑名单中的类或子类
        if ([self isKindOfClass:cla]) {
            return NO;
        }
    }
    return YES;
}

@end
```

第三步：修改 UIViewController+SensorsData.m 文件中的 -sensorsdata_viewDidAppear: 方法，在触发 $AppViewScreen 事件之前，添加黑名单判断。

```
- (void)sensorsdata_viewDidAppear:(BOOL)animated {
    // 调用原始方法，即 - viewDidAppear:
    [self sensorsdata_viewDidAppear:animated];

    if ([self shouldTrackAppViewScreen]) {
        // 触发$AppViewScreen事件
        NSMutableDictionary *properties = [[NSMutableDictionary alloc] init];
        [properties setValue:NSStringFromClass([self class]) forKey:@"$screen_name"];
        [[SensorsAnalyticsSDK sharedInstance] track:@"$AppViewScreen" properties:
            properties];
    }
}
```

第四步：测试验证。

运行 Demo，发现已没有 UIInputWindowController 对应的 $AppViewScreen 事件出现了。对于其他多余的 $AppViewScreen 事件，读者可以自行在黑名单里进行扩展，比如 UINavigationController、UIAlertController。

3.3.3 扩展

对于 $AppViewScreen 事件，如果只采集 UIViewController 的类名（$screen_name）还远远不够，我们有时候更想知道 UIViewController 的标题（$title）。

大家都知道，对于一个特定的 UIViewController，有两种方式可用来设置它的 title 属性。

```
- (void)viewDidLoad {
    [super viewDidLoad];
    // Do any additional setup after loading the view.
    //方式1
    self.title = @"title";

    //方式2
    self.navigationItem.title = @"navigationItem.title";
}
```

这两种方式有什么区别呢？我们究竟应该使用哪种方式获取 UIViewController 的 title 属性呢？

下面我们做几组测试，结果如表 3-1 所示。

表 3-1　title 属性测试

实验名称	设置 title 属性	获取 title 属性	显示页面标题
均不设置	不设置	self.navigationItem.title 返回 (null) self.title 返回 (null)	空字符串
只对 self.title 赋值	self.title = @"标题1"	self.navigationItem.title 返回"标题1" self.title 返回"标题1"	"标题1"
只对 self.navigationItem.title 赋值	self.navigationItem.title = @"标题2"	self.navigationItem.title 返回"标题2" self.title 返回 (null)	"标题2"
先给 self.title 赋值再给 self.navigationItem.title 赋值	self.title = @"标题1" self.navigationItem.title = @"标题2"	self.navigationItem.title 返回"标题2" self.title 返回"标题1"	"标题2"
先给 self.navigationItem.title 赋值再给 self..title 赋值	self.navigationItem.title = @"标题2" self.title = @"标题1"	self.navigationItem.title 返回"标题1" self.title 返回"标题1"	"标题1"

通过以上几组测试，我们可以得出结论：不论用哪种方式设置 UIViewController 的 title 属性，但使用 self.navigationItem.title 总能获取正确的标题。我们可以通过修改 UIViewController+SensorsData.m 中的 -sensorsdata_viewDidAppear: 方法来给 $AppViewScreen 事件增加 title 属性。

```
- (void)sensorsdata_viewDidAppear:(BOOL)animated {
    // 调用原始方法，即- viewDidAppear:
    [self sensorsdata_viewDidAppear:animated];

    // track $AppViewScreen
    if ([self shouldTrackAppViewScreen:self.class]) {
        // 触发$AppViewScreen事件
        NSMutableDictionary *properties = [[NSMutableDictionary alloc] init];
        [properties setValue:NSStringFromClass([self class]) forKey:@"$screen_name"];
        [properties setValue:self.navigationItem.title forKey:@"$title"];
        [[SensorsAnalyticsSDK sharedInstance] track:@"$AppViewScreen" properties:
            properties];
    }
}
```

运行 Demo，可以看到 $AppViewScreen 事件已包含 title 属性。

```
{
    "event": "$AppViewScreen",
    "time": 1559104194720,
    "properties": {
        "$model": "x86_64",
        "$manufacturer": "Apple",
        "$title": "首页",
        "$lib_version": "1.0.0",
        "$os": "iOS",
        "$os_version": "12.3",
        "$app_version": "1.0",
        "$screen_name": "ViewController",
        "$lib": "iOS"
    }
}
```

至此，你可能认为获取 title 属性的工作可以结束了，其实不然！这是因为还有另外一种方式可以设置 UIViewController 的 title 属性，即 self.navigationItem.titleView。

```
- (void)viewDidLoad {
    [super viewDidLoad];
    // Do any additional setup after loading the view.
    self.title = @"标题1";
    self.navigationItem.title = @"标题2";

    UILabel *customTitleView = [[UILabel alloc] initWithFrame:CGRectMake(0, 0, 100, 30)];
    customTitleView.text = @"标题3";
    customTitleView.font = [UIFont systemFontOfSize:18];
    customTitleView.textColor = [UIColor blackColor];
    //设置位置在中心
    customTitleView.textAlignment = NSTextAlignmentCenter;
    self.navigationItem.titleView = customTitleView;
}
```

按照上述方式设置 titleView 之后，页面标题显示的是"标题 3"，但在我们采集的 $AppViewScreen 事件中，title 属性值却为"标题 2"，明显与实际不符！

针对这个问题，我们该如何解决呢？

目前，常用的方案是：优先通过 navigationItem.titleView 获取标题，如果获取到的标题内容为空，再通过 navigationItem.title 获取标题。

那如何通过 navigationItem.titleView 获取标题呢？

navigationItem.titleView 是一个 UIView 类型，因此，我们可以递归遍历 navigationItem.titleView 的子 UIView。如果子 UIView 是一些带有文本的基础控件（比如 UIButton、UILabel、UITextView 等控件），就可以通过对应的方法获取它的文本，然后按照特定的格式拼接在一起。

下面我们介绍实现步骤。

第一步：在 UIViewController+SensorsData.m 文件中添加 -contentFromView: 方法，用来获取 UIView 的文本。

```objc
- (NSString *)contentFromView:(UIView *)rootView {
    if (rootView.isHidden) {
        return nil;
    }

    NSMutableString *elementContent = [NSMutableString string];

    if ([rootView isKindOfClass:[UIButton class]]) {
        UIButton *button = (UIButton *)rootView;
        NSString *title = button.titleLabel.text;
        if (title.length > 0) {
            [elementContent appendString:title];
        }
    } else if ([rootView isKindOfClass:[UILabel class]]) {
        UILabel *label = (UILabel *)rootView;
        NSString *title = label.text;
        if (title.length > 0) {
            [elementContent appendString:title];
        }
    } else if ([rootView isKindOfClass:[UITextView class]]) {
        UITextView *textView = (UITextView *)rootView;
        NSString *title = textView.text;
        if (title.length > 0) {
            [elementContent appendString:title];
        }
    } else {
        NSMutableArray<NSString *> *elementContentArray = [NSMutableArray array];
```

```
    for (UIView *subview in rootView.subviews) {
        NSString *temp = [self contentFromView:subview];
        if (temp.length > 0) {
            [elementContentArray addObject:temp];
        }
    }
    if (elementContentArray.count > 0) {
        [elementContent appendString:[elementContentArray componentsJoinedByString:
            @"-"]];
    }
}

return [elementContent copy];
}
```

为了简化，目前我们只支持获取 UIButton、UILabel、UITextView 控件的文本，读者也可以根据实际需求自行扩展。

第二步：修改 UIViewController+SensorsData.m 中 的 -sensorsdata_viewDidAppear: 方法，支持通过 self.navigationItem.titleView 获取标题的逻辑。

```
- (void)sensorsdata_viewDidAppear:(BOOL)animated {
    // 调用原始方法，即- viewDidAppear:
    [self sensorsdata_viewDidAppear:animated];

    if ([self shouldTrackAppViewScreen]) {
        // 触发$AppViewScreen事件
        NSMutableDictionary *properties = [[NSMutableDictionary alloc] init];
        [properties setValue:NSStringFromClass([self class]) forKey:@"$screen_name"];
        //navigationItem.titleView的优先级高于navigationItem.title
        NSString *title = [self contentFromView:self.navigationItem.titleView];
        if (title.length == 0) {
            title = self.navigationItem.title;
        }
        [properties setValue:title forKey:@"$title"];
        [[SensorsAnalyticsSDK sharedInstance] track:@"$AppViewScreen" properties:
            properties];
    }
}
```

📷注意　获取标题时，navigationItem.titleView 的优先级要高于 navigationItem.title。

这样处理之后，即使是通过 navigationItem.titleView 方式设置标题，在触发 $AppViewScreen 事件时，我们也能正常获取 title 属性。

3.3.4　遗留问题

按照目前的方案实现 $AppViewScreen 事件的全埋点，会有如下两个问题。

❑ 应用程序热启动时（从后台恢复），第一个页面没有触发 $AppViewScreen 事件。原因是这个页面没有再次执行 -viewDidAppear: 方法。

❑ 要求 UIViewController 的子类不重写 -viewDidAppear: 方法，一旦重写必须调用 [super viewDidAppear:animated]，否则不会触发 $AppViewScreen 事件。原因是直接交换了 UIViewController 的 -viewDidAppear: 方法。

以上两个问题，目前没有非常好的解决方案，读者可以深入思考自行解决，也可以与我们交流、探讨。

第 4 章 Chapter 4

控件点击事件

在本章，我们主要介绍如何实现控件点击事件（$AppClick）的全埋点。在具体介绍如何实现之前，我们需要先了解在 UIKit 框架下点击或拖动事件的 Target-Action 设计模式。

4.1 Target-Action

Target-Action，也叫"目标 – 动作"模式，即当某个事件发生的时候，调用特定对象的特定方法。"特定对象"就是 Target，"特定方法"就是 Action。

比如，LoginViewController 页面上有一个按钮，点击按钮时，会调用 LoginViewController 里的 -loginBtnOnClick 方法，则 Target 是 LoginViewController，Action 是 -loginBtnOnClick 方法。

Target-Action 模式主要包含两个部分。

❑ Target（对象）：接收消息的对象。

❑ Action（方法）：用于表示需要调用的方法。

Target 可以是任意类型的对象。但是在 iOS 应用程序中，通常情况下会是一个控制器，而触发事件的对象和接收消息的对象（Target）一样，也可以是任意类型的对象。例如，手势识别器 UIGestureRecognizer 就可以在识别到手势后，将消息发送给另一个对象。关于 Target-Action 模式，最常见的应用场景是在控件中。iOS 中的控件都是 UIControl 类或者其子类，当用户操作这些控件时，控件会将消息发送到指定的 Target，而对应的 Action 必须符合以下几种形式之一。

```
- (void)doSomething;
- (void)doSomething:(id)sender;
```

```
- (void)doSomething:(id)sender forEvent:(UIEvent *)event;
- (IBAction)doSomething;
- (IBAction)doSomething:(id)sender;
- (IBAction)doSomething:(id)sender forEvent:(UIEvent *)event;
```

其中，以 IBAction 作为返回值类型，是为了让 Action 能在 Interface Builder 中被看到；参数 sender 就是触发事件的控件本身；参数 event 是 UIEvent 的 Target，封装了触发事件的相关信息。

我们可以通过代码或者 Interface Builder 为一个控件添加一个 Target 以及相应的 Action。

若想使用代码方式添加 Target-Action（Target-Action 可用来表示一个 Target 以及相对应的 Action），我们可以直接调用控件对象的方法。

```
- (void)addTarget:(nullable id)target action:(SEL)action forControlEvents:(UICon-
    trolEvents)controlEvents;
```

我们也可以多次调用 -addTarget:action:forControlEvents: 方法给控件添加多个 Target-Action，即使多次调用 -addTarget:action:forControlEvents: 添加相同的 Target 且不同的 Action，也不会出现相互覆盖的问题。另外，在添加 Target-Action 时，Target 也可以为 nil（默认先在 self 里查找 Action）。

当我们为一个控件添加 Target-Action 后，控件又是如何找到 Target 并执行对应的 Action 的呢？

UIControl 类中有一个方法：

```
- (void)sendAction:(SEL)action to:(nullable id)target forEvent:(nullable UIEvent *)event;
```

用户操作控件（比如点击）时，首先会调用这个方法，并将事件转发给应用程序的 UIApplication 对象。

同时，在 UIApplication 类中也有一个类似的实例方法：

```
- (BOOL)sendAction:(SEL)action to:(nullable id)target from:(nullable id)sender-
    forEvent:(nullable UIEvent *)event;
```

如果 Target 不为 nil，应用程序会让该对象调用对应的方法响应事件；如果 Target 为 nil，应用程序会在响应链中搜索定义了该方法的对象，然后执行该方法。

基于 Target-Action 设计模式，有两种方案可以实现 $AppClick 事件的全埋点。下面我们将逐一进行介绍。

4.2   方案一

通过 Target-Action 设计模式可知，在执行 Action 之前，会先后通过控件和 UIApplication 对象发送事件相关的信息。因此，我们可以通过 Method Swizzling 交换 UIApplication 类中的 -sendAction:to:from:forEvent: 方法，然后在交换后的方法中触发 $AppClick 事件，并根据

target 和 sender 采集相关属性，实现 $AppClick 事件的全埋点。

对于 UIApplication 类中的 -sendAction:to:from:forEvent: 方法，我们以给 UIButton 设置 action 为例进行详细介绍。

```
[button addTarget:person action:@selector(btnAction) forControlEvents:UIControlE
    ventTouchUpInside];
```

参数说明

❑ action：对应的 selector，即示例中的 btnAction。

❑ target：示例中的 person。如果 Target 为 nil，应用程序会将消息发送给第一个响应者，并从第一个响应者沿着响应链向上发送消息，直到消息被处理为止。

❑ sender：被用户点击或拖动的控件，即发送 Action 消息的对象，示例中的 button。

❑ event：UIEvent 对象，它封装了触发事件的相关信息。

返回值：如果有响应者处理了该消息，返回 YES，否则返回 NO。

4.2.1　实现步骤

下面我们详细介绍如何通过 Method Swizzling 交换 UIApplication 类中的 -sendAction:to:from:forEvent: 方法来实现 $AppClick 事件的全埋点。

第一步：在 SensorsSDK 项目中新建一个 UIApplication 的类别 SensorsData。

UIApplication+SensorsData.h 定义如下：

```
//
//  UIApplication+SensorsData.h
//  SensorsSDK
//
//  Created by 王灼洲on 2019/8/8.
//  Copyright © 2019 SensorsData. All rights reserved.
//

#import <UIKit/UIKit.h>

NS_ASSUME_NONNULL_BEGIN

@interface UIApplication (SensorsData)

@end

NS_ASSUME_NONNULL_END
```

UIApplication+SensorsData.m 实现如下：

```
//
//  UIApplication+SensorsData.m
//  SensorsSDK
```

```
//
// Created by 王灼洲on 2019/8/8.
// Copyright © 2019 SensorsData. All rights reserved.
//

#import "UIApplication+SensorsData.h"

@implementation UIApplication (SensorsData)

@end
```

第二步：在 UIApplication+SensorsData.m 文件中实现将要交换的方法 -sensorsdata_
sendAction:to:from:forEvent:。

```
#import "UIApplication+SensorsData.h"
#import "SensorsAnalyticsSDK.h"

@implementation UIApplication (SensorsData)

- (BOOL)sensorsdata_sendAction:(SEL)action to:(nullable id)target from:(nullable id)
    sender forEvent:(nullable UIEvent *)event {
    //触发$AppClick事件
    [[SensorsAnalyticsSDK sharedInstance] track:@"$AppClick" properties:nil];

    // 调用原有实现，即- sendAction:to:from:forEvent: 方法
    return [self sensorsdata_sendAction:action to:target from:sender forEvent:event];
}

@end
```

第三步：在 UIApplication+SensorsData.m 中实现 +load 类方法，并在 +load 类方法中交
换 sendAction:to:from:forEvent: 方法。

```
#import "NSObject+SASwizzler.h"

@implementation UIApplication (SensorsData)

+ (void)load {
    [UIApplication sensorsdata_swizzleMethod:@selector(sendAction:to:from:forEvent:)
        withMethod:@selector(sensorsdata_sendAction:to:from:forEvent:)];
}

......

@end
```

第四步：测试验证。

在 Demo 中，添加一个 UIButton 按钮，并给该 UIButton 按钮添加点击事件的 Target-

Action，然后点击按钮进行测试，这样可以在 Xcode 控制台中看到已触发的 $AppClick 事件信息。

```
{
    "event": "$AppClick",
    "time": 1559114150894,
    "properties": {
        "$model": "x86_64",
        "$manufacturer": "Apple",
        "$lib_version": "1.0.0",
        "$os": "iOS",
        "$os_version": "12.3",
        "$app_version": "1.0",
        "$lib": "iOS"
    }
}
```

至此，一个简单的 $AppClick 事件全埋点就完成了。

4.2.2　优化 $AppClick 事件

4.2.1 节实现的 $AppClick 事件全埋点，仅仅是采集了"点击"这个动作，但与控件相关的信息都没有采集到，这就很难满足实际业务场景中复杂的分析需求。

一般情况下，对于一个控件的点击事件，我们至少还需要采集如下信息（属性）：

❑ 控件类型（$element_type）

❑ 控件上显示的文本（$element_content）

❑ 控件所属页面（$screen_name）

基于目前的方案，我们再优化一下以支持以上三个信息的采集。

1. 获取控件类型

获取控件类型相对比较简单，我们可以直接使用控件的 class 名称来代表当前控件的类型。获取控件的 class 名称可用如下方式：

```
NSString *elementType = NSStringFromClass([sender class])
```

下面我们详细介绍实现步骤。

第一步：在 SensorsSDK 项目中新建一个 UIView 的类别 SensorsData。

UIView+SensorsData.h 定义如下：

```
//
//  UIView+SensorsData.h
//  SensorsSDK
//
//  Created by王灼洲on 2019/8/8.
//  Copyright © 2019 SensorsData. All rights reserved.
```

```
//

#import <UIKit/UIKit.h>

NS_ASSUME_NONNULL_BEGIN

@interface UIView (SensorsData)

@end

NS_ASSUME_NONNULL_END
```

UIView+SensorsData.m 实现如下：

```
//
//  UIView+SensorsData.m
//  SensorsSDK
//
// Created by 王灼洲 on 2019/8/8.
// Copyright © 2019 SensorsData. All rights reserved.
//

#import "UIView+SensorsData.h"

#pragma mark - UIView
@implementation UIView (SensorsData)

@end
```

第二步： 在 UIView 的类别 SensorsData 中新增 sensorsdata_elementType 属性。
UIView+SensorsData.h 定义如下：

```
#pragma mark - UIView
@interface UIView (SensorsData)

@property (nonatomic, copy, readonly) NSString *sensorsdata_elementType;

@end
```

UIView+SensorsData.m 实现如下：

```
#pragma mark - UIView
@implementation UIView (SensorsData)

- (NSString *)sensorsdata_elementType {
    return NSStringFromClass([self class]);
}

@end
```

第三步： 修改 UIApplication+SensorsData.m 中的 -sensorsdata_sendAction:to:from:forEvent:

方法，新增获取控件类型属性。

```
#import "UIView+SensorsData.h"

@implementation UIApplication (SensorsData)

......

- (BOOL)sensorsdata_sendAction:(SEL)action to:(nullable id)target from:(nullable id)
    sender forEvent:(nullable UIEvent *)event {
    UIView *view = (UIView *)sender;

    NSMutableDictionary *properties = [[NSMutableDictionary alloc] init];
    // 获取控件类型
    properties[@"$element_type"] = view.sensorsdata_elementType;
    //触发$AppClick事件
    [[SensorsAnalyticsSDK sharedInstance] track:@"$AppClick" properties:properties];

    // 调用原有实现，即- sendAction:to:from:forEvent: 方法
    return [self sensorsdata_sendAction:action to:target from:sender forEvent:event];
}

@end
```

第四步：测试验证。

运行 Demo，新增加一个 UIButton 按钮，点击按钮，可以看到 $AppClick 事件中已包含 $element_type 属性，其属性值为 UIButton。

```
{
    "event": "$AppClick",
    "time": 1559916591731,
    "properties": {
        "$model": "x86_64",
        "$manufacturer": "Apple",
        "$element_type": "UIButton",
        "$lib_version": "1.0.0",
        "$os": "iOS",
        "$os_version": "12.3",
        "$app_version": "1.0",
        "$lib": "iOS"
    }
}
```

为了提高可扩展性，我们可以把 UIApplication+SensorsData.m 中的 -sensorsdata_sendAction:to:from:forEvent: 方法的逻辑抽离到 SensorsAnalyticsSDK 类的 -trackAppClickWithView:properties: 方法中，以便调用。

第一步：在 SensorsAnalyticsSDK 的类别 Track 中新增 -trackAppClickWithView:properties:

方法声明。

```
#pragma mark - Track
@interface SensorsAnalyticsSDK (Track)

/**
触发$AppClick事件

@param view 触发事件的控件
@param properties自定义事件属性
*/
- (void)trackAppClickWithView:(UIView *)view properties:(nullable NSDictionary <NSString *,
    id> *)properties;

@end
```

第二步：在 SensorsAnalyticsSDK 的类别 Track 中实现 -trackAppClickWithView:properties: 方法。

```
#import "UIView+SensorsData.h"

@implementation SensorsAnalyticsSDK (Track)

......

- (void)trackAppClickWithView:(UIView *)view properties:(nullable NSDictionary
    <NSString *, id> *)properties {
    NSMutableDictionary *eventProperties = [NSMutableDictionary dictionary];
    // 获取控件类型
    eventProperties[@"$element_type"] = view.sensorsdata_elementType;
    // 添加自定义属性
    [eventProperties addEntriesFromDictionary:properties];
    // 触发$AppClick事件
    [[SensorsAnalyticsSDK sharedInstance] track:@"$AppClick" properties: eventProperties];
}

@end
```

第三步：修改 UIApplication+SensorsData.m 中的 -sensorsdata_sendAction:to:from:forEvent: 方法，在方法中直接调用 SensorsAnalyticsSDK 的 -trackAppClickWithView:properties: 方法来触发 $AppClick 事件。

```
- (BOOL)sensorsdata_sendAction:(SEL)action to:(nullable id)target from:(nullable id)
    sender forEvent:(nullable UIEvent *)event {
    // 触发$AppClick事件
    [[SensorsAnalyticsSDK sharedInstance] trackAppClickWithView:sender properties:nil];

    // 调用原有实现，即- sendAction:to:from:forEvent: 方法
```

```
    return [self sensorsdata_sendAction:action to:target from:sender forEvent:event];
}
```

至此，$AppClick 事件全埋点方案已经可以支持获取控件类型了（$element_type）。

2. 获取显示文本

获取控件上的显示文本，我们只需要针对特定的控件，调用相应的方法即可。

下面我们以 UIButton 为例来详细介绍实现步骤。

第一步：在 UIView 的类别 SensorsData 中新增 sensorsdata_elementContent 属性。

UIView+SensorsData.h 定义如下：

```
#pragma mark - UIView
@interface UIView (SensorsData)

......

@property (nonatomic, copy, readonly) NSString *sensorsdata_elementContent;

@end
```

UIView+SensorsData.m 实现如下：

```
#import "UIView+SensorsData.h"

@implementation UIView (SensorsData)

......

- (NSString *)sensorsdata_elementContent {
    return nil;
}

@end
```

第二步：在 UIView+SensorsData.h 中新增 UIButton 的类别 SensorsData，并实现 -sensorsdata_elementContent 方法。

UIView+SensorsData.h 定义如下：

```
#pragma mark - UIButton
@interface UIButton (SensorsData)

@end
```

UIView+SensorsData.m 实现如下：

```
#pragma mark - UIButton

@implementation UIButton (SensorsData)
```

```
- (NSString *)sensorsdata_elementContent {
    return self.titleLabel.text;
}


@end
```

🔍**注
意** 我们是通过 titleLabel.text 来获取 UIButton 的显示文本的。

第三步：修改 SensorsAnalyticsSDK 的类别 Track 中的 -trackAppClickWithView:properties: 方法，给 $AppClick 事件增加 $element_content 属性。

```
@implementation SensorsAnalyticsSDK (Track)

......

- (void)trackAppClickWithView:(UIView *)view properties:(nullable NSDictionary
    <NSString *, id> *)properties {
    NSMutableDictionary *eventProperties = [NSMutableDictionary dictionary];
    // 获取控件类型
    eventProperties[@"$element_type"] = view.sensorsdata_elementType;
    // 获取控件显示文本
    eventProperties[@"$element_content"] = view.sensorsdata_elementContent;
    // 添加自定义属性
    [eventProperties addEntriesFromDictionary:properties];
    // 触发$AppClick事件
    [[SensorsAnalyticsSDK sharedInstance] track:@"$AppClick" properties: eventProperties];
}

@end
```

第四步：测试验证。

运行 Demo，新增一个 UIButton 按钮，点击按钮，可以看到 $AppClick 事件已包含 $element_content 属性，并且属性值也是 UIButton 上显示的文本。

```
{
    "event": "$AppClick",
    "time": 1559916591731,
    "properties": {
        "$model": "x86_64",
        "$manufacturer": "Apple",
        "$element_type": "UIButton",
        "$lib_version": "1.0.0",
        "$os": "iOS",
        "$element_content": "登录",
        "$os_version": "12.3",
        "$app_version": "1.0",
```

```
        "$lib": "iOS"
    }
}
```

至此，$AppClick 事件全埋点方案已经可以支持获取控件显示文本（$element_content）。

3. 获取控件所属页面

如何知道一个 UIView 属于哪个 UIViewController？

这就需要借助 UIResponder 了！

众所周知，UIResponder 类是 iOS 应用程序中专门用来响应用户操作事件的，比如：

❏ Touch Events——触摸事件

❏ Motion Events——运动事件

❏ Remote Control Events——远程控制事件

UIApplication、UIViewController、UIView 类都是 UIResponder 的子类，所以它们都具有响应以上事件的能力。另外，自定义的 UIView 和自定义视图控制器也都可以响应以上事件。在 iOS 应用程序中，UIApplication、UIViewController、UIView 类的对象也都是响应者，这些响应者会形成一个响应者链。一个完整的响应者链传递规则（顺序）大概如下：UIView → UIViewController → UIWindow → UIApplication → UIApplicationDelegate，如图 4-1 所示（此图来源于苹果公司官方网站）。

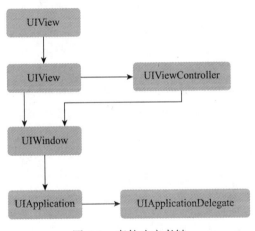

图 4-1　事件响应者链

> **注意**　对于在 iOS 应用程序中实现了 UIApplicationDelegate 协议的类（通常为 AppDelegate），如果它是继承自 UIResponder，那么也会参与响应者链的传递；如果不是继承自 UIResponder（例如 NSObject），那么不会参与响应者链的传递。

通过图 4-1 可知，对于任意一个视图来说，都能通过响应者链找到它所在的视图控制器，也就是其所属的页面，从而达到获取所属页面信息的目的。

下面我们详细介绍实现步骤。

第一步：在 UIView 的类别 SensorsData 中新增 sensorsdata_viewController 属性。

```
@interface UIView (SensorsData)

......

@property (nonatomic, readonly) UIViewController *sensorsdata_viewController;

@end
```

第二步：在 UIView 的类别 SensorsData 中实现 -sensorsdata_viewController 方法。

```
@implementation UIView (SensorsData)

......

- (UIViewController *)sensorsdata_viewController {
    UIResponder *responder = self;
    while ((responder = [responder nextResponder])) {
        if ([responder isKindOfClass: [UIViewController class]]){
            return (UIViewController *)responder;
        }
    }
    // 如果没有找到，返回nil
    return nil;
}

@end
```

第三步：修改 SensorsAnalyticsSDK 类别 Track 中的 -trackAppClickWithView:properties: 方法，在 $AppClick 事件中添加 $screen_name 属性。

```
@implementation SensorsAnalyticsSDK (Track)

......

- (void)trackAppClickWithView:(UIView *)view properties:(nullable NSDictionary
    <NSString *, id> *)properties {
    NSMutableDictionary *eventProperties = [NSMutableDictionary dictionary];
    // 获取控件类型
    eventProperties[@"$element_type"] = view.sensorsdata_elementType;
    // 获取控件显示文本
    eventProperties[@"$element_content"] = view.sensorsdata_elementContent;

    // 获取控件所在的UIViewController
    UIViewController *vc = view.sensorsdata_viewController;
    // 设置页面相关属性
    eventProperties[@"$screen_name"] = NSStringFromClass(vc.class);
```

```
    // 添加自定义属性
    [eventProperties addEntriesFromDictionary:properties];
    // 触发$AppClick事件
    [[SensorsAnalyticsSDK sharedInstance] track:@"$AppClick" properties: eventProperties];
}

@end
```

第四步：测试验证。

运行 Demo，新增一个 UIButton 按钮，点击按钮，可以看到 $AppClick 事件已经包含 $screen_name 属性。

```
{
    "event": "$AppClick",
    "time": 1560060785168,
    "properties": {
        "$model": "x86_64",
        "$manufacturer": "Apple",
        "$element_type": "UIButton",
        "$lib_version": "1.0.0",
        "$os": "iOS",
        "$element_content": "登录",
        "$os_version": "12.3",
        "$app_version": "1.0",
        "screen_name": "ViewController",
        "$lib": "iOS"
    }
}
```

至此，$AppClick 事件全埋点方案已经可以支持获取控件所属的页面信息（$screen_name）。

4.2.3　支持更多控件

下面我们介绍两种控件实现 AppClick 事件埋点的优化方法。

1. 支持获取 UISwitch 控件文本信息

通过测试可以发现，UISwitch 的 $AppClick 事件没有 $element_content 属性。针对这个问题，可以解释为 UISwitch 控件本身就没有显示任何文本。为了方便分析，针对获取 UISwitch 控件的文本信息，我们可以定一个简单的规则：当 UISwitch 控件的 on 属性为 YES 时，文本为 "checked"；当 UISwitch 控件的 on 属性为 NO 时，文本为 "unchecked"。

基于这个规则，下面我们介绍详细的实现步骤。

第一步：在 UIView+SensorsData.h 中新增 UISwitch 的类别 SensorsData 的声明。

```
#pragma mark - UISwitch
@interface UISwitch (SensorsData)

@end
```

第二步：在 UIView+SensorsData.m 中实现 UISwitch 的类别 SensorsData，并重写 -sensorsdata_ elementContent 方法。

```
#pragma mark - UISwitch
@implementation UISwitch (SensorsData)

- (NSString *)sensorsdata_elementContent {
    return self.on ? @"checked" : @"unchecked";
}

@end
```

第三步：测试验证。

在 Demo 中，添加 UISwitch 控件并进行测试，可以看到 UISwitch 的 $AppClick 事件已有 $element_content 属性。

```
{
    "event": "$AppClick",
    "time": 1560062422550,
    "properties": {
        "$model": "x86_64",
        "$manufacturer": "Apple",
        "$element_type": "UISwitch",
        "$lib_version": "1.0.0",
        "$os": "iOS",
        "$element_content": "unchecked",
        "$os_version": "12.3",
        "$app_version": "1.0",
        "screen_name": "ViewController",
        "$lib": "iOS"
    }
}
```

2. 滑动 UISlider 控件重复触发 $AppClick 事件解决方案

对于 UISlider 控件的 $AppClick 事件，有一个很大的问题，即在滑动 UISlider 控件过程中，会重复触发 $AppClick 事件。

这又是什么原因呢？

我们在滑动 UISlider 控件过程中，系统会依次触发 UITouchPhaseBegan、UITouchPhase-Moved、UITouchPhaseMoved、……、UITouchPhaseEnded 事件，而每一个事件都会触发 UIApplication 的 -sendAction:to:from:forEvent: 方法执行，从而触发 $AppClick 事件。

针对这个问题，我们可以通过优化 UIApplication+SensorsData.m 文件的 -sensorsdata_ sendAction:to:from:forEvent: 方法来解决，即指明只在触发 UITouchPhaseEnded 时，才触发 $AppClick 事件。

```
- (BOOL)sensorsdata_sendAction:(SEL)action to:(nullable id)target from:(nullable id)
    sender forEvent:(nullable UIEvent *)event {
    if (event.allTouches.anyObject.phase == UITouchPhaseEnded) {
        // 触发$AppClick事件
        [[SensorsAnalyticsSDK sharedInstance] trackAppClickWithView:sender properties:nil];
    }

    // 调用原有实现，即- sendAction:to:from:forEvent:方法
    return [self sensorsdata_sendAction:action to:target from:sender forEvent:event];
}
```

这样处理之后，当滑动 UISlider 控件的时候，发现只有手抬起的时候才会触发一次 $AppClick 事件，符合我们的预期。

但同时又出现了另一个问题：UISlider 控件的 $AppClick 事件也没有 $element_content 属性。原因和 UISwitch 控件类似，UISlider 控件本身也没有显示任何文本。参考 UISwitch 控件的方案，我们也给 UISlider 的"文本"制定一个类似的规则：将 UISlider 的 value 属性值作为 $element_content 的属性值。

基于上述规则，下面我们介绍详细的实现步骤。

第一步：在 UIView+SensorsData.h 文件中新增 UISlider 的类别 SensorsData 的声明。

```
#pragma mark - UISlider
@interface UISlider (SensorsData)

@end
```

第二步：在 UIView+SensorsData.m 文件中实现 UISlider 的类别 SensorsData，并重写 -sensorsdata_elementContent 方法。

```
#pragma mark - UISlider
@implementation UISlider (SensorsData)

- (NSString *)sensorsdata_elementContent {
    return [NSString stringWithFormat:@"%.2f", self.value];
}

@end
```

第三步：测试验证。

在 Demo 中，添加 UISlider 控件进行测试，可以看到 UISlider 的 $AppClick 事件已包含 $element_content 属性。

```
{
    "event": "$AppClick",
    "time": 1560153144298,
    "properties": {
        "$model": "x86_64",
```

```
          "$manufacturer": "Apple",
          "$element_type": "UISlider",
          "$lib_version": "1.0.0",
          "$os": "iOS",
          "$element_content": "0.75",
          "$os_version": "12.3",
          "$app_version": "1.0",
          "screen_name": "ViewController",
          "$lib": "iOS"
       }
    }
```

通过回归测试发现，点击 UISwitch 控件又无法触发 $AppClick 事件了！这又是为什么呢？

点击 UISwitch 控件时，其实只会触发 UITouchPhaseBegan，而我们上面已改成只有在触发 UITouchPhaseEnded 时才会触发 $AppClick 事件，这就是问题所在。

针对这个问题，我们可以修改 UIApplication+SensorsData.m 文件中的 -sensorsdata_sendAction:to:from:forEvent: 方法，增加对 UISwitch 控件的特殊判断。

```
- (BOOL)sensorsdata_sendAction:(SEL)action to:(nullable id)target from:(nullable id)
      sender forEvent:(nullable UIEvent *)event {
    if ([sender isKindOfClass:UISwitch.class] || event.allTouches.anyObject.phase ==
         UITouchPhaseEnded) {
        // 触发$AppClick事件
        [[SensorsAnalyticsSDK sharedInstance] trackAppClickWithView:sender
             properties:nil];
    }

    // 调用原有实现，即- sendAction:to:from:forEvent: 方法
    return [self sensorsdata_sendAction:action to:target from:sender forEvent:event];
}
```

这样处理之后，点击 UISwitch 控件，就可以正常触发 $AppClick 事件了。

针对 UISegmentedControl 和 UIStepper 两个控件也无法触发 $AppClick 事件的情况，处理方式和 UISwitch 控件处理方式一样，具体实现步骤如下。

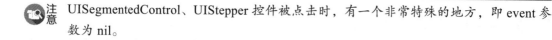 UISegmentedControl、UIStepper 控件被点击时，有一个非常特殊的地方，即 event 参数为 nil。

第一步：在 UIView+SensorsData.h 文件中分别新增 UISegmentedControl、UIStepper 的类别 SensorsData 的声明。

```
#pragma mark - UISegmentedControl
@interface UISegmentedControl (SensorsData)

@end
```

```
#pragma mark - UIStepper
@interface UIStepper (SensorsData)

@end
```

第二步：在 UIView+SensorsData.m 文件中分别实现 UISegmentedControl、UIStepper 的类别 SensorsData，并重写 -sensorsdata_elementContent 方法。

```
#pragma mark - UISegmentedControl
@implementation UISegmentedControl (SensorsData)

- (NSString *)sensorsdata_elementContent {
    return [self titleForSegmentAtIndex:self.selectedSegmentIndex];
}

@end

#pragma mark - UIStepper
@implementation UIStepper (SensorsData)

- (NSString *)sensorsdata_elementContent {
    return [NSString stringWithFormat:@"%g", self.value];
}

@end
```

> 📷 **注意**　获取 UISegmentedControl 和 UIStepper 控件文本信息的方式。

第三步：修改 UIApplication+SensorsData.m 文件中的 -sensorsdata_sendAction:to:from: forEvent: 方法，增加对 UISegmentedControl 和 UIStepper 的特殊判断。

```
- (BOOL)sensorsdata_sendAction:(SEL)action to:(nullable id)target from:(nullable
id)sender forEvent:(nullable UIEvent *)event {
    if ([sender isKindOfClass:UISwitch.class] ||
        [sender isKindOfClass:UISegmentedControl.class] ||
        [sender isKindOfClass:UIStepper.class] ||
        event.allTouches.anyObject.phase == UITouchPhaseEnded) {
        // 触发$AppClick事件
        [[SensorsAnalyticsSDK sharedInstance] trackAppClickWithView:sender
            properties:nil];
    }

    // 调用原有实现，即- sendAction:to:from:forEvent:方法
    return [self sensorsdata_sendAction:action to:target from:sender forEvent:event];
}
```

第四步：测试验证。

在 Demo 中，分别添加 UISegmentedControl、UIStepper 控件并进行测试，可以看到在触发 $AppClick 事件时均已包含 $element_content 属性。

目前，方案一实现的 $AppClick 事件已经可以支持 UIButton、UISwitch、UISegmentedControl、UIStepper、UISlider 等控件。

下面我们开始介绍第二个实现 $AppClick 事件的全埋点方案。

4.3 方案二

当一个视图被添加到父视图上时，系统会自动调用 -didMoveToSuperview 方法。因此，我们可以通过 Method Swizzling 交换 UIView 的 -didMoveToSuperview 方法，然后在交换方法里给控件添加一组 UIControlEventTouchDown 类型的 Target-Action，并在 Action 里触发 $AppClick 事件，从而实现 $AppClick 事件全埋点，这就是方案二的实现原理。

4.3.1 实现步骤

接下来，基于以上原理，我们详细介绍一下实现步骤。

第一步：在 SensorsSDK 项目里新建 UIControl 的类别 SensorsData。

UIControl+SensorsData.h 定义如下：

```
//
//  UIControl+SensorsData.h
//  SensorsSDK
//
//  Created by 王灼洲 on 2019/8/8.
//  Copyright © 2019 SensorsData. All rights reserved.
//

#import <UIKit/UIKit.h>

NS_ASSUME_NONNULL_BEGIN

@interface UIControl (SensorsData)

@end

NS_ASSUME_NONNULL_END
```

UIControl+SensorsData.m 实现如下：

```
//
//  UIControl+SensorsData.m
//  SensorsSDK
//
//  Created by 王灼洲 on 2019/8/8.
```

```
//   Copyright © 2019 SensorsData. All rights reserved.
//

#import "UIControl+SensorsData.h"

@implementation UIControl (SensorsData)

@end
```

第二步：在 UIControl+SensorsData.m 文件中实现 +load 类方法，并在 +load 类方法中
交换 -didMoveToSuperview 方法。

```
#import "UIControl+SensorsData.h"
#import "NSObject+SASwizzler.h"

@implementation UIControl (SensorsData)

+ (void)load {
    [UIControl sensorsdata_swizzleMethod:@selector(didMoveToSuperview) withMethod:
        @selector(sensorsdata_didMoveToSuperview)];
}

- (void)sensorsdata_didMoveToSuperview {
    // 调用交换前的原始方法实现
    [self sensorsdata_didMoveToSuperview];
}

@end
```

第三步：在 UIControl+SensorsData.m 文件的 -sensorsdata_didMoveToSuperview 方法
中，给控件添加 UIControlEventTouchDown 类型的 Target-Action。这里的 Target 就是控件
本身，而 Action 就是自定义的方法 -sensorsdata_touchDownAction:event:，并在该方法中触
发 $AppClick 事件。

```
#import "SensorsAnalyticsSDK.h"

@implementation UIControl (SensorsData)

......

- (void)sensorsdata_didMoveToSuperview {
    // 调用交换前的原始方法实现
    [self sensorsdata_didMoveToSuperview];

    // 添加类型为UIControlEventTouchDown的一组Target-Action
    [self addTarget:self action:@selector(sensorsdata_touchDownAction:event:) for-
        ControlEvents:UIControlEventTouchDown];
}
```

```
- (void)sensorsdata_touchDownAction:(UIControl *)sender event:(UIEvent *)event {
    // 触发$AppClick事件
    [[SensorsAnalyticsSDK sharedInstance] trackAppClickWithView:sender properties:nil];
}

@end
```

第四步：通过注释 UIApplication+SensorsData.m 文件中的 +load 类方法，将方案一的实现注释掉。

第五步：测试验证。

运行 Demo，你会发现程序崩溃了！

崩溃原因示例如下：

```
[UINavigationBar sensorsdata_didMoveToSuperview]: unrecognized selector sent to
    instance 0x102e0c400
```

或

```
[UITransitionView sensorsdata_didMoveToSuperview]: unrecognized selector sent to
    instance 0x7fc81ad04fa0
```

这又是为什么呢？

这个问题主要与 Method Swizzling 的实现有关。下面我们先看看 UIControl+SensorsData.m 文件中的 +load 类方法。

```
+ (void)load {
    [UIControl sensorsdata_swizzleMethod:@selector(didMoveToSuperview) withMethod:
        @selector(sensorsdata_didMoveToSuperview)];
}
```

UIControl 类中其实并没有实现 -didMoveToSuperview 方法，这个方法是从它的父类 UIView 继承而来的。因此，我们实际上交换的是 UIView 中的 -didMoveToSuperview 方法。当 UIView 对象调用 -didMoveToSuperview 方法时，其实调用的是在 UIControl+SensorsData.m 中实现的 -sensorsdata_didMoveToSuperview 方法。但是，UIView 对象或者除了 UIControl 类的其他 UIView 子类的对象，在执行 -didMoveToSuperview 方法时，并没有实现 -sensorsdata_didMoveToSuperview 方法，因此，程序会出现找不到方法而崩溃的情况。

针对这个问题，我们需要修改 NSObject+SASwizzler.m 文件中的 +sensorsdata_swizzleMethod: withMethod: 类方法，即将其修改为：在方法交换之前，先在当前类中添加需要交换的方法，并在添加成功之后获取新的方法指针。

```
#import "NSObject+SASwizzler.h"
#import <objc/runtime.h>
#import <objc/message.h>
```

```objc
@implementation NSObject (SASwizzler)

+ (BOOL)sensorsdata_swizzleMethod:(SEL)originalSEL withMethod:(SEL)alternateSEL {
    // 获取原始方法
    Method originalMethod = class_getInstanceMethod(self, originalSEL);
    // 当原始方法不存在时，返回NO，表示Swizzling失败
    if (!originalMethod) {
        return NO;
    }

    // 获取要交换的方法
    Method alternateMethod = class_getInstanceMethod(self, alternateSEL);
    // 当要交换的方法不存在时，返回NO，表示Swizzling失败
    if (!alternateMethod) {
        return NO;
    }

    // 获取originalSEL方法的实现
    IMP originalIMP = method_getImplementation(originalMethod);
    // 获取originalSEL方法的类型
    const char * originalMethodType = method_getTypeEncoding(originalMethod);
    // 往类中添加originalSEL方法，如果已经存在，则添加失败，并返回NO
    if (class_addMethod(self, originalSEL, originalIMP, originalMethodType)) {
        // 如果添加成功，重新获取originalSEL实例方法
        originalMethod = class_getInstanceMethod(self, originalSEL);
    }

    // 获取alternateIMP方法的实现
    IMP alternateIMP = method_getImplementation(alternateMethod);
    // 获取alternateIMP方法的类型
    const char * alternateMethodType = method_getTypeEncoding(alternateMethod);
    // 往类中添加alternateIMP方法，如果已经存在，则添加失败，并返回NO
    if (class_addMethod(self, alternateSEL, alternateIMP, alternateMethodType)) {
        // 如果添加成功，重新获取alternateIMP实例方法
        alternateMethod = class_getInstanceMethod(self, alternateSEL);
    }

    // 交换两个方法的实现
    method_exchangeImplementations(originalMethod, alternateMethod);

    // 返回YES，表示Swizzling成功
    return YES;
}

@end
```

然后再次运行 Demo，点击 UIButton，发现程序不仅没有崩溃，还可以正常触发 $AppClick 事件。

```
{
    "event": "$AppClick",
    "time": 1567764980069,
    "properties": {
        "$model": "x86_64",
        "$manufacturer": "Apple",
        "$element_type": "UIButton",
        "$lib_version": "1.0.0",
        "$os": "iOS",
        "$element_content": "Button",
        "$os_version": "12.3",
        "$app_version": "1.0",
        "$lib": "iOS"
    }
}
```

在测试的过程中，我们发现了另一个问题：即使我们没有给控件添加任何 Target-Action，也会触发 $AppClick 事件，这其实并不符合实际情况。毕竟并不是所有的控件，我们都需要采集它的 $AppClick 事件信息。

因此，我们需要对触发 $AppClick 事件的控件做一些限制。

第一步：在 UIControl+SensorsData.m 文件中新增 -sensorsdata_isAddMultipleTargetActions 方法，用来判断是否要触发 $AppClick 事件。

```objc
@implementation UIControl (SensorsData)

......

- (BOOL)sensorsdata_isAddMultipleTargetActions {
    // 如果有多个Target，说明除了添加的Target，还有其他
    // 那么返回YES，触发$AppClick事件
    if (self.allTargets.count >= 2) {
        return YES;
    }
    // 如果控件控件本身为Target，并且添加了不是UIControlEventTouchDown类型的Action
    // 说明开发者以控件本身为Target，并且已添加Action
    // 那么返回YES，触发$AppClick事件
    if ((self.allControlEvents & UIControlEventAllTouchEvents) != UIControlEventTouchDown) {
        return YES;
    }
    // 如果控件本身为Target，并添加了两个以上的UIControlEventTouchDown类型的Action
    // 说明开发者自行添加了Action
    // 那么返回YES，触发$AppClick事件
    if ([self actionsForTarget:self forControlEvent:UIControlEventTouchDown].count >= 2) {
        return YES;
    }
```

```
    return NO;
}

@end
```

第二步：修改 UIControl+SensorsData.m 文件中的 -sensorsdata_touchDownAction:event: 方法，在触发 $AppClick 事件之前，调用 -sensorsdata_isAddMultipleTargetActions 方法判断是否要触发。

```
- (void)sensorsdata_touchDownAction:(UIControl *)sender event:(UIEvent *)event {
    if ([self sensorsdata_isAddMultipleTargetActions]) {
        // 触发$AppClick事件
        [[SensorsAnalyticsSDK sharedInstance] trackAppClickWithView:sender
            properties:nil];
    }
}
```

这样处理之后，即可解决上面的问题。

4.3.2　支持更多控件

我们在方案一中单独实现一些特殊的控件 $AppClick 事件全埋点，同样在方案二中也做一些特殊处理。

1. 支持 UISwitch、UISegmentedControl、UIStepper 控件

运行 Demo，然后分别点击 UISwitch、UISegmentedControl、UIStepper 控件，发现并没有触发 $AppClick 事件。

这又是什么原因呢？

原因是这些控件都不响应 UIControlEventTouchDown 类型的 Action，也就是说，没有触发 -sensorsdata_touchDownAction:event: 方法，因此，也就不会触发 $AppClick 事件。实际上，这些控件添加的是 UIControlEventValueChanged 类型的 Action。

下面我们优化方案二，实现 UISwitch、UISegmentedControl、UIStepper 控件的 $AppClick 事件信息采集。

第一步：修改 UIControl+SensorsData.m 文件中的 -sensorsdata_didMoveToSuperview 方法，增加判断是否是 UISwitch、UISegmentedControl、UIStepper 等控件的方法。若触发 $Appclick 事件的控件是其中之一，则添加 UIControlEventValueChanged 类型的 Target-Action，否则添加 UIControlEventTouchDown 类型的 Target-Action。

```
@implementation UIControl (SensorsData)

......

- (void)sensorsdata_didMoveToSuperview {
```

```
    // 调用交换前的原始方法实现
    [self sensorsdata_didMoveToSuperview];
    // 判断是否为一些特殊的控件
    if ([self isKindOfClass:UISwitch.class] || [self isKindOfClass:UISegmentedCon-
        trol.class] || [self isKindOfClass:UIStepper.class]) {
        // 添加类型为UIControlEventValueChanged的一组Target-Action
        [self addTarget:self action:@selector(sensorsdata_valueChangedAction:event:)
            forControlEvents:UIControlEventValueChanged];
    } else {
        // 添加类型为UIControlEventTouchDown的一组Target-Action
        [self addTarget:self action:@selector(sensorsdata_touchDownAction:event:)
            forControlEvents:UIControlEventTouchDown];
    }
}


- (void)sensorsdata_valueChangedAction:(UIControl *)sender event:(UIEvent *)event {

}


@end
```

第二步：在 -sensorsdata_valueChangedAction:event: 方法中触发 $AppClick 事件。同时，我们也需要考虑除 SDK 之外，没有其他在这些控件上添加 Target-Action 的情况。由于不同控件默认触发的类型不同，所以需要修改 -sensorsdata_isAddMultipleTargetActions 方法，增加一个默认类型参数进行判断。

```
@implementation UIControl (SensorsData)

......

- (BOOL)sensorsdata_isAddMultipleTargetActionsWithDefaultControlEvent:(UIControl
    Events)defaultControlEvent {
    // 如果有多个Target，说明除了添加的Target，还有其他
    // 那么返回YES，触发$AppClick事件
    if (self.allTargets.count >= 2) {
        return YES;
    }
    // 如果控件本身为Target，并且添加除了defaultControlEvent类型的Action
    // 说明开发者以控件本身为Target，添加了多个Action
    // 那么返回YES，触发$AppClick事件
    if ((self.allControlEvents & UIControlEventAllTouchEvents) != defaultControlEvent) {
        return YES;
    }
    // 如果控件本身为Target，并且添加了两个以上的defaultControlEvent类型的Action
    // 说明开发者自行添加了Action
    // 那么返回YES，触发$AppClick事件
    if ([self actionsForTarget:self forControlEvent:defaultControlEvent].count >= 2) {
        return YES;
```

```
        }
        return NO;
}

- (void)sensorsdata_valueChangedAction:(UIControl *)sender event:(UIEvent *)event {
        if ([self sensorsdata_isAddMultipleTargetActionsWithDefaultControlEvent:UICon-
                trolEventValueChanged]) {
                // 触发$AppClick事件
                [[SensorsAnalyticsSDK sharedInstance] trackAppClickWithView:sender
                        properties:nil];
        }
}

- (void)sensorsdata_touchDownAction:(UIControl *)sender event:(UIEvent *)event {
        if ([self sensorsdata_isAddMultipleTargetActionsWithDefaultControlEvent:UICon-
                trolEventTouchDown]) {
                // 触发$AppClick事件
                [[SensorsAnalyticsSDK sharedInstance] trackAppClickWithView:sender
                        properties:nil];
        }
}

@end
```

第三步：测试验证。

运行 Demo，点击 UISwitch、UISegmentedControl、UIStepper 等控件，即可正常触发
$AppClick 事件。

2. 支持 UISlider 控件

其实，还有一个非常特殊的控件，那就是 UISlider 控件。

按照目前的方案，我们给 UISlider 添加的是 UIControlEventTouchDown 类型的 Action，
这会导致在只点击而没有滑动 UISlider 时，也会触发 $AppClick 事件，我们更希望只有手
停止滑动 UISlider 时，才触发 $AppClick 事件。因此，需要修改 UIControl+SensorsData.m
文件中的 -sensorsdata_didMoveToSuperview 方法，默认也给 UISlider 添加 UIControlEventValue
Changed 类型的 Action。

```
@implementation UIControl (SensorsData)

......

- (void)sensorsdata_didMoveToSuperview {
        // 调用交换前的原始方法实现
        [self sensorsdata_didMoveToSuperview];
        // 判断是否为一些特殊的控件
        if ([self isKindOfClass:UISwitch.class] ||
                [self isKindOfClass:UISegmentedControl.class] ||
```

```
        [self isKindOfClass:UIStepper.class] ||
        [self isKindOfClass:UISlider.class]
        ) {
        // 添加类型为UIControlEventValueChanged的一组Target-Action
        [self addTarget:self action:@selector(sensorsdata_valueChangedAction:event:)
            forControlEvents:UIControlEventValueChanged];
    } else {
        // 添加类型为UIControlEventTouchDown的一组Target-Action
        [self addTarget:self action:@selector(sensorsdata_touchDownAction:event:)
            forControlEvents:UIControlEventTouchDown];
    }
}

@end
```

这样处理之后，引入一个新的问题：在滑动 UISlider 过程中，会一直触发 $AppClick 事件。因此，我们还需要修改 UIControl+SensorsData.m 文件中的 -sensorsdata_valueChanged Action:event: 方法，确保如果是 UISlider 控件，只有在手抬起的时候才触发 $AppClick 事件。

```
@implementation UIControl (SensorsData)

......

- (void)sensorsdata_valueChangedAction:(UIControl *)sender event:(UIEvent *)event {
    if ([sender isKindOfClass:UISlider.class] && event.allTouches.anyObject.phase !=
        UITouchPhaseEnded) {
        return;
    }
    if ([self sensorsdata_isAddMultipleTargetActionsWithDefaultControlEvent:UICon-
        trolEventValueChanged]) {
        // 触发$AppClick事件
        [[SensorsAnalyticsSDK sharedInstance] trackAppClickWithView:sender
            properties:nil];
    }
}

@end
```

这样处理之后，当我们滑动 UISlider 时，只会在手抬起时触发 $AppClick 事件。

4.4　方案总结

方案一和方案二其实都运用了 iOS 中的 Target-Action 模式，这两种方案各有优劣。

对于方案一：如果给一个控件添加了多个 Target-Action，会导致多次触发 $AppClick 事件。

对于方案二：由于 SDK 为控件添加了一个默认触发类型的 Action，因此，如果开发者在开发过程中使用 UIControl 类的 allTargets 或者 allControlEvents 属性进行逻辑判断，有可能会引入一些无法预料的问题。

因此，在选择方案的时候，读者可以根据自己的实际情况和需求，来确定最终的实现方案。

另外，神策的 iOS SDK 目前使用的是方案一，源码可参考 https://github.com/sensorsdata/sa-sdk-ios。

UITableView 和
UICollectionView 点击事件

在 $AppClick 事件采集中，还有两个比较特殊的控件。

❑ UITableView

❑ UICollectionView

这两个控件的点击事件，一般指的是点击 UITableViewCell 和 UICollectionViewCell。而 UITableViewCell 和 UICollectionViewCell 都是直接继承自 UIView 类，而不是 UIControl 类，因此，我们之前实现 $AppClick 事件全埋点的两个方案均不适用于 UITableView 和 UICollectionView 控件。

关于实现 UITableView 和 UICollectionView 控件 $AppClick 事件的全埋点，常见的方案有三种。

❑ 方法交换

❑ 动态子类

❑ 消息转发

这三种方案各有优缺点。下面，我们以 UITableView 控件为例，分别介绍如何使用这三种方案实现 $AppClick 事件的全埋点。

5.1 支持 UITableView 控件

5.1.1 方案一：方法交换

众所周知，如果需要处理 UITableView 的点击操作，需要先设置 UITableView 的 delegate

属性，并实现 UITableViewDelegate 协议的 -tableView:didSelectRowAtIndexPath: 方法。因此，我们也很容易想到使用 Method Swizzling 交换 -tableView:didSelectRowAtIndexPath: 方法来实现 UITableView 控件 $AppClick 事件的全埋点。

初始思路：首先，我们使用 Method Swizzling 交换 UITableView 的 -setDelegate: 方法；然后，获取实现 UITableViewDelegate 协议的 delegate 对象，在得到 delegate 对象之后，交换 delegate 对象的 -tableView:didSelectRowAtIndexPath: 方法；最后，在交换后的方法中触发 $AppClick 事件，从而实现 UITableView 控件 $AppClick 事件全埋点。

下面我们详细介绍实现步骤。

第一步：在 SensorsSDK 项目中新建一个 UITableView 的类别 SensorsData。
UITableView+SensorsData.h 声明如下：

```
//
//   UITableView+SensorsData.h
//   SensorsSDK
//
//   Created by 王灼洲 on 2019/8/8.
//   Copyright © 2019 SensorsData. All rights reserved.
//

#import <UIKit/UIKit.h>

NS_ASSUME_NONNULL_BEGIN

@interface UITableView (SensorsData)

@end

NS_ASSUME_NONNULL_END
```

UITableView+SensorsData.m 实现如下：

```
//
//   UITableView+SensorsData.m
//   SensorsSDK
//
//   Created by 王灼洲 on 2019/8/8.
//   Copyright © 2019 SensorsData. All rights reserved.
//

#import "UITableView+SensorsData.h"

@implementation UITableView (SensorsData)

@end
```

第二步：在 UITableView+SensorsData.m 文件中实现 +load 类方法，并在 +load 类方法中交换 -setDelegate: 方法。

```
#import "UITableView+SensorsData.h"
#import "NSObject+SASwizzler.h"

@implementation UITableView (SensorsData)

+ (void)load {
    [UITableView sensorsdata_swizzleMethod:@selector(setDelegate:) withMethod:@
        selector(sensorsdata_setDelegate:)];
}

- (void)sensorsdata_setDelegate:(id<UITableViewDelegate>)delegate {
    [self sensorsdata_setDelegate:delegate];
}

@end
```

在 -sensorsdata_setDelegate: 方法中，通过 delegate 参数可以获取实现 UITableViewDelegate 协议的对象，然后交换该对象中的 -tableView:didSelectRowAtIndexPath: 方法。因此，我们需要在 UITableView+SensorsData.m 文件中添加一个用于交换 -tableView:didSelectRowAtIndex-Path: 的方法。

第三步：在 UITableView+SensorsData.m 文件中新增 sensorsdata_tableViewDidSelectRow(id, SEL, UITableView, NSIndexPath) 函数。

```
#import <objc/message.h>

@implementation UITableView (SensorsData)

......

static void sensorsdata_tableViewDidSelectRow(id object, SEL selector, UITableView
    *tableView, NSIndexPath *indexPath) {
    SEL destinationSelector = NSSelectorFromString(@"sensorsdata_tableView:did-
        SelectRowAtIndexPath:");
    // 通过消息发送，调用原始的tableView:didSelectRowAtIndexPath:方法实现
    ((void(*)(id, SEL, id, id))objc_msgSend)(object, destinationSelector, tableView,
        indexPath);

    // TODO: 触发$AppClick事件
}

@end
```

这里会遇到一个问题：UITableView 的 delegate 对象是在程序运行时设置的，其有可能是 UITableView 对象本身，也有可能是 UIViewController 或其他对象。因此，我们只能动态地给 delegate 对象添加需要交换的方法，然后与原来的 -tableView:didSelectRow-AtIndexPath: 方 法 进 行 交 换。sensorsdata_tableViewDidSelectRow(id, SEL, UITableView,

NSIndexPath) 函数就是要添加的交换方法的实现。

　　为什么 -tableView:didSelectRowAtIndexPath: 方法只有两个参数，而它的实现函数却有 4 个参数？前文在介绍 Method Swizzling 的时候讲过 objc_method 结构体，它代表的就是 Runtime 中一个 Objective-C 方法。objc_method 结构体有三个成员变量，其中一个成员变量 method_imp 保存了方法的实现，类型是 IMP。

　　在 Runtime 的头文件中，我们可以看到 IMP 类型的定义：

```
#if !OBJC_OLD_DISPATCH_PROTOTYPES
typedef void (*IMP)(void /* id, SEL, ... */ );
#else
typedef id _Nullable (*IMP)(id _Nonnull, SEL _Nonnull, ...);
#endif
```

　　在 IMP 类型的函数中有两个默认参数，第一个参数传入的是调用某个 Objective-C 方法的对象或者类，第二个参数是方法名。因此，在定义 -tableView:didSelectRowAtIndexPath: 方法的实现函数时，除了它自身的两个参数外，还需要有两个默认参数。

　　我们已经有了方法实现函数，那又该如何给一个类动态地添加方法呢？之前我们在介绍 Method Swizzling 的时候介绍过 class_addMethod 函数，该函数可以在程序运行时给一个类动态地添加方法。

　　第四步：在 UITableView+SensorsData.m 文件中新增一个私有方法，负责给 delegate 对象添加一个方法并进行交换。

```
@implementation UITableView (SensorsData)

......

- (void)sensorsdata_swizzleDidSelectRowAtIndexPathMethodWithDelegate:(id)delegate {
    // 获取delegate对象的类
    Class delegateClass = [delegate class];
    // 方法名
    SEL sourceSelector = @selector(tableView:didSelectRowAtIndexPath:);
    // 当delegate 对象中没有实现tableView:didSelectRowAtIndexPath: 方法时，直接返回
    if (![delegate respondsToSelector:sourceSelector]) {
        return;
    }

    SEL destinationSelector = NSSelectorFromString(@"sensorsdata_tableView:didSelect-
        RowAtIndexPath:");
      // 当delegate对象中已经存在了sensorsdata_tableView:didSelectRowAtIndexPath:方法，
        说明已经进行交换，因此可以直接返回
    if ([delegate respondsToSelector:destinationSelector]) {
        return;
    }

    Method sourceMethod = class_getInstanceMethod(delegateClass, sourceSelector);
```

```
const char * encoding = method_getTypeEncoding(sourceMethod);
// 当该类中已经存在相同的方法，则添加方法失败。但是前面已经判断过是否存在，因此，此处一定会添加成功
if (!class_addMethod([delegate class], destinationSelector, (IMP)sensorsdata_
    tableViewDidSelectRow, encoding)) {
    NSLog(@"Add %@ to %@ error", NSStringFromSelector(sourceSelector), [delegate
        class]);
    return;
}
// 方法添加成功之后，进行方法交换
[delegateClass sensorsdata_swizzleMethod:sourceSelector withMethod:destinationSelector];
}
```

```
@end
```

第五步：修改 UITableView+SensorsData.m 文件中的 -sensorsdata_setDelegate: 方法，调用 -sensorsdata_swizzleDidSelectRowAtIndexPathMethodWithDelegate: 方法进行方法交换。

```
@implementation UITableView (SensorsData)

......

- (void)sensorsdata_setDelegate:(id<UITableViewDelegate>)delegate {
    // 调用原始的设置代理的方法
    [self sensorsdata_setDelegate:delegate];

    // 方案一：方法交换
    // 交换delegate对象中的tableView:didSelectRowAtIndexPath:方法
    [self sensorsdata_swizzleDidSelectRowAtIndexPathMethodWithDelegate:delegate];
}

@end
```

第六步：在 SensorsAnalyticsSDK 中新增一个用于触发 UITableView 控件点击事件的方法 -trackAppClickWithTableView:didSelectRowAtIndexPath:properties:。

在 SensorsAnalyticsSDK.h 文件中，给 SensorsAnalyticsSDK 中的类别 Track 新增 -track-AppClickWithTableView:didSelectRowAtIndexPath:properties: 方法的声明。

```
@interface SensorsAnalyticsSDK (Track)

......

/**
支持UITableView触发$AppClick事件

@param tableView触发事件的UITableView视图
@param indexPath在UITableView中点击的位置
@param properties自定义事件属性
*/
```

```
- (void)trackAppClickWithTableView:(UITableView *)tableView didSelectRowAtIndex-
    Path:(NSIndexPath *)indexPath properties:(nullable NSDictionary<NSString *,
    id> *)properties;
```

@end

在 SensorsAnalyticsSDK.m 文件中，实现 SensorsAnalyticsSDK 中类别 Track 的 -trackApp-ClickWithTableView:didSelectRowAtIndexPath:properties: 方法。

```
@implementation SensorsAnalyticsSDK (Track)

......

- (void)trackAppClickWithTableView:(UITableView *)tableView didSelectRowAtIndex-
    Path:(NSIndexPath *)indexPath properties:(nullable NSDictionary<NSString *,
    id> *)properties {
    NSMutableDictionary *eventProperties = [NSMutableDictionary dictionary];

    // TODO：获取用户点击的UITableViewCell控件对象
    // TODO：设置被用户点击的UITableViewCell控件上的内容（$element_content）
    // TODO：设置被用户点击的UITableViewCell控件所在的位置（$element_position）

    // 添加自定义属性
    [eventProperties addEntriesFromDictionary:properties];
    // 触发$AppClick事件
    [[SensorsAnalyticsSDK sharedInstance] trackAppClickWithView:tableView-
        properties:eventProperties];
}
```

@end

第七步：修改 UITableView+SensorsData.m 文件中的 sensorsdata_tableViewDidSelectRow(id, SEL, UITableView, NSIndexPath) 函数，在该函数中调用 SensorsAnalyticsSDK 中的 -trackAppClick-WithTableView:didSelectRowAtIndexPath:properties: 方法，触发 $AppClick 事件。

```
#import "SensorsAnalyticsSDK.h"

@implementation UITableView (SensorsData)

......

static void sensorsdata_tableViewDidSelectRow(id object, SEL selector,
    UITableView *tableView, NSIndexPath *indexPath) {
    SEL destinationSelector = NSSelectorFromString(@"sensorsdata_tableView:did-
        SelectRowAtIndexPath:");
    // 通过消息发送，调用原始的tableView:didSelectRowAtIndexPath:方法实现
    ((void(*)(id, SEL, id, id))objc_msgSend)(object, destinationSelector,
        tableView, indexPath);
```

```
    // TODO：触发$AppClick事件
    [[SensorsAnalyticsSDK sharedInstance] trackAppClickWithTableView:tableView did-
        SelectRowAtIndexPath:indexPath properties:nil];
}

@end
```

第八步：测试验证。

在 Demo 中，新增 UITableView 的测试用例，点击 UITableViewCell，即可在 Xcode 控制台中看到 $AppClick 事件信息。

```
{
    "event" : "$AppClick",
    "time" : 1561373778164,
    "properties" : {
        "$model" : "x86_64",
        "$manufacturer" : "Apple",
        "$element_type" : "UITableView",
        "$lib_version" : "1.0.0",
        "$os" : "iOS",
        "$os_version" : "12.3",
        "$app_version" : "1.0",
        "screen_name" : "SensorsDataTableViewController",
        "$lib" : "iOS"
    }
}
```

至此，我们已经使用方法交换方案实现了 UITableView 的 $AppClick 事件全埋点。

5.1.2 方案二：动态子类

初始思路：在运行时，给实现了 UITableViewDelegate 协议的 -tableView:didSelectRow-AtIndexPath: 方法的类创建一个子类，让该子类的对象变成我们自己创建的子类的对象。同时，在创建的子类中动态添加 -tableView:didSelectRowAtIndexPath: 方法。那么，当用户点击 UITableViewCell 控件时，就会先运行自己创建的子类中的 -tableView:didSelectRow-AtIndexPath: 方法。我们在实现该方法的时候，先调用 delegate 原来的方法实现，再触发 $AppClick 事件，即可实现 UITableView 控件 $AppClick 事件全埋点。

下面我们详细介绍实现步骤。

第一步：在 SensorsSDK 项目中创建一个动态添加子类的工具类 SensorsAnalyticsDynamic-Delegate。

SensorsAnalyticsDynamicDelegate.h 声明如下：

```
//
//  SensorsAnalyticsDynamicDelegate.h
//  SensorsSDK
```

```
//
//  Created by 王灼洲 on 2019/8/8.
//  Copyright © 2019 SensorsData. All rights reserved.
//

#import <UIKit/UIKit.h>

NS_ASSUME_NONNULL_BEGIN

@interface SensorsAnalyticsDynamicDelegate : NSObject


@end

NS_ASSUME_NONNULL_END
```

 注意　把 #import <Foundation/Foundation.h> 改成 #import <UIKit/UIKit.h>。

SensorsAnalyticsDynamicDelegate.m 实现如下：

```
//
//  SensorsAnalyticsDynamicDelegate.m
//  SensorsSDK
//
//  Created by 王灼洲 on 2019/8/8.
//  Copyright © 2019 SensorsData. All rights reserved.
//

#import "SensorsAnalyticsDynamicDelegate.h"

@implementation SensorsAnalyticsDynamicDelegate

@end
```

第二步：在 SensorsAnalyticsDynamicDelegate.m 文件中添加 tableView:didSelectRow-AtIndexPath: 方法。

```
#import "SensorsAnalyticsDynamicDelegate.h"
#import "SensorsAnalyticsSDK.h"
#import <objc/runtime.h>

/// delegate 对象的子类前缀
static NSString *const kSensorsDelegatePrefix = @"cn.SensorsData.";
// tableView:didSelectRowAtIndexPath: 方法指针类型
typedef void (*SensorsDidSelectImplementation)(id, SEL, UITableView *, NSIndexPath *);

@implementation SensorsAnalyticsDynamicDelegate
```

```
- (void)tableView:(UITableView *)tableView didSelectRowAtIndexPath:(NSIndexPath *)indexPath {
    // 第一步：获取原始类
    Class cla = object_getClass(tableView);
    NSString *className = [NSStringFromClass(cla) stringByReplacingOccurrencesOf-
        String:kSensorsDelegatePrefix withString:@""];
    Class originalClass = objc_getClass([className UTF8String]);

    // 第二步：调用开发者自己实现的方法
    SEL originalSelector = NSSelectorFromString(@"tableView:didSelectRowAtIndexPath:");
    Method originalMethod = class_getInstanceMethod(originalClass, originalSelector);
    IMP originalImplementation = method_getImplementation(originalMethod);
    if (originalImplementation) {
        ((SensorsDidSelectImplementation)originalImplementation)(tableView.
            delegate, originalSelector, tableView, indexPath);
    }

    // 第三步：埋点
    // 触发$AppClick事件
    [[SensorsAnalyticsSDK sharedInstance] trackAppClickWithTableView:tableView
        didSelectRowAtIndexPath:indexPath properties:nil];
}

@end
```

在上述方法中，先调用开发者自己创建的 tableView:didSelectRowAtIndexPath: 方法，然后触发 $AppClick 事件。

第三步：在 SensorsAnalyticsDynamicDelegate 类中添加 +proxyWithTableViewDelegate: 类方法。

SensorsAnalyticsDynamicDelegate.h 声明如下：

```
@interface SensorsAnalyticsDynamicDelegate : NSObject

+ (void)proxyWithTableViewDelegate:(id<UITableViewDelegate>)delegate;

@end
```

SensorsAnalyticsDynamicDelegate.m 实现如下：

```
@implementation SensorsAnalyticsDynamicDelegate

......

+ (void)proxyWithTableViewDelegate:(id<UITableViewDelegate>)delegate {
    SEL originalSelector = NSSelectorFromString(@"tableView:didSelectRowAtIndexPath:");
    // 当delegate对象中没有实现tableView:didSelectRowAtIndexPath:方法时，直接返回
    if (![delegate respondsToSelector:originalSelector]) {
        return;
```

```
    }

    // 动态创建一个新类
    Class originalClass = object_getClass(delegate);
    NSString *originalClassName = NSStringFromClass(originalClass);
    // 当delegate对象已经是一个动态创建的类时，无须重复设置，直接返回
    if ([originalClassName hasPrefix:kSensorsDelegatePrefix]) {
        return;
    }

    NSString *subclassName = [kSensorsDelegatePrefix stringByAppendingString:originalClassName];
    Class subclass = NSClassFromString(subclassName);
    if (!subclass) {
        // 注册一个新的子类，其父类为originalClass
        subclass = objc_allocateClassPair(originalClass, subclassName.UTF8String, 0);

        // 获取SensorsAnalyticsDynamicDelegate 中的tableView:didSelectRowAtIndexPath: 方法指针
        Method method = class_getInstanceMethod(self, originalSelector);
        // 获取方法的实现
        IMP methodIMP = method_getImplementation(method);
        // 获取方法的类型编码
        const char *types = method_getTypeEncoding(method);
        // 在subclass 中添加tableView:didSelectRowAtIndexPath:方法
        if (!class_addMethod(subclass, originalSelector, methodIMP, types)) {
            NSLog(@"Cannot copy method to destination selector %@ as it already
                exists", NSStringFromSelector(originalSelector));
        }

        // 子类和原始类的大小必须相同，不能有更多的成员变量（ivars）或者属性
        // 如果不同，将导致设置新的子类时，重新分配内存，重写对象的isa指针
        if (class_getInstanceSize(originalClass) != class_getInstanceSize(subclass)) {
            NSLog(@"Cannot create subclass of Delegate, because the created subclass
                is not the same size. %@", NSStringFromClass(originalClass));
            NSAssert(NO, @"Classes must be the same size to swizzle isa");
            return;
        }

        // 将delegate对象设置成新创建的子类对象
        objc_registerClassPair(subclass);
    }

    if (object_setClass(delegate, subclass)) {
        NSLog(@"Successfully created Delegate Proxy automatically.");
    }
}

@end
```

> **注意** 这里添加的子类名称，是在原始的类名前面加上一个前缀。在后面的逻辑中，如果需要获取原始类型名称，只要去除前缀就可以了。

+proxyWithTableViewDelegate: 类方法的代码逻辑主要包含如下内容。

1）判断 delegate 对象的类中是否实现了 -tableView:didSelectRowAtIndexPath: 方法，如果没有实现，则直接返回。

2）获取 delegate 对象的类名，并判断是否存在自定义的前缀，如果有前缀，说明 delegate 对象已经是动态子类，无须设置直接返回。

3）创建新子类的类名，类名创建规则是 cn.SensorsData.+delegate。通过类名获取类，如果所需类存在则进行第五步；如果不存在就通过 Runtime 的函数创建新子类。

4）通过类名创建子类之后，在 Runtime 中注册，即可成功创建子类。

5）最后将 delegate 对象的类型设置为新创建的子类类型。

第四步：修改 UITableView+SensorsData.m 文件中的 -sensorsdata_setDelegate: 方法，添加调用 SensorsAnalyticsDynamicDelegate 类的 +proxyWithTableViewDelegate 类方法。

```
#import "SensorsAnalyticsDynamicDelegate.h"

@implementation UITableView (SensorsData)

......

- (void)sensorsdata_setDelegate:(id<UITableViewDelegate>)delegate {
    // 方案二：动态子类
    // 调用原始的设置代理的方法
    [self sensorsdata_setDelegate:delegate];
    // 设置delegate对象的动态子类
    [SensorsAnalyticsDynamicDelegate proxyWithTableViewDelegate:delegate];
}

@end
```

第五步：测试验证。

运行 Demo，点击 UITableViewCell，我们可以在 Xcode 控制台看到 $AppClick 事件信息。

```
{
    "event" : "$AppClick",
    "time" : 1561373878325,
    "properties" : {
        "$model" : "x86_64",
        "$manufacturer" : "Apple",
        "$element_type" : "UITableView",
        "$lib_version" : "1.0.0",
```

```
        "$os" : "iOS",
        "$os_version" : "12.3",
        "$app_version" : "1.0",
        "screen_name" : "cn.SensorsData.SensorsDataTableViewController",
        "$lib" : "iOS"
    }
}
```

从上述 $AppClick 事件信息中我们可以看到，$screen_name 属性值是动态生成的子类名称（cn.SensorsData.SensorsDataTableViewController），而我们的期望应该是原始类名（SensorsDataTableViewController）。

那么，这个问题该如何解决呢？

要解决这个问题，只需要在生成的子类中，重写该子类的 class 方法，让该方法返回原始子类，具体实现步骤如下。

在 SensorsAnalyticsDynamicDelegate.m 文件中，添加一个 -sensorsdata_class 方法。

```
@implementation SensorsAnalyticsDynamicDelegate

……

- (Class)sensorsdata_class {
    // 获取对象的类
    Class class = object_getClass(self);
    // 将类名前缀替换成空字符串，获取原始类名
    NSString *className = [NSStringFromClass(class) stringByReplacingOccurrences-
        OfString:kSensorsDelegatePrefix withString:@""];
    // 通过字符串获取类，并返回
    return objc_getClass([className UTF8String]);
}

@end
```

然后，修改 SensorsAnalyticsDynamicDelegate.m 文件中的 +proxyWithTableViewDelegate: 类方法，在子类中添加 tableView:didSelectRowAtIndexPath: 方法后，给动态创建的子类添加 class 方法。

```
@implementation SensorsAnalyticsDynamicDelegate

……

+ (void)proxyWithTableViewDelegate:(id<UITableViewDelegate>)delegate {
    SEL originalSelector = NSSelectorFromString(@"tableView:didSelectRowAtIndexPath:");
    // 当delegate对象中没有实现tableView:didSelectRowAtIndexPath:方法时，直接返回
    if (![delegate respondsToSelector:originalSelector]) {
        return;
    }
```

```objc
// 动态创建一个新类
Class originalClass = object_getClass(delegate);
NSString *originalClassName = NSStringFromClass(originalClass);
// 当delegate对象已经是一个动态创建的类时，无须重复设置，直接返回
if ([originalClassName hasPrefix:kSensorsDelegatePrefix]) {
    return;
}

NSString *subclassName = [kSensorsDelegatePrefix stringByAppendingString:
    originalClassName];
Class subclass = NSClassFromString(subclassName);
if (!subclass) {
    // 注册一个新的子类，其父类为originalClass
    subclass = objc_allocateClassPair(originalClass, subclassName.UTF8String, 0);

    // 获取SensorsAnalyticsDynamicDelegate中的tableView:didSelectRowAtIndexPath:
    //   方法指针
    Method method = class_getInstanceMethod(self, originalSelector);
    // 获取方法的实现
    IMP methodIMP = method_getImplementation(method);
    // 获取方法的类型编码
    const char *types = method_getTypeEncoding(method);
    // 在subclass中添加tableView:didSelectRowAtIndexPath:方法
    if (!class_addMethod(subclass, originalSelector, methodIMP, types)) {
        NSLog(@"Cannot copy method to destination selector %@ as it already
            exists", NSStringFromSelector(originalSelector));
    }

    // 获取SensorsAnalyticsDynamicDelegate中的sensorsdata_class方法指针
    Method classMethod = class_getInstanceMethod(self, @selector(sensorsdata_class));
    // 获取方法的实现
    IMP classIMP = method_getImplementation(classMethod);
    // 获取方法的类型编码
    const char *classTypes = method_getTypeEncoding(classMethod);
    // 在subclass中添加class方法
    if (!class_addMethod(subclass, @selector(class), classIMP, classTypes)) {
        NSLog(@"Cannot copy method to destination selector -(void)class as it
            already exists");
    }

    // 子类和原始类的大小必须相同，不能有更多的成员变量（ivars）或属性
    // 如果不同，将导致设置新的子类时，内存被重新设置，重写对象的isa指针
    if (class_getInstanceSize(originalClass) != class_getInstanceSize(subclass)) {
        NSLog(@"Cannot create subclass of Delegate, because the created subclass
            is not the same size. %@", NSStringFromClass(originalClass));
        NSAssert(NO, @"Classes must be the same size to swizzle isa");
        return;
    }
```

```
        // 将delegate对象设置成新创建的子类对象
        objc_registerClassPair(subclass);
    }

    if (object_setClass(delegate, subclass)) {
        NSLog(@"Successfully created Delegate Proxy automatically.");
    }
}
```

@end

再次运行 Demo，获取的 $screen_name 属性值就变成了原始类名（SensorsDataTableView-Controller）。

```
{
    "event" : "$AppClick",
    "time" : 1561373878325,
    "properties" : {
        "$model" : "x86_64",
        "$manufacturer" : "Apple",
        "$element_type" : "UITableView",
        "$lib_version" : "1.0.0",
        "$os" : "iOS",
        "$os_version" : "12.3",
        "$app_version" : "1.0",
        "screen_name" : "SensorsDataTableViewController",
        "$lib" : "iOS"
    }
}
```

到此，我们已经使用动态子类方案实现了 UITableView 控件 $AppClick 事件全埋点。

5.1.3　方案三：消息转发

在介绍方案三之前，我们先介绍一下 NSProxy 类。

1. NSProxy 类

在 iOS 应用开发中，自定义类一般需要继承自 NSObject 类或者 NSObject 子类。但是，NSProxy 类不是继承自 NSObject 类或者 NSObject 子类，而是一个实现了 NSObject 协议的抽象基类。

```
/* NSProxy.h
   Copyright (c) 1994-2019, Apple Inc. All rights reserved.
*/

#import <Foundation/NSObject.h>
```

```
@class NSMethodSignature, NSInvocation;

NS_ASSUME_NONNULL_BEGIN

NS_ROOT_CLASS
@interface NSProxy <NSObject> {
    Class  isa;
}

+ (id)alloc;
+ (id)allocWithZone:(nullable NSZone *)zone NS_AUTOMATED_REFCOUNT_UNAVAILABLE;
+ (Class)class;

- (void)forwardInvocation:(NSInvocation *)invocation;
- (nullable NSMethodSignature *)methodSignatureForSelector:(SEL)sel NS_SWIFT_
    UNAVAILABLE("NSInvocation and related APIs not available");
- (void)dealloc;
- (void)finalize;
@property (readonly, copy) NSString *description;
@property (readonly, copy) NSString *debugDescription;
+ (BOOL)respondsToSelector:(SEL)aSelector;

- (BOOL)allowsWeakReference API_UNAVAILABLE(macos, ios, watchos, tvos);
- (BOOL)retainWeakReference API_UNAVAILABLE(macos, ios, watchos, tvos);

// - (id)forwardingTargetForSelector:(SEL)aSelector;

@end

NS_ASSUME_NONNULL_END
```

从 NSProxy 的名字可以看出，这个类的作用就是作为一个委托代理对象，将消息转发给一个真实的对象或者自己加载的对象。

为了进一步了解 NSProxy 类的作用，我们来实现一个同时能调用 NSMutableString 和 NSMutableArray 两个类中的方法的委托类，模拟多继承。

首先创建 TargetProxy 类，它继承自 NSProxy 类，并实现一个初始化方法。

TargetProxy.h 声明如下：

```
//
//  TargetProxy.h
//  SensorsSDK
//
//  Created by 王灼洲 on 2019/8/8.
//  Copyright © 2019 SensorsData. All rights reserved.
//

#import <Foundation/Foundation.h>
```

```
NS_ASSUME_NONNULL_BEGIN

@interface TargetProxy : NSProxy

- (instancetype)initWithObject1:(id)object1 object2:(id)object2;

@end

NS_ASSUME_NONNULL_END
```

在 TargetProxy.m 文件中，重写 -methodSignatureForSelector: 方法（获取真实对象的方法签名），并重写 -forwardInvocation: 方法（调用真实对象的方法）。

TargetProxy.m 实现如下：

```
//
//  TargetProxy.m
//  SensorsSDK
//
//  Created by王灼洲on 2019/8/8.
//  Copyright © 2019 SensorsData. All rights reserved.
//

#import "TargetProxy.h"

@implementation TargetProxy {
    // 保存需要将消息转发到的第一个真实对象
    // 第一个真实对象的方法调用优先级会比第二个真实对象的方法调用优先级高
    id _realObject1;
    // 保存需要将消息转发到的第二个真实对象
    id _realObject2;
}


/**
 初始化方法
 保存两个真实对象

 @param object1 第一个真实对象
 @param object2 第二个真实对象
 @return 初始化对象
 */
- (instancetype)initWithObject1:(id)object1 object2:(id)object2 {
    _realObject1 = object1;
    _realObject2 = object2;
    return self;
}
```

```
- (NSMethodSignature *)methodSignatureForSelector:(SEL)aSelector {
    // 获取_realObject1 中aSelector的方法签名
    NSMethodSignature *signature = [_realObject1 methodSignatureForSelector:aSelector];
    // 如果在_realObject1中有该方法，那么返回该方法的签名
    // 如果没有，则查看_realObject2
    if (signature) {
        return signature;
    }
    // 获取_realObject2中aSelector的方法签名
    signature = [_realObject2 methodSignatureForSelector:aSelector];
    return signature;
}


- (void)forwardInvocation:(NSInvocation *)invocation {
    // 获取拥有该方法的真实对象
    id target = [_realObject1 methodSignatureForSelector:[invocation selector]] ? _
        realObject1 : _realObject2;
    // 执行方法
    [invocation invokeWithTarget:target];
}

@end
```

我们使用 **TargetProxy** 类来模拟多继承关系，测试代码如下。

```
#import "TargetProxy.h"

- (void)testTargetProxy {
    // 创建一个NSMutableString的对象
    NSMutableString *string = [NSMutableString string];
    // 创建一个NSMutableArray的对象
    NSMutableArray *array = [NSMutableArray array];

    // 创建一个委托对象来包装真实的对象
    id proxy = [[TargetProxy alloc] initWithObject1:string object2:array];
    // 通过委托对象调用NSMutableString类的方法
    [proxy appendString:@"This "];
    [proxy appendString:@"is "];
    // 通过委托对象调用NSMutableArray类的方法
    [proxy addObject:string];
    [proxy appendString:@"a "];
    [proxy appendString:@"test!"];

    // 使用valueForKey:方法获取字符串的长度
    NSLog(@"The string's length is: %@", [proxy valueForKey:@"length"]);

    NSLog(@"count should be 1, it is: %ld", [proxy count]);

    if ([[proxy objectAtIndex:0] isEqualToString:@"This is a test!"]) {
```

```
        NSLog(@"Appending successful.");
    } else {
        NSLog(@"Appending failed, got: '%@'", proxy);
    }
}
```

运行上面的代码，输出如下日志：

```
The string's length is: 15
count should be 1, it is: 1
Appending successful.
```

以上说明，我们使用 TargetProxy 类成功实现了消息转发。当调用 NSMutableString
类的方法时，会使用 _realObject1 对象，即使用上面代码中的 string 对象进行方法调
用。例如，使用 proxy 对象调用 -appendString: 方法，其实就是使用 _realObject1 对象调
用 -appendString: 方法；当调用 NSMutableArray 类的方法时，会使用 _realObject2 对象，
即使用上面代码中的 array 对象进行方法调用。

当然，在大部分情况下，使用 NSObject 类也可以实现消息转发，实现方式与 NSProxy
类相同。但是，大部分情况下使用 NSProxy 类更为合适，理由如下。

（1）NSProxy 类实现了包括 NSObject 协议在内基类所需的基础方法。

（2）通过 NSObject 类实现的代理类不会自动转发 NSObject 协议中的方法。

（3）通过 NSObject 类实现的代理类不会自动转发 NSObject 类别中的方法，例如上面
调用实例中的 -valueForKey: 方法，如果是使用 NSObject 类实现的代理类，会抛出异常。

关于上述理由的第 2 点和第 3 点，读者可以修改 TragetProxy 类来进行验证。

下面我们使用消息转发机制来实现 UITableView 控件 $AppClick 事件全埋点。

2. 实现步骤

下面我们介绍详细的实现步骤。

第一步：在 SensorsSDK 项目中创建 SensorsAnalyticsDelegateProxy 类（继承自 NSProxy
类），实现 UITableViewDelegate 协议。然后添加一个类方法 +proxyWithTableViewDelegate:。
SensorsAnalyticsDelegateProxy.h 定义如下：

```
//
//  SensorsAnalyticsDelegateProxy.h
//  SensorsSDK
//
//  Created by 王灼洲 on 2019/8/8.
//  Copyright © 2019 SensorsData. All rights reserved.
//

#import <UIKit/UIKit.h>

NS_ASSUME_NONNULL_BEGIN
```

```
@interface SensorsAnalyticsDelegateProxy : NSProxy <UITableViewDelegate>

+ (instancetype)proxyWithTableViewDelegate:(id<UITableViewDelegate>)delegate;

@end

NS_ASSUME_NONNULL_END
```

 注意 将 #import <Foundation/Foundation.h> 改成 #import <UIKit/UIKit.h>。

在 SensorsAnalyticsDelegateProxy.m 中实现 +proxyWithTableViewDelegate: 类方法。在该类方法中，创建一个 SensorsAnalyticsDelegateProxy 类的对象，用于保存实现了 UITableViewDelegate 协议的对象。

```
//
//   SensorsAnalyticsDelegateProxy.m
//   SensorsSDK
//
//   Created by 王灼洲 on 2019/8/8.
//   Copyright © 2019 SensorsData. All rights reserved.
//

#import "SensorsAnalyticsDelegateProxy.h"

@interface SensorsAnalyticsDelegateProxy ()

/// 保存delegate对象
@property (nonatomic, weak) id delegate;

@end

@implementation SensorsAnalyticsDelegateProxy

+ (instancetype)proxyWithTableViewDelegate:(id<UITableViewDelegate>)delegate {
    SensorsAnalyticsDelegateProxy *proxy = [SensorsAnalyticsDelegateProxy alloc];
    proxy.delegate = delegate;
    return proxy;
}

@end
```

第二步：在 SensorsAnalyticsDelegateProxy.m 文件中重写 -methodSignatureForSelector: 方法，返回 delegate 对象中对应的方法签名。然后重写 -forwardInvocation: 方法，将消息转发给 delegate 对象执行，并触发 $AppClick 事件。

```
#import "SensorsAnalyticsSDK.h"
```

```objc
@implementation SensorsAnalyticsDelegateProxy

......

- (NSMethodSignature *)methodSignatureForSelector:(SEL)selector {
    // 返回delegate对象中对应的方法签名
    return [(NSObject *)self.delegate methodSignatureForSelector:selector];
}

- (void)forwardInvocation:(NSInvocation *)invocation {
    // 先执行delegate对象中的方法
    [invocation invokeWithTarget:self.delegate];
    // 判断是否是cell的点击事件的代理方法
    if (invocation.selector == @selector(tableView:didSelectRowAtIndexPath:)) {
        // 将方法修改为进行数据采集的方法，即本类中的实例方法：sensorsdata_tableView:did-
            SelectRowAtIndexPath:
        invocation.selector = NSSelectorFromString(@"sensorsdata_tableView:did-
            SelectRowAtIndexPath:");
        // 执行数据采集相关的方法
        [invocation invokeWithTarget:self];
    }
}

- (void)sensorsdata_tableView:(UITableView *)tableView didSelectRowAtIndexPath:(
    NSIndexPath *)indexPath {
    [[SensorsAnalyticsSDK sharedInstance] trackAppClickWithTableView:tableView
        didSelectRowAtIndexPath:indexPath properties:nil];
}

@end
```

第三步：修改 UITableView+SensorsData.m 文件中的 -sensorsdata_setDelegate: 方法，在该方法中创建委托对象，并将其设置为 UITableView 控件的 delegate 对象。

```objc
#import "SensorsAnalyticsDelegateProxy.h"

@implementation UITableView (SensorsData)

......

- (void)sensorsdata_setDelegate:(id<UITableViewDelegate>)delegate {
    // 方案三：NSProxy消息转发
    SensorsAnalyticsDelegateProxy *proxy = [SensorsAnalyticsDelegateProxy proxy-
        WithTableViewDelegate:delegate];
    // 调用原始方法，将代理设置为委托对象
    [self sensorsdata_setDelegate:proxy];
}

@end
```

第四步：测试验证。

运行 Demo，发现程序又崩溃了！

通过分析可知，这是因为 UITableView+SensorsData.m 文件中的 -sensorsdata_setDelegate: 方法中创建的 proxy 对象是一个临时变量，虽然将其设置为 UITableView 控件的 delegate 对象，但 delegate 属性仍是一个 weak 对象，因此在 ARC 环境中，当 -sensorsdata_setDelegate: 方法执行结束之后，该对象就被内存回收销毁了。

要解决这个问题，我们还需要保存这个 proxy 对象。

第五步：为 UITableView 控件添加扩展属性 sensorsdata_delegateProxy，用于保存创建的委托对象。

为了可以同时支持 UICollectionView 控件，我们直接在 UIScrollView 中扩展 sensorsdata_delegateProxy 属性。

创建 UIScrollView 的类别 SensorsData，并在头文件中添加属性声明。

UIScrollView+SensorsData.h 声明如下：

```
//
//  UIScrollView+SensorsData.h
//  SensorsSDK
//
//  Created by 王灼洲 on 2019/8/8.
//  Copyright © 2019 SensorsData. All rights reserved.
//

#import <UIKit/UIKit.h>
#import "SensorsAnalyticsDelegateProxy.h"

NS_ASSUME_NONNULL_BEGIN

@interface UIScrollView (SensorsData)

@property (nonatomic, strong) SensorsAnalyticsDelegateProxy *sensorsdata_delegateProxy;

@end

NS_ASSUME_NONNULL_END
```

在 UIScrollView+SensorsData.m 文件中，实现 sensorsdata_delegateProxy 属性的 set 和 get 方法。我们通过 Runtime 中的 objc_setAssociatedObject 函数和 objc_getAssociatedObject 函数实现在类别中添加属性。

UIScrollView+SensorsData.m 实现如下：

```
//
//  UIScrollView+SensorsData.m
```

```
//   SensorsSDK
//
//   Created by王灼洲on 2019/8/8.
//   Copyright © 2019 SensorsData. All rights reserved.
//

#import "UIScrollView+SensorsData.h"
#include <objc/runtime.h>

@implementation UIScrollView (SensorsData)

- (void)setSensorsdata_delegateProxy:(SensorsAnalyticsDelegateProxy *)sensorsdata_
    delegateProxy {
    objc_setAssociatedObject(self, @selector(setSensorsdata_delegateProxy:), sensorsdata_
        delegateProxy,
OBJC_ASSOCIATION_RETAIN_NONATOMIC);
}

- (SensorsAnalyticsDelegateProxy *)sensorsdata_delegateProxy {
    return objc_getAssociatedObject(self, @selector(sensorsdata_delegateProxy));
}

@end
```

第六步：修改 UITableView+SensorsData.m 文件中的 -sensorsdata_setDelegate: 方法，增加保存委托对象的代码。

```
#import "UIScrollView+SensorsData.h"

@implementation UITableView (SensorsData)

......

- (void)sensorsdata_setDelegate:(id<UITableViewDelegate>)delegate {
    // 方案三：NSProxy消息转发
    // 销毁保存的委托对象
    self.sensorsdata_delegateProxy = nil;
    if (delegate) {
        SensorsAnalyticsDelegateProxy *proxy = [SensorsAnalyticsDelegateProxy
            proxyWithTableViewDelegate:delegate];
        // 保存委托对象
        self.sensorsdata_delegateProxy = proxy;
        // 调用原始方法，将代理设置为委托对象
        [self sensorsdata_setDelegate:proxy];
    } else {
        // 调用原始方法，将代理设置为nil
```

```
            [self sensorsdata_setDelegate:nil];
        }
    }

    @end
```

第七步：测试验证。

再次运行 Demo，点击 UITableViewCell 控件，我们可在 Xcode 控制台中看到 $AppClick 事件信息。

```
{
    "event" : "$AppClick",
    "time" : 1562577277638,
    "properties" : {
        "$model" : "x86_64",
        "$manufacturer" : "Apple",
        "$element_type" : "UITableView",
        "$lib_version" : "1.0.0",
        "$os" : "iOS",
        "$os_version" : "12.3",
        "$app_version" : "1.0",
        "screen_name" : "SensorsDataTableViewController",
        "$lib" : "iOS"
    }
}
```

至此，我们已经使用消息转发方案实现了 UITableView 控件 $AppClick 事件全埋点。

5.1.4　三种方案的总结

对于 UITableView 控件 $AppClick 事件全埋点的三种方案，它们各有优缺点，读者可以根据实际情况选择相应的方案。

方案一：方法交换

优点：简单、易理解；Method Swizzling 属于成熟技术，性能相对来说较高。

缺点：对原始类有入侵，容易造成冲突。

方案二：动态子类

优点：没有对原始类入侵，不会修改原始类的方法，不会和第三方库冲突，是一种比较稳定的方案。

缺点：动态创建子类对性能和内存有比较大的消耗。

方案三：消息转发

优点：充分利用消息转发机制，对消息进行拦截，性能较好。

缺点：容易与一些同样使用消息转发进行拦截的第三方库冲突，例如 ReactiveCocoa。

5.1.5　优化

在前面介绍的三种方案中，我们只是采集了与普通控件 $AppClick 事件相同的一些简单属性。

在实际的业务分析需求中，针对 UITableView 控件 $AppClick 事件，我们一般还需要采集如下属性。

❏ 被点击 UITableViewCell 控件上的显示内容（$element_content）。

❏ 被点击 UITableViewCell 控件所在的位置（$element_position）。

下面我们将对 UITableView 控件 $AppClick 事件全埋点方案进行优化，使其支持获取 $element_content 和 $element_position 属性。

1. 获取控件内容

要想获取 UITableViewCell 控件上显示的文本，首先必须要获取 UITableViewCell 对象。-tableView:didSelectRowAtIndexPath: 回调方法中有两个参数。

❏ tableView：UITableView

❏ indexPath：NSIndexPath

由于用户当时点击的 UITableViewCell 控件一定是显示在屏幕上的，因此，可以通过以下方式获取 UITableViewCell 对象。

```
UITableViewCell *cell = [tableView cellForRowAtIndexPath:indexPath];
```

获取 UITableViewCell 对象之后，接下来获取控件上显示的文本。但 UITableViewCell 控件其实不是一个简单的控件，它本身并不显示任何内容，更像一个容器，即需要在其上面添加一些子控件用于展示内容。我们可以递归遍历所有的子控件，依次获取每个子控件的显示内容，并按一定格式进行拼接，进而将拼接的内容作为 UITableViewCell 控件的显示内容。

下面我们详细介绍实现步骤。

第一步：修改 UIView+SensorsData.m 文件的 -sensorsdata_elementContent 方法。

该方法之前的实现比较简单：

```
- (NSString *)sensorsdata_elementContent {
    return nil;
}
```

为了能获取更复杂的 UIView 的显示内容，该方法需要修改成支持通过递归遍历获取子控件的显示内容。

```
@implementation UIView (SensorsData)

......

- (NSString *)sensorsdata_elementContent {
```

```
    // 如果是隐藏控件，不获取控件内容
    if (self.isHidden || self.alpha == 0) {
        return nil;
    }
    // 初始化数组，用于保存子控件的内容
    NSMutableArray *contents = [NSMutableArray array];
    for (UIView *view in self.subviews) {
        // 获取子控件的内容
        // 如果子类有内容，例如UILabel的text，获取到的就是text属性
        // 如果子类没有内容，就递归调用该方法，获取其子控件的内容
        NSString *content = view.sensorsdata_elementContent;
        if (content.length > 0) {
            // 当该子控件有内容时，保存在数组中
            [contents addObject:content];
        }
    }
    // 当未获取到子控件内容时，返回nil。如果获取到多个子控件内容时，使用"-"拼接
    return contents.count == 0 ? nil : [contents componentsJoinedByString:@"-"];
}

@end
```

第二步：UIButton 控件也可能有其他自定义的子控件，因此，也需要修改获取 UIButton 显示内容的扩展方法 -sensorsdata_elementContent。

UIButton 的类别 SensorsData 的实现如下：

```
#pragma mark - UIButton
@implementation UIButton (SensorsData)

- (NSString *)sensorsdata_elementContent {
    return self.currentTitle;
}

@end
```

上述实现中需要修改成支持递归遍历获取所有子控件的显示内容，即调用父类（UIView）的 -sensorsdata_elementContent 方法。

```
#pragma mark - UIButton
@implementation UIButton (SensorsData)

- (NSString *)sensorsdata_elementContent {
    return self.currentTitle ?: super.sensorsdata_elementContent;
}

@end
```

第三步：支持获取 UILabel 中添加的子视图的显示内容，因此，我们在这里也需要修

改获取 UILabel 显示内容的扩展方法 -sensorsdata_elementContent。

在 UIView+SensorsData.h 文件中新增 UILabel 的类别 SensorsData 的声明如下：

```
#pragma mark - UILabel
@interface UILabel (SensorsData)

@end
```

在 UIView+SensorsData.m 文件中新增 UILabel 的类别 SensorsData 的实现如下：

```
#pragma mark - UILabel
@implementation UILabel (SensorsData)

- (NSString *)sensorsdata_elementContent {
    return self.text ?: super.sensorsdata_elementContent;
}

@end
```

第四步：修改 SensorsAnalyticsSDK.m 中的 -trackTableView:didSelectRowAtIndexPath: 方法，实现 $element_content 属性采集。

```
@implementation SensorsAnalyticsSDK (Track)

......

- (void)trackAppClickWithTableView:(UITableView *)tableView didSelectRowAtIndex-
    Path:(NSIndexPath *)indexPath properties:(nullable NSDictionary<NSString *,
    id> *)properties {
    NSMutableDictionary *eventProperties = [NSMutableDictionary dictionary];

    // TODO:获取用户点击的UITableViewCell控件对象
    UITableViewCell *cell = [tableView cellForRowAtIndexPath:indexPath];
    // TODO:设置被用户点击的UITableViewCell控件上的内容（$element_content）
    eventProperties[@"$element_content"] = cell.sensorsdata_elementContent;
    // TODO:设置被用户点击的UITableViewCell控件所在的位置（$element_position）

    // 添加自定义属性
    [eventProperties addEntriesFromDictionary:properties];
    // 触发$AppClick事件
    [[SensorsAnalyticsSDK sharedInstance] trackAppClickWithView:tableView properties:
        eventProperties];
}

@end
```

第五步：测试验证。

运行 Demo，我们发现采集的 UITableViewCell 控件 $AppClick 事件信息中已经包含 $element_content 属性。

```
{
    "event" : "$AppClick",
    "time" : 1563244581785,
    "properties" : {
        "$model" : "x86_64",
        "$manufacturer" : "Apple",
        "$element_type" : "UITableView",
        "$lib_version" : "1.0.0",
        "$os" : "iOS",
        "$element_content" : "Section: 0, Row: 0",
        "$os_version" : "12.3",
        "$app_version" : "1.0",
        "screen_name" : "SensorsDataTableViewController",
        "$lib" : "iOS"
    }
}
```

2. 获取 UITableViewCell 的位置

获取用户点击 UITableViewCell 控件所在的位置（$element_position），需要借助 -table-View:didSelectRowAtIndexPath: 方法的第二个参数 indexPath。从 indexPath 参数中，我们可以获取用户点击 UITableViewCell 控件的 Section 和 Row。

实现也比较简单，直接修改 SensorsAnalyticsSDK.m 文件中的 -trackTableView:didSelect-RowAtIndexPath: 方法，增加采集 $element_position 属性的逻辑即可。

```
@implementation SensorsAnalyticsSDK (Track)

......

- (void)trackAppClickWithTableView:(UITableView *)tableView didSelectRowAtIndex-
    Path:(NSIndexPath *)indexPath properties:(nullable NSDictionary<NSString *,
    id> *)properties {
    NSMutableDictionary *eventProperties = [NSMutableDictionary dictionary];

    // TODO：获取用户点击的UITableViewCell控件对象
    UITableViewCell *cell = [tableView cellForRowAtIndexPath:indexPath];
    // TODO：设置被用户点击的UITableViewCell控件上的内容（$element_content）
    eventProperties[@"$element_content"] = cell.sensorsdata_elementContent;
    // TODO：设置被用户点击的UITableViewCell控件所在的位置（$element_position）
    eventProperties[@"$element_position"] = [NSString stringWithFormat: @"%ld:%ld",
        (long)indexPath.section, (long)indexPath.row];

    // 添加自定义属性
    [eventProperties addEntriesFromDictionary:properties];
    // 触发$AppClick事件
    [[SensorsAnalyticsSDK sharedInstance] trackAppClickWithView:tableView properties:
```

```
        eventProperties];
}


@end
```

运行 Demo，我们发现采集的 UITableViewCell 控件 $AppClick 事件信息中已经包含 $element_position 属性。

```
{
    "event" : "$AppClick",
    "time" : 1563245867310,
    "properties" : {
        "$model" : "x86_64",
        "$manufacturer" : "Apple",
        "$element_type" : "UITableView",
        "$lib_version" : "1.0.0",
        "$os" : "iOS",
        "$element_content" : "Section: 0, Row: 0",
        "$os_version" : "12.3",
        "$app_version" : "1.0",
        "screen_name" : "SensorsDataTableViewController",
        "$lib" : "iOS",
        "$element_position" : "0:0"
    }
}
```

5.2　支持 UICollectionView 控件

通过上述几个章节的讲解，我们实现了 UITableView 控件 $AppClick 事件全埋点。对于 UICollectionView 控件 $AppClick 事件全埋点方案，其整体上与 UITableView 控件类似，同样可以使用以上三种方案去实现。

下面我们以方案三为例详细介绍如何实现 UICollectionView 控件 $AppClick 事件全埋点。

第一步：在 SensorsAnalyticsSDK 的类别 Track 中新增一个专门用于触发 UICollection-View 控件 $AppClick 事件的方法 -trackAppClickWithCollectionView:didSelectItemAtIndexPath: properties:。

在 SensorsAnalyticsSDK 的类别 Track 中新增 -trackAppClickWithCollectionView:didSelect-ItemAtIndexPath:properties: 方法声明。

```
@interface SensorsAnalyticsSDK (Track)


......
```

```
/**
支持UICollectionView触发$AppClick事件

@param collectionView触发事件的UICollectionView视图
@param indexPath在UICollectionView中点击的位置
@param properties自定义事件属性
*/
- (void)trackAppClickWithCollectionView:(UICollectionView *)collectionView didSelect-
    ItemAtIndexPath:(NSIndexPath *)indexPath properties:(nullable
    NSDictionary<NSString *, id> *)properties;

@end
```

在 SensorsAnalyticsSDK 的类别 Track 中，实现 -trackAppClickWithCollectionView:did-SelectItemAtIndexPath:properties: 方法。

```
@implementation SensorsAnalyticsSDK (Track)

......

- (void)trackAppClickWithCollectionView:(UICollectionView *)collectionView
    didSelectItemAtIndexPath:(NSIndexPath *)indexPath properties:(nullable
    NSDictionary<NSString *, id> *)properties {
    NSMutableDictionary *eventProperties = [NSMutableDictionary dictionary];

    // 获取用户点击的UICollectionViewCell控件对象
    UICollectionViewCell *cell = [collectionView cellForItemAtIndexPath:indexPath];
    // 设置被用户点击的UICollectionViewCell控件上的内容（$element_content）
    eventProperties[@"$element_content"] = cell.sensorsdata_elementContent;
    // 设置被用户点击的UICollectionViewCell控件所在的位置（$element_position）
    eventProperties[@"$element_position"] = [NSString stringWithFormat:
        @"%ld:%ld", (long)indexPath.section, (long)indexPath.row];

    // 添加自定义属性
    [eventProperties addEntriesFromDictionary:properties];
    // 触发$AppClick事件
    [[SensorsAnalyticsSDK sharedInstance] trackAppClickWithView:collectionView
        properties:eventProperties];
}

@end
```

第二步：在 SensorsAnalyticsDelegateProxy.h 文件中添加 +proxyWithCollectionViewDelegate: 类方法，用于初始化 UICollectionViewDelegate 委托对象。

```
@interface SensorsAnalyticsDelegateProxy : NSProxy <UITableViewDelegate>

......
```

```
/**
初始化委托对象，用于拦截UICollectionView控件的选中cell事件

@param delegate UICollectionView控件的代理
@return初始化对象
*/
+ (instancetype)proxyWithCollectionViewDelegate:(id<UICollectionViewDelegate>)delegate;

@end
```

第三步：在 SensorsAnalyticsDelegateProxy.m 中实现 +proxyWithCollectionViewDelegate: 类方法。

```
@implementation SensorsAnalyticsDelegateProxy

......

+ (instancetype)proxyWithCollectionViewDelegate:(id<UICollectionViewDelegate>)delegate {
    SensorsAnalyticsDelegateProxy *proxy = [SensorsAnalyticsDelegateProxy alloc];
    proxy.delegate = delegate;
    return proxy;
}

@end
```

第四步：修改 SensorsAnalyticsDelegateProxy.m 文件中的 -forwardInvocation: 方法，实现转发并拦截 collectionView:didSelectItemAtIndexPath: 方法。

```
@implementation SensorsAnalyticsDelegateProxy

......

- (void)forwardInvocation:(NSInvocation *)invocation {
    // 先执行delegate对象中的方法
    [invocation invokeWithTarget:self.delegate];
    // 判断是否是cell点击事件的代理方法
    if (invocation.selector == @selector(tableView:didSelectRowAtIndexPath:)) {
        // 将方法修改为进行数据采集的方法，即本类中的实例方法: sensorsdata_tableView:did-
            SelectRowAtIndexPath:
        invocation.selector = NSSelectorFromString(@"sensorsdata_tableView:did-
            SelectRowAtIndexPath:");
        // 执行数据采集相关的方法
        [invocation invokeWithTarget:self];
    } else if (invocation.selector == @selector(collectionView:didSelectItemAtIndexPath:)) {
        // 将方法修改为进行数据采集的方法，即本类中的实例方法: sensorsdata_collectionView:
            didSelectRowAtIndexPath:
        invocation.selector = NSSelectorFromString(@"sensorsdata_collectionView:
            didSelectItemAtIndexPath:");
        // 执行数据采集相关的方法
```

```
        [invocation invokeWithTarget:self];
    }
}

- (void)sensorsdata_collectionView:(UICollectionView *)collectionView didSelect-
    ItemAtIndexPath:(NSIndexPath *)indexPath {
    [[SensorsAnalyticsSDK sharedInstance] trackAppClickWithCollectionView:collec-
        tionView didSelectItemAtIndexPath:indexPath properties:nil];
}

@end
```

第五步：新建 UICollectionView 控件的类别 SensorsData，并实现 +load 类方法。+load 类方法与 UITableView 类别 SensorsData 中的 +load 类方法作用相同，都是用于交换 -setDelegate: 方法并获取代理对象，然后在交换后的方法中，创建 SensorsAnalyticsDelegateProxy 对象，并将 UICollectionView 控件的代理设置为该对象。

UICollectionView+SensorsData.h 声明如下：

```
//
//   UICollectionView+SensorsData.h
//   SensorsSDK
//
//   Created by王灼洲on 2019/8/8.
//   Copyright © 2019 SensorsData. All rights reserved.
//

#import <UIKit/UIKit.h>

NS_ASSUME_NONNULL_BEGIN

@interface UICollectionView (SensorsData)

@end

NS_ASSUME_NONNULL_END
```

UICollectionView+SensorsData.m 实现如下：

```
//
//   UICollectionView+SensorsData.m
//   SensorsSDK
//
//   Created by王灼洲on 2019/8/8.
//   Copyright © 2019 SensorsData. All rights reserved.
//

#import "UICollectionView+SensorsData.h"
#import "NSObject+SASwizzler.h"
```

```objc
#import "SensorsAnalyticsDelegateProxy.h"
#import "UIScrollView+SensorsData.h"

@implementation UICollectionView (SensorsData)

+ (void)load {
    [UICollectionView sensorsdata_swizzleMethod:@selector(setDelegate:) withMethod:
        @selector(sensorsdata_setDelegate:)];
}

- (void)sensorsdata_setDelegate:(id<UICollectionViewDelegate>)delegate {
    SensorsAnalyticsDelegateProxy *proxy = [SensorsAnalyticsDelegateProxy proxy-
        WithCollectionViewDelegate:delegate];
    self.sensorsdata_delegateProxy = proxy;
    [self sensorsdata_setDelegate:proxy];
}

@end
```

第六步：测试验证。

修改 Demo，新增 UICollectionView 测试用例并测试，即可看到 UICollectionView 控件 $AppClick 事件信息。

```json
{
    "event" : "$AppClick",
    "time" : 1563260109983,
    "properties" : {
        "$model" : "x86_64",
        "$manufacturer" : "Apple",
        "$element_type" : "UICollectionView",
        "$lib_version" : "1.0.0",
        "$os" : "iOS",
        "$element_content" : "Section: 0, Row: 1",
        "$os_version" : "12.3",
        "$app_version" : "1.0",
        "screen_name" : "SensorDataCollectionViewController",
        "$lib" : "iOS",
        "$element_position" : "0:1"
    }
}
```

对于使用方案一和方案二来实现 UICollectionView 控件 $AppClick 事件全埋点的过程，读者可以自行扩展。

手 势 采 集

随着科技以及业务的发展，手势的应用也越来越普及，特别是对于 iOS 应用程序，手势更是得到了大量的应用。因此，对于数据采集，我们需要考虑如何通过全埋点来采集手势操作事件。

6.1 手势识别器

苹果公司为了降低开发者在手势事件处理方面的开发难度，定义了一个抽象类 UIGesture-Recognizer 来协助开发者开发。UIGestureRecognizer 是一个手势识别器的抽象基类，它定义了一组手势识别器常见行为，还支持通过设置委托（即实现 UIGestureRecognizerDelegate 协议的对象），对某些行为进行更细粒度的定制。

手势识别器必须被添加在一个特定的视图上（比如 UILabel、UIImageView 等控件），这需要通过调用 UIView 类中的 -addGestureRecognizer: 方法进行添加。手势识别器也使用了 Target-Action 设计模式。当我们为一个手势识别器添加一个或多个 Target-Action 后，在视图上进行触摸操作时，一旦系统识别了该手势，就会向所有的 Target（对象）发送消息，并执行 Action（方法）。虽然手势操作和 UIControl 类一样，都使用了 Target-Action 设计模式，但是手势识别器并不会将消息交由 UIApplication 对象来发送。因此，我们无法使用与 UIControl 控件相同的处理方式，即无法通过响应者链的方式来实现手势操作的全埋点。

由于 UIGestureRecognizer 是一个抽象基类，所以它并不会处理具体的手势。因此，对于轻拍（UITapGestureRecognizer）、长按（UILongPressGestureRecognizer）等具体的手势触摸事件，需要使用相应的子类即具体的手势识别器进行处理。

常见的具体手势识别器有如下几类。

- ❑ UITapGestureRecognizer：轻拍手势
- ❑ UILongPressGestureRecognizer：长按手势
- ❑ UIPinchGestureRecognizer：捏合（缩放）手势
- ❑ UIRotationGestureRecognizer：旋转手势
- ❑ UISwipeGestureRecognizer：轻扫手势
- ❑ UIPanGestureRecognizer：平移手势
- ❑ UIScreenEdgePanGestureRecognizer：屏幕边缘平移手势

上面所有具体的手势识别器添加 Target-Action 的方法都是相同的，常见的主要是通过如下两个方法进行添加。

- ❑ - initWithTarget:target action:
- ❑ - addTarget:action:

详细的定义参考如下：

```
/**
 指定初始化方法

 通过添加一个Target-Action进行初始化，当初始化的手势识别器对象识别到触摸手势时，会向Target
 发送消息，即调用Action

 @param target需要发送消息的Target
 @param action向Target发送的消息，即方法名
 @return 初始化的对象
 */
- (instancetype)initWithTarget:(nullable id)target action:(nullable SEL)action
    NS_DESIGNATED_INITIALIZER;

/**
 向一个手势识别器添加一个Target-Action，多次调用该方法，可以给一个手势识别器对象添加多个Target-Action。
 如果已经添加了一个Target-Action，再次添加相同的Target-Action时，会被忽略

 @param target需要发送消息的Target
 @param action向Target发送的消息，即方法名
 */
- (void)addTarget:(id)target action:(SEL)action;
```

在实际的开发过程中，使用比较多的是 UITapGestureRecognizer 和 UILongPressGesture-Recognizer 手势识别器，它们分别用来处理轻拍手势和长按手势。下面我们以 UIImageView 类为例，介绍如何给控件添加 UITapGestureRecognizer 和 UILongPressGestureRecognizer 手势识别器。

```
- (void)viewDidLoad {
    [super viewDidLoad];
```

```
    // 默认为NO，忽略用户触摸产生的事件
    self.imageView.userInteractionEnabled = YES;

    // 创建一个UITapGestureRecognizer手势识别器，并将Target设置为self，响应方法设置为
       tapAction:方法
    UITapGestureRecognizer *tapGestureRecognizer = [[UITapGestureRecognizer
        alloc] initWithTarget:self action:@selector(tapAction:)];

    // 添加一个Target-Action，Target为self，Action为tapAction:方法
    // [tapGestureRecognizer addTarget:self action:@selector(tapAction:)];
    // 将手势识别器与UIImageView控件进行绑定
    [self.imageView addGestureRecognizer:tapGestureRecognizer];

    UILongPressGestureRecognizer *longPressGestureRecognizer = [[UILongPressGestureRecognizer
        alloc]initWithTarget:self action:@selector(longPressAction:)];
    [self.imageView addGestureRecognizer:longPressGestureRecognizer];
}

- (void)tapAction:(UITapGestureRecognizer *)sender {
    NSLog(@"UITapGestureRecognizer");
}

- (void)longPressAction:(UILongPressGestureRecognizer *)sender {
    NSLog(@"UILongPressGestureRecognizer");
}
```

6.2 手势全埋点

在数据采集中，一般只需要采集常见控件（UILabel、UIImageView）的轻拍和长按手势。接下来，基于以上内容，我们分别介绍如何实现手势识别器轻拍和长按手势的全埋点。

6.2.1 UITapGestureRecognizer 全埋点

为了采集控件的轻拍手势，我们可以通过 Method Swizzling 在 UITapGestureRecognizer 类中添加 Target-Action 的方法，添加一个新的 Target-Action，并在新添加的 Action 中触发 $AppClick 事件，进而实现控件轻拍手势全埋点。

在 UITapGestureRecognizer 类中，用于添加 Target-Action 的方法有两个：

❑ - initWithTarget:action:

❑ - addTarget:action:

因此，我们需要对上述两个方法分别进行交换。

下面我们介绍详细的实现步骤。

第一步：在 SensorsSDK 项目中创建 UIGestureRecognizer 的类别 SensorsData。

> **注意** UITapGestureRecognizer 的类别 SensorsData 对应的 .h（.m）文件名是 UIGesture-Recognizer+SensorsData.h（.m），而不是 UITapGestureRecognizer+SensorsData.h（.m）！

UIGestureRecognizer+SensorsData.h 定义如下：

```
//
//  UIGestureRecognizer+SensorsData.h
//  SensorsSDK
//
//  Created by王灼洲on 2019/8/8.
//  Copyright © 2019 SensorsData. All rights reserved.
//

#import <UIKit/UIKit.h>

NS_ASSUME_NONNULL_BEGIN

#pragma mark - UITapGestureRecognizer
@interface UITapGestureRecognizer (SensorsData)

@end

NS_ASSUME_NONNULL_END
```

UIGestureRecognizer+SensorsData.m 实现如下：

```
//
//  UIGestureRecognizer+SensorsData.m
//  SensorsSDK
//
//  Created by王灼洲on 2019/8/8.
//  Copyright © 2019 SensorsData. All rights reserved.
//

#import "UIGestureRecognizer+SensorsData.h"
#import "NSObject+SASwizzler.h"

@implementation UITapGestureRecognizer (SensorsData)

@end
```

第二步：在 UIGestureRecognizer+SensorsData.m 文件中实现 +load 类方法，并在 +load 类方法中分别交换 -initWithTarget:action: 和 -addTarget:action: 方法。

```
#import "UIGestureRecognizer+SensorsData.h"
#import "NSObject+SASwizzler.h"
```

```
@implementation UITapGestureRecognizer (SensorsData)

+ (void)load {
    // Swizzle initWithTarget:action: 方法
    [UITapGestureRecognizer sensorsdata_swizzleMethod:@selector(initWithTarget:
        action:) withMethod:@selector(sensorsdata_initWithTarget:action:)];
    // Swizzle addTarget:action: 方法
    [UITapGestureRecognizer sensorsdata_swizzleMethod:@selector(addTarget:action:)
        withMethod:@selector(sensorsdata_addTarget:action:)];
}

- (instancetype)sensorsdata_initWithTarget:(id)target action:(SEL)action {
    // 调用原始的初始化方法进行对象初始化
    [self sensorsdata_initWithTarget:target action:action];
    return self;
}

- (void)sensorsdata_addTarget:(id)target action:(SEL)action {
    // 调用原始的方法，添加Target-Action
    [self sensorsdata_addTarget:target action:action];
}

@end
```

第三步：修改 UIGestureRecognizer+SensorsData.m 文件中的 -sensorsdata_initWithTarget: action: 和 -sensorsdata_addTarget:action: 方法，给轻拍手势添加新的 Target-Action，Target 为 self，即该手势识别器本身，Action 为新增的 -sensorsdata_trackTapGestureAction: 方法。

```
@implementation UIGestureRecognizer (SensorsData)

......

- (instancetype)sensorsdata_initWithTarget:(id)target action:(SEL)action {
    // 调用原始的初始化方法进行对象初始化
    [self sensorsdata_initWithTarget:target action:action];
    // 调用添加Target-Action的方法，添加埋点的Target-Action
    // 这里其实调用的是-sensorsdata_addTarget:action:的实现方法，因为已经进行交换
    [self addTarget:target action:action];
    return self;
}

- (void)sensorsdata_addTarget:(id)target action:(SEL)action {
    // 调用原始的方法，添加Target-Action
    [self sensorsdata_addTarget:target action:action];
    // 新增Target-Action ，用于触发$AppClick事件
    [self sensorsdata_addTarget:self action:@selector(sensorsdata_trackTapGestureAction:)];
}
```

```objc
- (void)sensorsdata_trackTapGestureAction:(UITapGestureRecognizer *)sender {

}

@end
```

第四步：修改 UIGestureRecognizer+SensorsData.m 文件中的 -sensorsdata_trackTapGesture-Action: 方法，触发 $AppClick 事件。

```objc
#import "SensorsAnalyticsSDK.h"

@implementation UIGestureRecognizer (SensorsData)

......

- (void)sensorsdata_trackTapGestureAction:(UITapGestureRecognizer *)sender {
    // 获取手势识别器的控件
    UIView *view = sender.view;
    // 暂定只采集UILabel和UIImageView
    BOOL isTrackClass = [view isKindOfClass:UILabel.class] || [view isKindOfClass:
        UIImageView.class];
    if (!isTrackClass) {
        return;
    }

    // 触发$AppClick事件
    [[SensorsAnalyticsSDK sharedInstance] trackAppClickWithView:view properties:nil];
}

@end
```

上述方法暂时只支持 UIImageView 和 UILabel 这两种控件，对于其他控件，若有需求，读者可自行扩展。

第五步：测试验证。

在 Demo 中，添加 UILabel 控件，并设置 UITapGestureRecognizer，运行测试后，我们可在 Xcode 控制台中看到 $AppClick 事件信息。

```json
{
    "event" : "$AppClick",
    "time" : 1564567560663,
    "properties" : {
        "$model" : "x86_64",
        "$manufacturer" : "Apple",
        "$element_type" : "UILabel",
        "$lib_version" : "1.0.0",
        "$os" : "iOS",
        "$element_content" : "Tapped Label",
```

```
        "$os_version" : "12.3",
        "$app_version" : "1.0",
        "screen_name" : "ViewController",
        "$lib" : "iOS"
    }
}
```

至此，我们完成了 UITapGestureRecognizer 全埋点。

接下来，将介绍如何实现 UILongPressGestureRecognizer 全埋点。

6.2.2　UILongPressGestureRecognizer 全埋点

对于 UILongPressGestureRecognizer 全埋点来说，实现逻辑与 UITapGestureRecognizer 全埋点基本相同。

下面我们详细介绍实现步骤。

第一步：在 UIGestureRecognizer+SensorsData.h 文件中添加 UILongPressGestureRecognizer 的类别 SensorsData 的声明。

```
#pragma mark - UILongPressGestureRecognizer
@interface UILongPressGestureRecognizer (SensorsData)

@end
```

第二步：在 UIGestureRecognizer+SensorsData.m 文件中实现 UILongPressGestureRecognizer 的类别 SensorsData。

```
#pragma mark - UILongPressGestureRecognizer
@implementation UILongPressGestureRecognizer (SensorsData)

+ (void)load {
    // Swizzle initWithTarget:action:方法
    [UILongPressGestureRecognizer sensorsdata_swizzleMethod:@selector(initWith-
        Target:action:) withMethod:@selector(sensorsdata_initWithTarget:action:)];
    // Swizzle addTarget:action:方法
    [UILongPressGestureRecognizer sensorsdata_swizzleMethod:@selector(addTarget:action:)
        withMethod:@selector(sensorsdata_addTarget:action:)];
}

- (instancetype)sensorsdata_initWithTarget:(id)target action:(SEL)action {
    // 调用原始的初始化方法进行对象初始化
    [self sensorsdata_initWithTarget:target action:action];
    // 调用添加Target-Action的方法，添加埋点的Target-Action
    // 这里其实调用的是-sensorsdata_addTarget:action:的实现方法，因为已经进行交换
    [self addTarget:target action:action];
    return self;
}
```

```objc
- (void)sensorsdata_addTarget:(id)target action:(SEL)action {
    // 调用原始的方法，添加Target-Action
    [self sensorsdata_addTarget:target action:action];
    // 新增Target-Action,用于埋点
    [self sensorsdata_addTarget:self action:@selector(sensorsdata_trackLongPressGestureAction:)];
}

- (void)sensorsdata_trackLongPressGestureAction:(UILongPressGestureRecognizer *)sender {
    // 获取手势识别器的控件
    UIView *view = sender.view;
    // 暂定只支持UILabel 和UIImageView两种控件
    BOOL isTrackClass = [view isKindOfClass:UILabel.class] || [view isKindOfClass:
        UIImageView.class];
    if (!isTrackClass) {
        return;
    }

    // 触发$AppClick事件
    [[SensorsAnalyticsSDK sharedInstance] trackAppClickWithView:view properties:nil];
}

@end
```

第三步：测试验证。

在 Demo 中，添加 UILabel 控件，并设置 UILongPressGestureRecognizer，运行测试后，我们可在 Xcode 控制台中看到 $AppClick 事件信息。

```json
{
    "event" : "$AppClick",
    "time" : 1564568424627,
    "properties" : {
        "$model" : "x86_64",
        "$manufacturer" : "Apple",
        "$element_type" : "UILabel",
        "$lib_version" : "1.0.0",
        "$os" : "iOS",
        "$element_content" : "Long Press Label",
        "$os_version" : "12.3",
        "$app_version" : "1.0",
        "screen_name" : "ViewController",
        "$lib" : "iOS"
    }
}
```

如果你仔细观察会发现，目前的方案会有以下两个问题。

❑ 长按 UILabel 并抬起，会触发两次 $AppClick 事件。

❑ 长按 UILabel，然后滑动，再抬起，会触发两次以上的 $AppClick 事件。

我们都知道，对于任何一个手势，其实都有不同的状态，比如：

❑ UIGestureRecognizerStateBegan

❑ UIGestureRecognizerStateChanged

❑ UIGestureRecognizerStateEnded

因此，为了解决上面的问题，我们可以设计只在手势处于 UIGestureRecognizerStateEnded 状态时，才触发 $AppClick 事件。

实现方法：通过修改 UIGestureRecognizer+SensorsData.m 文件中的 -sensorsdata_trackLong-PressGestureAction: 方法，来增加对手势状态 UIGestureRecognizerStateEnded 的判断。

```
@implementation UILongPressGestureRecognizer (SensorsData)

......

- (void)sensorsdata_trackLongPressGestureAction:(UILongPressGestureRecognizer *)sender {
    // 手势处于UIGestureRecognizerStateEnded状态时，才触发$AppClick事件
    if (sender.state != UIGestureRecognizerStateEnded) {
        return;
    }
    // 获取手势识别器的控件
    UIView *view = sender.view;
    // 暂定只支持UILabel和UIImageView两种控件
    BOOL isTrackClass = [view isKindOfClass:UILabel.class] || [view isKindOfClass:
        UIImageView.class];
    if (!isTrackClass) {
        return;
    }

    // 触发$AppClick事件
    [[SensorsAnalyticsSDK sharedInstance] trackAppClickWithView:view properties:nil];
}

@end
```

这样处理之后，即可解决上文的两个问题。

至此，我们就实现了轻拍和长按事件的全埋点方案，具体包括两种手势识别器：

❑ UITapGestureRecognizer

❑ UILongPressGestureRecognizer

对于其他手势事件全埋点，实现思路都是相同的。由于其他手势在实际应用中使用较少，因此这里就不再赘述了。如果读者有实际需求，可以按照 UITapGestureRecognizer 和 UILongPressGestureRecognizer 全埋点的实现方案自行扩展。

第7章 | *Chapter 7*

用户标识

分析用户行为，首先需要标识用户。选取合适的用户标识，可以提高用户行为分析的准确性，尤其是漏斗、留存、Session 等这些与用户分析相关的功能。

在事件中，我们可以新增一个 distinct_id 字段，来标识是哪个用户触发的事件，比如：

```
{
    "event": "$AppClick",
    "time": 1575337589670,
    "distinct_id": "D8E4354E-C18A-44BB-BC75-548BD67C56E5",
    "properties": {
        "$model": "x86_64",
        "$manufacturer": "Apple",
        "$element_type": "UIButton",
        "$lib_version": "1.0.0",
        "$os": "iOS",
        "$element_content": "Button",
        "$app_version": "1.0",
        "$screen_name": "ViewController",
        "$os_version": "13.2.2",
        "$lib": "iOS"
    }
}
```

注意 在数据分析里，用户是事件发生的主体，不一定是使用终端的人，也可以是一个企业、商家，甚至是一辆汽车，需要根据具体的业务场景而定。

对于唯一标识一个用户，我们需要考虑两种场景。

❑ 用户登录之前如何标识。

❑ 用户登录之后如何标识。

7.1 登录之前

对于登录之前的场景,我们可以努力去唯一标识用户当前正在使用的 iOS 设备。业界一般使用 iOS 设备的某个特定属性或者某几个特定属性组合的方式,来唯一标识一台 iOS 设备。此时的用户 ID 一般称为设备 ID 或匿名 ID。对于究竟该如何去唯一标识一台 iOS 设备,目前业界还没有一个非常完美或普适的方案。同时,苹果公司为了维护整个生态系统的健康发展,也会极力阻止个人或者组织去唯一标识一台 iOS 设备。因此,对于如何唯一标识一台 iOS 设备的方法探究,将会是一场持久战,更是一个多方博弈的过程。我们唯一能做的,就是在现有的条件及政策下,努力寻找一种最优的解决方案。

下面我们介绍几个常见的 ID 属性的标识方法。

7.1.1 UDID

从 UDID(Unique Device Identifier,设备唯一标识符)的名称可以猜到,UDID 是和设备相关且只跟设备相关的。它是一个由 40 位 16 进制组成的序列。

在 iOS 5 之前,我们可以通过如下代码片段获取当前设备的 UDID:

```
NSString *udid = [[UIDevice currentDevice] uniqueIdentifier];
```

返回的 UDID 示例如下:

```
fc8c9322aeb3b4042c85fda3bc12953896da88f6
```

但从 iOS 5 开始,苹果公司为了保护用户隐私,就不再支持通过以上方式获取 UDID。不过,我们仍然可以通过其他方式来获取 iOS 设备的 UDID。

下面我们介绍两种比较常见的方式。

1. Xcode

这种方式比较适合 iOS 应用程序开发者用来获取 UDID。

方法:把手机连接电脑,启动 Xcode,依次点击 Windows → Devices and Simulators,然后就可以看到当前你连接到电脑上的所有 iOS 设备,其中显示的 Identifier 就是设备的 UDID,如图 7-1 所示。

2. 蒲公英

这种方式比较适合非研发工程师用来获取 iOS 设备的 UDID。

蒲公英提供了一个可以用来获取 iOS 设备 UDID 的网址:https://www.pgyer.com/udid。

第一步:在手机的 Safari 浏览中打开上述网址,页面显示如图 7-2 所示。

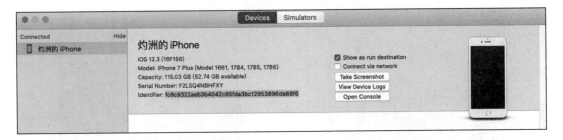

图 7-1　通过 Xcode 查看 UDID

图 7-2　在 Safari 中访问蒲公英网址

　　第二步：点击图 7-2 中的"获取 UDID"按钮，弹出下载配置描述文件的确认对话框，如图 7-3 所示。

　　第三步：点击图 7-3 中提示框的"允许"按钮，弹出图 7-4 所示的提示框。

　　第四步：依次点击设置→通用→描述文件，显示图 7-5 所示的页面。

　　第五步：点击描述文件并安装，如图 7-6 所示。

注意　在安装描述文件的过程中，如果手机设置了锁屏密码，则需要根据提示输入锁屏密码。

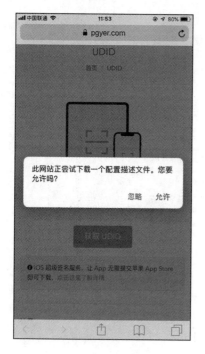

图 7-3 下载配置描述文件

图 7-4 下载描述文件提示框

图 7-5 描述文件

图 7-6 安装描述文件

　　第六步：安装成功之后，页面自动跳转到 Safari 浏览器，我们即可看到 UDID，如图 7-7 所示。

图 7-7　查看 UDID

结论　由于从 iOS 5 开始，苹果公司禁止 iOS 应用程序通过代码获取 UDID，因此 UDID 不适合作为 iOS 设备 ID。

7.1.2　UUID

　　UUID（Universally Unique Identifier，通用唯一标识符）是一个由 32 位十六进制组成的序列，使用短横线来连接，格式为：8-4-4-4-12（数字代表位数，加上 4 个短横线，总共是 36 位），示例如下所示：

```
D8E4354E-C18A-44BB-BC75-548BD67C56E5
```

　　UUID 能在任何时刻、不借助任何服务器的情况下生成，且在某一特定的时空下是全球唯一的。

　　从 iOS 6 开始，iOS 应用程序可以通过 NSUUID 类来获取 UUID，代码片段如下。

```
NSString *uuid = [NSUUID UUID].UUIDString;
```

　　生成的 UUID，系统不会做持久化存储，因此每次调用的时候都会获得一个全新的 UUID。

如果需要兼容更老版本的 iOS 系统，我们也可以使用 CFUUID 类来获取 UUID。CFUUID 是 CoreFoundation 框架的一部分，因此接口都是 C 语言风格，代码片段参考如下。

```
CFUUIDRef cfuuidRef = CFUUIDCreate(kCFAllocatorDefault);
NSString *uuid = (NSString*)CFBridgingRelease(CFUUIDCreateString(kCFAllocator-
    Default, cfuuidRef));
```

 注意 NSUUID 和 CFUUID 的功能完全一样，只不过 NSUUID 是 Objective-C 接口，而 CFUUID 是 C 语言风格的接口。

结论 由于每次获取 UUID 时，返回的都是一个全新的 UUID，如果用户删除应用程序并再次安装，将无法做到唯一标识 iOS 设备，因此 UUID 也不适合作为 iOS 设备 ID。

7.1.3 MAC 地址

MAC 地址是用来标识互联网上的每一个站点，它是一个由 12 位十六进制组成的序列，示例如下所示：

```
C4:B3:01:BD:42:B1
```

凡是接入网络的设备都会有一个 MAC 地址，用来区分每个设备的唯一性。一个 iOS 设备（一般指 iPhone 手机）可能会有多个 MAC 地址，这是因为它可能会有多个设备接入网络，比如 Wi-Fi、SIM 卡等。一般情况下，我们只需要获取 Wi-Fi 的 MAC 地址即可，即 en0 的地址。

但从 iOS 7 开始，苹果公司禁止 iOS 应用程序获取 MAC 地址。如果 iOS 应用程序继续获取 MAC 地址，系统将会返回一个固定的 MAC 地址 02:00:00:00:00:00，这是因为 MAC 地址和 UDID 一样，都属于隐私信息。

在 iOS 7 之前，我们可以通过如下代码片段获取 Wi-Fi 的 MAC 地址。

```
#include <sys/sysctl.h>
#import <net/if.h>
#import <net/if_dl.h>

- (NSString *)wifiMacAddress {
    unsigned char      *ptr;
    struct if_msghdr   *msghdr;
    struct sockaddr_dl *sockaddr;

    int    mib[6];
    size_t length;
    char   *buffer;

    mib[0] = CTL_NET;
```

```
mib[1] = AF_ROUTE;
mib[2] = 0;
mib[3] = AF_LINK;
mib[4] = NET_RT_IFLIST;

if ((mib[5] = if_nametoindex("en0")) == 0 ||
    sysctl(mib, 6, NULL, &length, NULL, 0) < 0 ||
    (buffer = malloc(length)) == NULL ||
    sysctl(mib, 6, buffer, &length, NULL, 0) < 0) {
    printf("Error");
    return NULL;
}

msghdr = (struct if_msghdr *)buffer;
sockaddr = (struct sockaddr_dl *)(msghdr + 1);
ptr = (unsigned char *)LLADDR(sockaddr);

NSString *result = [NSString stringWithFormat:@"%02x:%02x:%02x:%02x:%02x:%0
    2x", *ptr, *(ptr+1), *(ptr+2), *(ptr+3), *(ptr+4), *(ptr+5)];
free(buffer);
return [result uppercaseString];
}
```

同时，我们也可以依次点击设置→通用→关于本机→无线局域网地址，查看 iOS 设备的 MAC 地址，如图 7-8 所示。

图 7-8 查看 MAC 地址

结论 从 iOS 7 开始，苹果公司禁止 iOS 应用程序获取 MAC 地址，因此 MAC 地址也不适合作为 iOS 设备 ID。

7.1.4 IDFA

IDFA（Identifier For Advertising，广告标识符）主要用于广告推广、换量等跨应用的设备追踪。它也是一个由 32 位十六进制组成的序列，格式与 UUID 一致。在同一个 iOS 设备上，同一时刻，所有的应用程序获取到的 IDFA 都是相同的。

从 iOS 6 开始，我们可以利用 AdSupport.framework 库提供的方法来获取 IDFA，代码片段示例如下。

```
#import <AdSupport/AdSupport.h>

NSString *idfa = [[[ASIdentifierManager sharedManager] advertisingIdentifier] UUIDString];
```

返回的 IDFA 示例：

```
FB584D10-FFC4-40D8-A3AF-DDC77B60462B
```

但是，IDFA 的值并不是固定不变的。

目前，以下操作均会改变 IDFA 的值。

❑ 通过设置 → 通用 → 还原 → 抹掉所有内容和设置，如图 7-9 所示。

❑ 通过 iTunes 还原设备。

❑ 通过设置 → 隐私 →广告 → 限制广告追踪，如图 7-10 所示。

图 7-9　抹掉所有内容和设置

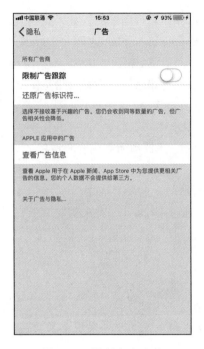

图 7-10　限制广告追踪

一旦用户限制了广告追踪，我们获取到的 IDFA 将是一个固定的 IDFA，即一连串零：00000000-0000-0000-0000-000000000000。

因此，在获取 IDFA 之前，我们可以利用 AdSupport.framework 库提供的接口来判断用户是否限制了广告追踪。代码片段示例如下。

```
BOOL isLimitAdTracking = [[ASIdentifierManager sharedManager] isAdvertisingTrackingEnabled];
```

❑ 通过设置 → 隐私 → 广告 → 还原广告标识符。

用户一旦还原了广告标识符，系统将会生成一个全新的 IDFA。

> 结论　IDFA 的使用有一些限制条件，但对于上述操作，只有在特定的情况下才会发生，或者只有专业人士才有可能执行这些操作。同时，IDFA 能解决应用程序卸载重装唯一标识设备的问题。因此，IDFA 目前来说比较适合作为 iOS 设备 ID 属性。

7.1.5　IDFV

IDFV（Identifier For Vendor，应用开发商标识符）是为了便于应用开发商（Vendor）标识用户，适用于分析用户在应用内的行为等。它也是一个由 32 位十六进制组成的序列，格式与 UUID 一致。

每一个 iOS 设备在所属同一个 Vendor 的应用里，获取到的 IDFV 是相同的。Vendor 是通过反转后的 BundleID 的前两部分进行匹配的，如果相同就属于同一个 Vendor。比如，对于 com.apple.example1 和 com.apple.example2 这两个 BundleID 来说，它们就属于同一个 Vendor，将共享同一个 IDFV。和 IDFA 相比，IDFV 不会出现获取不到的场景。

但 IDFV 也有一个很大的缺点：如果用户将属于此 Vendor 的所有应用程序都卸载，IDFV 的值也会被系统重置。即使重装该 Vendor 的应用程序，获取到的也是一个全新的 IDFV。

另外，以下操作也会重置 IDFV。

❑ 通过设置 → 通用 → 还原 → 抹掉所有内容和设置。

❑ 通过 iTunes 还原设备。

❑ 卸载设备上某个开发者账号下的所有应用程序。

在 iOS 应用程序内，可以通过 UIDevice 类来获取 IDFV，代码片段示例如下：

```
NSString *idfv = [[[UIDevice currentDevice] identifierForVendor] UUIDString];
```

返回的 IDFV 示例：

```
18B4587A-0A6F-44A0-AD3C-3BB1C490C177
```

 结论 和 IDFA 相比，特别是在解决应用程序卸载重装的问题上，IDFV 不太适合作为 iOS 设备 ID。

7.1.6　IMEI

IMEI（International Mobile Equipment Identity，国际移动设备身份码）是由 15 位纯数字组成的串，并且是全球唯一的。任何一部手机，在其生产并组装完成之后，都会被写入一个全球唯一的 IMEI。我们可以通过设置→通用→关于本机，查看本机 IMEI，如图 7-11 所示。

 结论 从 iOS 2 开始，苹果公司提供了相应的接口来获取 IMEI。但后来为了保护用户隐私，从 iOS 5 开始，苹果公司就不再允许应用程序获取 IMEI。因此，IMEI 也不适合作为 iOS 设备 ID。

7.1.7　最佳实践

上面介绍的属性，它们各有优缺点，但都不是非常完美的方案。

总的来说，它们有以下两个问题：

❑ 无法保证唯一性；

❑ 受到相关政策的限制。

关于设备 ID，到底有没有一种完美的方案呢？很遗憾，目前看起来的确没有，我们只能在现有的条件和限制之下，寻找一种相对完美的方案。

图 7-11　查看本机 IMEI

1. 方案一

结合实际情况来看，对于常规数据分析中的 iOS 设备 ID，我们可按照如下优先级顺序获取，基本上能满足业务需求。

优先级顺序：IDFA → IDFV → UUID

基于上述规则，下面我们介绍如何给事件添加 distinct_id 字段。

第一步：在 SensorsAnalyticsSDK 类中，新增一个 anonymousId 属性，用于保存设备 ID。

在 SensorsAnalyticsSDK.h 文件中声明 anonymousId 如下：

```
@interface SensorsAnalyticsSDK : NSObject

......


/// 设备ID（匿名ID）
@property (nonatomic, copy) NSString *anonymousId;

@end
```

在 SensorsAnalyticsSDK.m 文件中声明 anonymousId 如下：

```
-@implementation SensorsAnalyticsSDK {
    NSString *_anonymousId;
}
```

第二步：在 SensorsAnalyticsSDK.m 文件中，新增 -saveAnonymousId: 方法，用于保存设备 ID。

```
- (void)saveAnonymousId:(NSString *)anonymousId {
    // 保存设备ID
    [[NSUserDefaults standardUserDefaults] setObject:anonymousId forKey:Sensors-
        AnalyticsAnonymousId];
    [[NSUserDefaults standardUserDefaults] synchronize];
}
```

第三步：在 SensorsAnalyticsSDK.m 文件中，重写 anonymousId 属性的 set 方法，实现设备 ID 的持久化存储。

```
static NSString * const SensorsAnalyticsAnonymousId = @"cn.sensorsdata.anonymous_id";

@implementation SensorsAnalyticsSDK

......

- (void)setAnonymousId:(NSString *)anonymousId {
    _anonymousId = anonymousId;
    // 保存设备ID (匿名ID)
    [self saveAnonymousId:anonymousId];
}

@end
```

第四步：在 SensorsAnalyticsSDK.m 文件中，重写 anonymousId 属性的 get 方法。

```
@implementation SensorsAnalyticsSDK

......

- (NSString *)anonymousId {
    if (_anonymousId) {
        return _anonymousId;
    }
    // 从NSUserDefaults中读取设备ID
    _anonymousId = [[NSUserDefaults standardUserDefaults] objectForKey:Sensors-
        AnalyticsAnonymousId];
    if (_anonymousId) {
        return _anonymousId;
    }

    // 获取IDFA
    Class cls = NSClassFromString(@"ASIdentifierManager");
    if (cls) {
#pragma clang diagnostic push
#pragma clang diagnostic ignored "-Wundeclared-selector"
```

```objc
        // 获取ASIdentifierManager的单利对象
        id manager = [cls performSelector:@selector(sharedManager)];
        SEL selector = NSSelectorFromString(@"isAdvertisingTrackingEnabled");
        BOOL (*isAdvertisingTrackingEnabled)(id, SEL) = (BOOL (*)(id, SEL))
            [manager methodForSelector:selector];
        if (isAdvertisingTrackingEnabled(manager, selector)) {
            // 使用IDFA作为设备ID
            _anonymousId = [(NSUUID *)[manager performSelector:@selector(adver-
                tisingIdentifier)] UUIDString];
        }
#pragma clang diagnostic pop
    }
    if (!_anonymousId) {
        // 使用IDFV作为设备ID
        _anonymousId = UIDevice.currentDevice.identifierForVendor.UUIDString;
    }
    if (!_anonymousId) {
        // 使用UUID作为设备ID
        _anonymousId = NSUUID.UUID.UUIDString;
    }

    // 保存设备ID (匿名ID)
    [self saveAnonymousId:_anonymousId];

    return _anonymousId;
}

......

@end
```

> **注意** 在上述代码中，我们使用 NSClassFromString 函数来获取 ASIdentifierManager 类，这是因为应用程序有可能没有导入 AdSupport.framework 库。

第五步：修改 SensorsAnalyticsSDK 中类别 Track 的 -track:properties: 方法，添加 distinct_id 字段，并用 anonymousId 赋值。

```objc
@implementation SensorsAnalyticsSDK (Track)

......

- (void)track:(NSString *)eventName properties:(NSDictionary<NSString *,id> *)properties {
    NSMutableDictionary *event = [NSMutableDictionary dictionary];

    // 设置事件的distinct_id 字段，用于唯一标识一个用户
    event[@"distinct_id"] = self.anonymousId;

    // 设置事件名称
```

```
    event[@"event"] = eventName;

    // 设置事件发生的时间戳，单位为毫秒
    event[@"time"] = [NSNumber numberWithLong:NSDate.date.timeIntervalSince1970 * 1000];

    NSMutableDictionary *eventProperties = [NSMutableDictionary dictionary];

    // 添加预置属性
    [eventProperties addEntriesFromDictionary:self.automaticProperties];

    // 添加自定义属性
    [eventProperties addEntriesFromDictionary:properties];

    // 判断是否为被动启动状态
    if (self.isLaunchedPassively) {
        // 添加应用程序状态属性
        eventProperties[@"$app_state"] = @"background";
    }

    // 设置事件属性
    event[@"properties"] = eventProperties;

    // 在Xcode控制台中打印事件信息
    [self printEvent:event];
}

@end
```

第六步：测试验证。

运行 Demo 后，我们发现触发的事件已包含 distinct_id 字段。

```
{
    "properties": {
        "$model": "x86_64",
        "$manufacturer": "Apple",
        "$lib_version": "1.0.0",
        "$os": "iOS",
        "$app_version": "1.0",
        "$os_version": "13.2.2",
        "$lib": "iOS"
    },
    "event": "$AppStart",
    "time": 1575345274118,
    "distinct_id": "A5E74786-0DCE-4C4D-A25F-F52BDC649CD1"
}
```

2. 方案二

对于设备 ID，不管是使用 IDFA 还是 IDFV，用户限制广告追踪或应用程序卸载重装都有可能导致其发生变化。那我们是否还有更好的方案呢？

答案是肯定的，那就是 Keychain。

什么是 Keychain 呢？ Keychain 是 OS X 和 iOS 都提供的一种安全存储敏感信息工具。比如，我们可以在 Keychain 中存储用户名、密码等信息。Keychain 的安全机制从系统层面保证了存储的敏感信息不会被非法读取或者窃取。

Keychain 的特点如下。

❑ 保存在 Keychain 中的数据，即使应用程序被卸载，数据仍然存在；重新安装应用程序，我们也可以从 Keychain 中读取这些数据。

❑ Keychain 中的数据可以通过 Group 的方式实现应用程序之间共享，只要应用程序具有相同的 TeamID 即可。

❑ 保存在 Keychain 中的数据都是经过加密的，因此非常安全。

关于 Keychain 的详细用法，我们在此处不再详细描述。详细说明读者可以参照苹果公司官方文档 https://developer.apple.com/documentation/security/keychain_services?language=objc。

下面我们基于目前的方案，使用 Keychain 再进行优化。

第一步：在 SensorsSDK 项目中新建 SensorsAnalyticsKeychainItem 工具类，用于在 Keychain 中保存、读取及删除数据。

SensorsAnalyticsKeychainItem.h 声明如下：

```
//
//  SensorsAnalyticsKeychainItem.h
//  SensorsSDK
//
//  Created by王灼洲on 2019/8/8.
//  Copyright © 2019 SensorsData. All rights reserved.
//

#import <Foundation/Foundation.h>

NS_ASSUME_NONNULL_BEGIN

@interface SensorsAnalyticsKeychainItem : NSObject

- (instancetype)init NS_UNAVAILABLE;
- (instancetype)initWithService:(NSString *)service key:(NSString *)key;
- (instancetype)initWithService:(NSString *)service accessGroup:(nullable NSString *)
    accessGroup key:(NSString *)key NS_DESIGNATED_INITIALIZER;

- (nullable NSString *)value;
- (void)update:(NSString *)value;
- (void)remove;
```

```
@end

NS_ASSUME_NONNULL_END
```

SensorsAnalyticsKeychainItem.m 实现如下：

```objc
//
//  SensorsAnalyticsKeychainItem.m
//  SensorsSDK
//
//  Created by 王灼洲 on 2019/8/8.
//  Copyright © 2019 SensorsData. All rights reserved.
//

#import "SensorsAnalyticsKeychainItem.h"
#import <Security/Security.h>

@interface SensorsAnalyticsKeychainItem ()

@property (nonatomic, strong) NSString *service;
@property (nonatomic, strong) NSString *accessGroup;
@property (nonatomic, strong) NSString *key;

@end

@implementation SensorsAnalyticsKeychainItem

- (instancetype)initWithService:(NSString *)service key:(NSString *)key {
    return [self initWithService:service accessGroup:nil key:key];
}

- (instancetype)initWithService:(NSString *)service accessGroup:(nullable NSString *)
     accessGroup key:(NSString *)key {
    self = [super init];
    if (self) {
        _service = service;
        _key = key;
        _accessGroup = accessGroup;
    }
    return self;
}

- (nullable NSString *)value {
    NSMutableDictionary *query = [SensorsAnalyticsKeychainItem keychainQueryWith-
        Service:self.service accessGroup:self.accessGroup key:self.key];
    query[(NSString *)kSecMatchLimit] = (id)kSecMatchLimitOne;
    query[(NSString *)kSecReturnAttributes] = (id)kCFBooleanTrue;
    query[(NSString *)kSecReturnData] = (id)kCFBooleanTrue;
```

```
    CFTypeRef queryResult;
    OSStatus status = SecItemCopyMatching((__bridge CFDictionaryRef)query, &queryResult);

    if (status == errSecItemNotFound) {
        return nil;
    }
    if (status != noErr) {
        NSLog(@"Get item value error %d", (int)status);
        return nil;
    }

    NSData *data = [(__bridge_transfer NSDictionary *)queryResult objectForKey:
        (NSString *)kSecValueData];
    if (!data) {
        return nil;
    }
    NSString *value = [[NSString alloc] initWithData:data encoding:NSUTF8StringEncoding];

    NSLog(@"Get item value %@", value);
    return value;
}

- (void)update:(NSString *)value {
    NSData *encodedValue = [value dataUsingEncoding:NSUTF8StringEncoding];

    NSMutableDictionary *query = [SensorsAnalyticsKeychainItem keychainQueryWithService:
        self.service accessGroup:self.accessGroup key:self.key];

    NSString *originalValue = [self value];
    if (originalValue) {
        NSMutableDictionary *attributesToUpdate = [[NSMutableDictionary alloc] init];
        attributesToUpdate[(NSString *)kSecValueData] = encodedValue;

        OSStatus status = SecItemUpdate((__bridge CFDictionaryRef)query, (__
            bridge CFDictionaryRef)attributesToUpdate);
        if (status == noErr) {
            NSLog(@"update item ok");
        } else {
            NSLog(@"update item error %d", (int)status);
        }
    } else {
        [query setObject:encodedValue forKey:(id)kSecValueData];
        OSStatus status = SecItemAdd((__bridge CFDictionaryRef)query, NULL);
        if (status == noErr) {
            NSLog(@"add item ok");
        } else {
            NSLog(@"add item error %d", (int)status);
        }
    }
```

```
        }
    }

    - (void)remove {
        NSMutableDictionary *query = [SensorsAnalyticsKeychainItem keychainQueryWithService:
            self.service accessGroup:self.accessGroup key:self.key];
        OSStatus status = SecItemDelete((__bridge CFDictionaryRef)query);

        if (status != noErr && status != errSecItemNotFound) {
            NSLog(@"remove item %d", (int)status);
        }
    }

    #pragma mark - Private

    + (NSMutableDictionary *)keychainQueryWithService:(NSString *)service accessGroup:
        (nullable NSString *)accessGroup key:(NSString *)key {
        NSMutableDictionary *query = [[NSMutableDictionary alloc] init];
        query[(NSString *)kSecClass] = (NSString *)kSecClassGenericPassword;
        query[(NSString *)kSecAttrService] = service;
        query[(NSString *)kSecAttrAccount] = key;
        query[(NSString *)kSecAttrAccessGroup] = accessGroup;
        return query;
    }

    @end
```

第二步：在 SensorsAnalyticsSDK.m 文件中新增 -saveAnonymousId: 方法，用于保存设备 ID，同时，在 NSUserDefaults 和 Keychain 中进行保存。

```
#import "SensorsAnalyticsKeychainItem.h"

static NSString * const SensorsAnalyticsKeychainService = @"cn.sensorsdata.
    SensorsAnalytics.id";

@implementation SensorsAnalyticsSDK

......

- (void)saveAnonymousId:(NSString *)anonymousId {
    // 保存设备ID
    [[NSUserDefaults standardUserDefaults] setObject:anonymousId forKey:Sensors-
        AnalyticsAnonymousId];
    [[NSUserDefaults standardUserDefaults] synchronize];

    SensorsAnalyticsKeychainItem *item = [[SensorsAnalyticsKeychainItem alloc] init-
        WithService:SensorsAnalyticsKeychainService key:SensorsAnalyticsAnonymousId];
    if (anonymousId) {
```

```
        // 当设备ID（匿名ID）不为空时，将其保存在Keychain中
        [item update:anonymousId];
    } else {
        // 当设备ID（匿名ID）为空时，删除Keychain中的值
        [item remove];
    }
}


@end
```

第三步：修改 SensorsAnalyticsSDK.m 文件中的 -setAnonymousId: 方法，调用 -save-AnonymousId: 方法保存设备 ID。

```
@implementation SensorsAnalyticsSDK

......

- (NSString *)anonymousId {
    _anonymousId = anonymousId;
    // 保存设备ID（匿名ID）
    [self saveAnonymousId:anonymousId];
}


@end
```

第四步：在 SensorsAnalyticsSDK.m 文件中修改 anonymousId 属性的 get 方法。

```
- (NSString *)anonymousId {
    if (_anonymousId) {
        return _anonymousId;
    }
    // 从NSUserDefaults中读取设备ID
    _anonymousId = [[NSUserDefaults standardUserDefaults] objectForKey:Sensors-
        AnalyticsAnonymousId];
    if (_anonymousId) {
        return _anonymousId;
    }

    // 获取IDFA
    Class cls = NSClassFromString(@"ASIdentifierManager");
    if (cls) {
#pragma clang diagnostic push
#pragma clang diagnostic ignored "-Wundeclared-selector"
        // 获取ASIdentifierManager的单例对象
        id manager = [cls performSelector:@selector(sharedManager)];
        SEL selector = NSSelectorFromString(@"isAdvertisingTrackingEnabled");
        BOOL (*isAdvertisingTrackingEnabled)(id, SEL) = (BOOL (*)(id, SEL))
            [manager methodForSelector:selector];
```

```objc
    if (isAdvertisingTrackingEnabled(manager, selector)) {
        // 使用IDFA作为设备ID
        _anonymousId = [(NSUUID *)[manager performSelector:@selector(adver-
            tisingIdentifier)] UUIDString];
    }
#pragma clang diagnostic pop
    }
    if (!_anonymousId) {
        // 使用IDFV作为设备ID
        _anonymousId = UIDevice.currentDevice.identifierForVendor.UUIDString;
    }
    if (!_anonymousId) {
        // 使用UUID作为设备ID
        _anonymousId = NSUUID.UUID.UUIDString;
    }

    // 保存设备ID（匿名ID）
    [self saveAnonymousId:_anonymousId];

    return _anonymousId;
}
```

第五步：测试验证。

通过卸载应用程序再重装进行测试，确认设备 ID 是否发生了变化。

7.2 登录之后

对于登录之后的场景，相对来说比较简单，因为用户一旦注册或登录应用程序，那么其在用户系统里肯定就是唯一的。此时的用户 ID 一般被称为登录 ID。登录 ID 通常是业务数据库里的主键或其他唯一标识。因此，登录 ID 相对来说会更精确、稳定，同时，也具有唯一性。

我们可以提供一个 -login: 方法。当应用程序获取用户的登录 ID 之后，通过调用 -login: 方法把登录 ID 传给 SDK，在此之后用户触发的事件，可使用登录 ID 来标识。

第一步：在 SensorsAnalyticsSDK.h 文件中声明 -login: 方法。

```objc
@interface SensorsAnalyticsSDK : NSObject

......

/**
用户登录，设置登录ID

@param loginId 用户的登录ID
*/
```

```
- (void)login:(NSString *)loginId;

@end
```

第二步：在 SensorsAnalyticsSDK.m 文件中实现 -login: 方法，同时，创建一个私有属性 loginId，用于在 SDK 中保存用户的登录 ID。

```
@interface SensorsAnalyticsSDK ()

......

/// 登录ID
@property (nonatomic, copy) NSString *loginId;

@end

@implementation SensorsAnalyticsSDK

......

#pragma mark - Login
- (void)login:(NSString *)loginId {
    self.loginId = loginId;
}

@end
```

仅在内存中保存登录 ID 还远远不够，还需要把登录 ID 做持久化存储。在此，我们暂时使用 NSUserDefaults 来做持久化存储。

第三步：在 SensorsAnalyticsSDK.m 文件中，修改 -init 方法，从本地存储中读取登录 ID，并初始化 loginId 属性。

```
static NSString * const SensorsAnalyticsLoginId = @"cn.sensorsdata.login_id";

@implementation SensorsAnalyticsSDK

......

- (instancetype)init {
    self = [super init];
    if (self) {
        _automaticProperties = [self collectAutomaticProperties];

        // 设置是否被动启动标记
        _launchedPassively = UIApplication.sharedApplication.backgroundTimeRemaining !=
            UIApplicationBackgroundFetchIntervalNever;
```

```
        _loginId = [[NSUserDefaults standardUserDefaults] objectForKey:Sensors-
            AnalyticsLoginId];

        // 添加应用程序状态监听
        [self setupListeners];
    }
    return self;
}

@end
```

第四步：修改 -login: 方法，实现持久化存储登录 ID。

```
@implementation SensorsAnalyticsSDK

......

#pragma mark - Login
- (void)login:(NSString *)loginId {
    self.loginId = loginId;
    // 在本地保存登录ID
    [[NSUserDefaults standardUserDefaults] setObject:loginId forKey:SensorsAnaly-
        ticsLoginId];
    [[NSUserDefaults standardUserDefaults] synchronize];
}

@end
```

第五步：在 SensorsAnalyticsSDK.m 文件中，修改 SensorsAnalyticsSDK 的类别 Track 中的 -track:properties: 方法，给字段 distinct_id 赋值（优先使用 loginId，若为空，再使用 anonymousId）。

```
@implementation SensorsAnalyticsSDK (Track)

......

- (void)track:(NSString *)eventName properties:(NSDictionary<NSString *,id> *)properties {
    NSMutableDictionary *event = [NSMutableDictionary dictionary];

    // 设置事件的distinct_id，用于唯一标识一个用户
    event[@"distinct_id"] = self.loginId ?: self.anonymousId;

    // 设置事件名称
    event[@"event"] = eventName;

    // 设置事件发生的时间戳，单位为毫秒
    event[@"time"] = [NSNumber numberWithLong:NSDate.date.timeIntervalSince1970 * 1000];

    NSMutableDictionary *eventProperties = [NSMutableDictionary dictionary];
```

```objc
    // 添加预置属性
    [eventProperties addEntriesFromDictionary:self.automaticProperties];

    // 添加自定义属性
    [eventProperties addEntriesFromDictionary:properties];

    // 判断是否为被动启动状态
    if (self.isLaunchedPassively) {
        // 添加应用程序状态属性
        eventProperties[@"$app_state"] = @"background";
    }

    // 设置事件属性
    event[@"properties"] = eventProperties;

    // 在Xcode控制台中打印事件信息
    [self printEvent:event];
}

@end
```

第六步：测试验证。

在 Demo 中，调用 -login: 方法，模拟用户登录操作，然后再触发一个事件，可以看到事件的 distinct_id 字段的值已变为登录 ID。

比如，我们按照如下方式调用 -login: 方法。

```objc
[[SensorsAnalyticsSDK sharedInstance] login:@"1234567890"];
```

后续事件的 distinct_id 字段内容都会变成"1234567890"。

```json
{
    "properties": {
        "$model": "x86_64",
        "$manufacturer": "Apple",
        "$lib_version": "1.0.0",
        "$os": "iOS",
        "$app_version": "1.0",
        "$os_version": "13.2.2",
        "$lib": "iOS"
    },
    "event": "$AppEnd",
    "time": 1575368624438,
    "distinct_id": "1234567890"
}
```

Chapter 8 第 8 章

时 间 相 关

在数据分析中，一般都是采用"事件模型"（Event 模型）来描述用户在产品上的各种行为或者动作。简单来说，事件模型包括事件（Event）和用户（User）两个最核心的实体。事件模型，也是数据分析中最基本的数据模型。事件模型可以提供足够的信息，让我们知道用户在使用产品时具体都做了什么事情。事件模型给予我们更全面且更具体的信息，指导我们对业务、产品做出更好、更准确的决策。

一般来说，一个"事件"就是描述一个用户（Who）在某个时间点（When）、某个地方（Where）、以某种方式（How）完成了某个具体的事情（What）。因此，一个完整的事件，主要包含以下 5 个关键因素。

- ❑ Who：参与这个事件的用户（可参考第 7 章介绍的用户标识）。
- ❑ When：事件发生的时间。
- ❑ Where：事件发生的地点（比如，通过 IP 地址解析省、市、区，记录经度和纬度等）。
- ❑ How：用户触发这个事件的方式（比如，用户使用的设备信息、浏览器、应用程序版本号、操作系统版本号、渠道信息等）。
- ❑ What：描述用户所做事件的具体内容（比如，对于一个"搜索"类型的事件，可能需要记录的字段有：搜索关键词、搜索类型等）。

在本章中，我们重点介绍 When 这个因素，即时间。

在数据采集时，与时间相关的问题主要体现在以下两个方面。

- ❑ 事件发生的时间戳
- ❑ 统计事件持续的时长

8.1 事件发生的时间戳

在 SensorsAnalyticsSDK.m 文件中，实现触发事件的 -track:properties: 方法时已经记录了事件发生的时间戳（time 字段）。

```
// 设置事件发生的时间戳，单位为毫秒
event[@"time"] = [NSNumber numberWithLong:NSDate.date.timeIntervalSince1970 * 1000];
```

我们使用手机设备的时间戳作为事件发生的 time，即：当前时间距离 1970 年 1 月 1 日 00:00:00 的毫秒数。

关于 time 字段，我们可以参考如下 $AppClick 事件示例：

```
{
    "event": "$AppClick",
    "time": 1560153144298,
    "distinct_id" : "A5E74786-0DCE-4C4D-A25F-F52BDC649CD1",
    "properties": {
        "$model": "x86_64",
        "$manufacturer": "Apple",
        "$element_type": "UISlider",
        "$lib_version": "1.0.0",
        "$os": "iOS",
        "$element_content": "0.75",
        "$os_version": "12.3",
        "$app_version": "1.0",
        "screen_name": "ViewController",
        "$lib": "iOS"
    }
}
```

一般情况下，把用户手机设备的时间戳作为事件发生的 time，并没有太大的问题。但在一些比较特殊的情况或者场景下，用户手机设备的时间戳有可能是不准确的，这样就会导致采集到的 time 不符合实际情况。比如今天是 8 月 20 日，结果我们采集到了 8 月 28 日或 8 月 10 日的事件。

时间戳也是一个老生常谈的话题。提到这个问题，首先想到的应该是同步或者校准用户手机的时间。同步或者校准用户手机的时间，不仅需要网络权限，还需要一个稳定的时间服务器，相对比较麻烦，也得不偿失，而且不一定能够解决我们在数据采集中碰到的问题（比如，在无网环境下无法进行同步或者校准时间，导致触发事件的时间错误）。

大家可能也想到了另一个方案：使用服务端的时间戳作为事件发生的 time。其实，这个方案也不可行。这是因为事件触发后，事件信息并不会立即同步给服务端，从而导致无法及时获取服务端的时间戳。比如，数据采集 SDK 为了最大限度地减少对应用程序本身的性能影响，一般情况下，在本地都会有缓存机制（比如，iOS 应用程序的 SQLite3 数据库），即事件会先保存到本地缓存，当符合特定的同步策略时（比如，本地缓存了一定量的事件、每隔一定的时间间隔、关键事件发生等时刻），才会向服务端同步数据。

经过长时间的摸索和总结，我们目前采用的是"时间纠正"策略。"时间纠正"不是"时间校准"，也不是"时间同步"。

那什么是"时间纠正"呢？我们以图 8-1 为例介绍"时间纠正"策略。

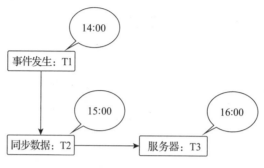

图 8-1　事件时间纠正策略

用户在手机时间戳 T1 时触发了一个事件（比如登录事件），然后将事件存入本地缓存。数据采集 SDK 在用户手机的时间戳 T2 时开始同步事件数据（包含登录事件），然后服务端通过 HTTP(S) 的 Request Header Date 可以获取数据采集 SDK 发起 Request 时用户手机的时间戳 T2 。如果 T2 与当前服务端的时间戳 T3 的误差在可接受范围内（比如 30 秒，这是因为网络请求也需要一定的时间），就说明当前用户手机的时间戳是准确的（我们假设服务端时间戳是准确的，绝大部分情况下也都是准确的），同时说明登录事件发生时的时间戳 T1 也是准确的，服务端在接收到登录事件时无须做任何的特殊处理；如果 T2 与 T3 相差较大（比如，图 8-1 中的 T2 为 15:00，T3 为 16:00），我们可以确定当前用户手机的时间戳 T2 是不准确的，即比服务端的时间戳晚了 1 小时（16:00−15:00=1 小时），从而可以假设登录事件发生时的时间戳 T1 也比服务端晚了 1 小时。因此，服务端在接收到事件时会把登录事件的时间戳 T1 再加上 1 小时，变成 15:00，这样就达到了"时间纠正"的效果。

当然，"时间纠正"策略也无法确保可以完全解决所有与时间戳相关的问题。比如，还是以图 8-1 为例，如果在时间戳 T1 和 T2 之间，用户手机的时间戳再次发生人为变更，那么，该方案就无法正确地进行时间纠正了，这是因为时间戳 T2 和 T3 之间的差额与时间戳 T1 和当时服务端对应时间戳的差额不相等。但从实际情况来看，由于数据采集 SDK 一般都会以较短的固定时间间隔同步数据（比如 15 秒），所以时间戳 T1 和 T2 之间的时间间隔会比较短，本身发生时间戳变更的可能性就比较小，即使真正发生变更了，影响到的事件数量也比较少（15 秒内可能只会触发几条事件）。因此，"时间纠正"策略可以解决 99% 以上与事件时间戳相关的问题。

另外，"时间纠正"策略的实现逻辑都是在服务端处理的，而且实现起来也比较简单，在此我们不再详细描述实现细节。

8.2 统计事件持续时长

事件持续时长，是用来统计用户的某个行为或者动作持续了多长时间（比如，观看某个视频）的。统计事件持续时长，就像一个计时器，当用户的某个行为或者动作发生时，就开始计时；当行为或者动作结束时，就停止计时。这个时间间隔（在事件中，我们用属性 $event_duration 来表示）为用户发生这个行为或者动作的持续时长。

8.2.1 实现步骤

为了方便统计事件持续时长，我们需要新增两个方法。

❑ 开始计时：- trackTimerStart:

❑ 停止计时：- trackTimerEnd:properties:

当某个行为或者动作开始时，调用 -trackTimerStart: 方法开始计时（按下计时器），此时并不会真正触发事件，仅仅是在 SDK 的内部记录某个事件开始的时间戳；当这个行为或者动作结束时，调用 -trackTimerEnd:properties: 方法结束计时（停止计时器），然后 SDK 计算持续时长作为 $event_duration 属性的值并触发相应的事件。

下面我们详细介绍具体的实现步骤。

第一步：在 SensorsAnalyticsSDK.h 文件中新建 SensorsAnalyticsSDK 的类别 Timer，并添加 -trackTimerStart: 方法和 -trackTimerEnd:properties: 方法的声明。

```
#pragma mark - Timer
@interface SensorsAnalyticsSDK (Timer)
/**
 开始统计事件时长

 调用这个接口时，并不会真正触发一次事件，只是开始计时

 @param event 事件名
 */
- (void)trackTimerStart:(NSString *)event;

/**
 结束事件时长统计，计算时长

 事件发生时长是从调用-trackTimerStart:方法开始，一直到调用-trackTimerEnd:properties:方法结束。
 如果多次调用-trackTimerStart:方法，则从最后一次调用开始计算。
 如果没有调用-trackTimerStart:方法，就直接调用trackTimerEnd:properties:方法，则触发一次普通事件，不带时长属性。

 @param event 事件名，与开始时事件名一一对应
 @param properties 事件属性
 */
```

```
- (void)trackTimerEnd:(NSString *)event properties:(nullable NSDictionary *)properties;

@end
```

第二步：在 SensorsAnalyticsSDK.m 文件中定义一个私有属性 trackTimer，用于记录事件开始发生的时间戳，并在 -init 方法中初始化。

```
@interface SensorsAnalyticsSDK ()

......

/// 事件开始发生的时间戳
@property (nonatomic, strong) NSMutableDictionary<NSString *, NSDictionary *> *trackTimer;

......

@end

@implementation SensorsAnalyticsSDK

- (instancetype)init {
    self = [super init];
    if (self) {
        _automaticProperties = [self collectAutomaticProperties];
        // 设置是否被动启动标记
        _launchedPassively = UIApplication.sharedApplication.backgroundTimeRemaining !=
            UIApplicationBackgroundFetchIntervalNever;
        _trackTimer = [NSMutableDictionary dictionary];

        // 添加应用程序状态监听
        [self setupListeners];
    }
    return self;
}

@end
```

第三步：在 SensorsAnalyticsSDK.m 文件中新增类方法 +currentTime，用于获取用户手机当前的时间戳。

```
@implementation SensorsAnalyticsSDK

......

#pragma mark - Property
+ (double)currentTime {
    return [[NSDate date] timeIntervalSince1970] * 1000;
}

@end
```

第四步：在 SensorsAnalyticsSDK.m 文件中实现 SensorsAnalyticsSDK 的类别 Timer，
并实现 -trackTimerStart: 方法和 -trackTimerEnd:properties: 方法。

```objc
static NSString * const SensorsAnalyticsEventBeginKey = @"event_begin";

#pragma mark - Timer
@implementation SensorsAnalyticsSDK (Timer)

- (void)trackTimerStart:(NSString *)event {
    // 记录事件开始时间
    self.trackTimer[event] = @{SensorsAnalyticsEventBeginKey: @([SensorsAnalyticsSDK
        currentTime])};
}

- (void)trackTimerEnd:(NSString *)event properties:(NSDictionary *)properties {
    NSDictionary *eventTimer = self.trackTimer[event];
    if (!eventTimer) {
        return [self track:event properties:properties];
    }

    NSMutableDictionary *p = [NSMutableDictionary dictionaryWithDictionary:properties];
    // 移除
    [self.trackTimer removeObjectForKey:event];

    // 事件开始时间
    double beginTime = [(NSNumber *)eventTimer[SensorsAnalyticsEventBeginKey] doubleValue];

    // 获取当前时间-> 获取当前系统启动时间
    double currentTime = [SensorsAnalyticsSDK currentTime];

    // 计算事件时长
    double eventDuration = currentTime - beginTime;

    // 设置事件时长属性
    [p setObject:@([[NSString stringWithFormat:@"%.3lf", eventDuration] floatValue])
        forKey:@"$event_duration"];

    // 触发事件
    [self track:event properties:p];
}

@end
```

在 -trackTimerStart: 方法中，我们以 <key, value> 格式记录事件开始发生时的时间戳并
存入 trackTimer 字典中。在 -trackTimerEnd:properties: 方法中，根据当前时间戳和之前记
录的事件开始时间戳计算事件的持续时长（$event_duration），单位为毫秒，并触发相应的
事件。

第五步：测试验证。

修改 Demo，新增两个 UIButton：一个调用 -trackTimerStart: 方法；另一个调用 -trackTimer End:properties: 方法，模拟某个行为持续的过程。

```
- (IBAction)trackTimerBeginOnClick:(id)sender {
    [[SensorsAnalyticsSDK sharedInstance] trackTimerStart:@"doSomething"];
}

- (IBAction)trackTimerEndOnClick:(id)sender {
    [[SensorsAnalyticsSDK sharedInstance] trackTimerEnd:@"doSomething" properties:nil];
}
```

然后进行测试，我们可以在 Xcode 控制台中看到 doSomething 事件已包含 \$event_duration 属性。

```
{
    "event": "doSomething",
    "time": 1560240737136,
    "distinct_id" : "A5E74786-0DCE-4C4D-A25F-F52BDC649CD1",
    "properties": {
        "$model": "x86_64",
        "$manufacturer": "Apple",
        "$lib_version": "1.0.0",
        "$os": "iOS",
        "$os_version": "12.3",
        "$event_duration": 3814,
        "$app_version": "1.0",
        "$lib": "iOS"
    }
}
```

上述统计事件持续时长的方案，乍看起来好像没有什么问题，其实不然!

如果在调用 -trackTimerStart: 方法和 -trackTimerEnd:properties: 方法之间，用户调整了手机时间，就可能会出现如下三个问题。

❑ 统计的 \$event_duration 可能接近为零。

❑ 统计的 \$event_duration 可能非常大，比如超过一个月。

❑ 统计的 \$event_duration 可能为负数。

这是什么原因导致的呢?

这是因为我们目前是借助手机客户端时间来计算 \$event_duration 的，一旦用户调整了手机时间，必然会影响到 \$event_duration 属性的计算结果。

那我们有没有一种办法，在统计时长时不受手机时间的影响呢? 其实是有的!

下面我们引入 systemUpTime。关于 systemUpTime，苹果公司公司的官方文档解释为：

The amount of time the system has been awake since the last time it was restarted.

翻译成中文即"系统启动时间",也叫开机时间,是指设备开机后一共运行了多少秒(设备休眠不统计在内),并且不会受到系统时间更改的影响。如果我们使用 systemUpTime 来计算 $event_duration 属性,就会非常准确了。

在 SensorsAnalyticsSDK.m 文件中新增 +systemUpTime 类方法,用来获取当前的 systemUpTime。

```
@implementation SensorsAnalyticsSDK

......

+ (double)systemUpTime {
    return NSProcessInfo.processInfo.systemUptime * 1000;
}

@end
```

然后修改 SensorsAnalyticsSDK 的类别 Timer 中的 -trackTimerStart: 方法和 -trackTimerEnd: properties: 方法,将内部实现的 +currentTime 类方法换成 +systemUpTime 类方法即可。

```
#pragma mark - Timer
@implementation SensorsAnalyticsSDK (Timer)

- (void)trackTimerStart:(NSString *)event {
    // 记录事件开始时间
    self.trackTimer[event] = @{SensorsAnalyticsEventBeginKey: @([SensorsAnalyticsSDK-
        systemUpTime])};
}

- (void)trackTimerEnd:(NSString *)event properties:(NSDictionary *)properties {
    NSDictionary *eventTimer = self.trackTimer[event];
    if (!eventTimer) {
        return [self track:event properties:properties];
    }

    NSMutableDictionary *p = [NSMutableDictionary dictionaryWithDictionary:properties];
    // 移除
    [self.trackTimer removeObjectForKey:event];

    // 事件开始时间
    double beginTime = [(NSNumber *)eventTimer[SensorsAnalyticsEventBeginKey]
        doubleValue];

    // 获取当前时间-> 获取当前系统启动时间
    double currentTime = [SensorsAnalyticsSDK systemUpTime];

    // 计算事件时长
```

```
    double eventDuration = currentTime - beginTime;

    // 设置事件时长属性
    [p setObject:@([[NSString stringWithFormat:@"%.31f", eventDuration] floatValue])
        forKey:@"$event_duration"];

    // 触发事件
    [self track:event properties:p];
}

@end
```

至此，我们就很好地解决了事件持续时长计算不准的问题。

8.2.2 事件的暂停和恢复

对于小视频类似的应用，我们在分析数据时都会比较关注观看视频时长指标。但是小视频播放都会有暂停的功能，用户暂停时并不会播放视频，因此这段时间不应该被包含在观看视频事件持续时长中。再比如，需要统计用户一局游戏玩了多久，如果用户正好需要回复朋友一个消息，那该用户可能会先暂停游戏，回复完消息之后再继续玩。面对诸如此类的分析需求，我们仅仅为统计事件持续时长提供开始统计和结束统计的接口，并不能满足实际业务分析需求，应该考虑为统计事件持续时长引入暂停和恢复功能。

为此需要再引入两个方法。

❑ 暂停统计事件时长方法：- trackTimerPause:

❑ 恢复统计事件时长方法：- trackTimerResume:

我们下面介绍一下如何为统计事件持续时长增加暂停和恢复功能。

第一步：在 SensorsAnalyticsSDK.h 文件中，给 SensorsAnalyticsSDK 的类别 Timer 添加 -trackTimerPause: 方法和 -trackTimerResume: 方法的声明。

```
#pragma mark - Timer
@interface SensorsAnalyticsSDK (Timer)

......

/**
 暂停统计事件时长

 如果该事件未开始，即没有调用-trackTimerStart: 方法，则不做任何操作。

 @param event 事件名
 */
- (void)trackTimerPause:(NSString *)event;

/**
 恢复统计事件时长
```

如果该事件并未暂停，即没有调用-trackTimerPause:方法，则没有影响。

```
@param event 事件名
*/
- (void)trackTimerResume:(NSString *)event;

@end
```

第二步：在 SensorsAnalyticsSDK.m 文件中，实现 SensorsAnalyticsSDK 的类别 Timer 中新增的 -trackTimerPause: 方法和 -trackTimerResume: 方法。

```
static NSString * const SensorsAnalyticsEventDurationKey = @"event_duration";
static NSString * const SensorsAnalyticsEventIsPauseKey = @"is_pause";

#pragma mark - Timer
@implementation SensorsAnalyticsSDK (Timer)

......

- (void)trackTimerPause:(NSString *)event {
    NSMutableDictionary *eventTimer = [self.trackTimer[event] mutableCopy];
    // 如果没有开始，直接返回
    if (!eventTimer) {
        return;
    }
    // 如果该事件时长统计已经暂停，直接返回，不做任何处理
    if ([eventTimer[SensorsAnalyticsEventIsPauseKey] boolValue]) {
        return;
    }
    // 获取当前系统启动时间
    double systemUpTime = [SensorsAnalyticsSDK systemUpTime];
    // 获取开始时间
    double beginTime = [eventTimer[SensorsAnalyticsEventBeginKey] doubleValue];
    // 计算暂停前统计的时长
    double duration = [eventTimer[SensorsAnalyticsEventDurationKey] doubleValue] +
        systemUpTime - beginTime;
    eventTimer[SensorsAnalyticsEventDurationKey] = @(duration);
    // 事件处于暂停状态
    eventTimer[SensorsAnalyticsEventIsPauseKey] = @(YES);
    self.trackTimer[event] = eventTimer;
}

- (void)trackTimerResume:(NSString *)event {
    NSMutableDictionary *eventTimer = [self.trackTimer[event] mutableCopy];
    // 如果没有开始，直接返回
    if (!eventTimer) {
        return;
    }
    // 如果该事件时长统计没有暂停，直接返回，不做任何处理
```

```
    if (![eventTimer[SensorsAnalyticsEventIsPauseKey] boolValue]) {
        return;
    }
    // 获取当前系统启动时间
    double systemUpTime = [SensorsAnalyticsSDK systemUpTime];
    // 重置事件开始时间
    eventTimer[SensorsAnalyticsEventBeginKey] = @(systemUpTime);
    // 将事件暂停标记设置为NO
    eventTimer[SensorsAnalyticsEventIsPauseKey] = @(NO);
    self.trackTimer[event] = eventTimer;
}

@end
```

暂停统计事件时长，主要是把事件的开始时间记录在 trackTimer 属性中。当事件暂停时，在 trackTimer 属性中写入事件累计时长字段，并添加标志位（is_pause），表示事件统计时长已处于暂停状态。

恢复统计事件时长就比较简单了。由于 trackTime 属性在暂停的时候已经计算了暂停之前的时长，因此，在恢复时只需重置事件开始时间，并将暂停标记（is_pause）改为 NO 即可。

第三步：在 SensorsAnalyticsSDK.m 文件中，修改 SensorsAnalyticsSDK 的类别 Timer 中的 -trackTimerEnd:properties: 方法。

```
- (void)trackTimerEnd:(NSString *)event properties:(NSDictionary *)properties {
    NSDictionary *eventTimer = self.trackTimer[event];
    if (!eventTimer) {
        return [self track:event properties:properties];
    }

    NSMutableDictionary *p = [NSMutableDictionary dictionaryWithDictionary:properties];
    // 移除
    [self.trackTimer removeObjectForKey:event];

    if ([eventTimer[SensorsAnalyticsEventIsPauseKey] boolValue]) {
        // 获取事件时长
        double eventDuration = [eventTimer[SensorsAnalyticsEventDurationKey] doubleValue];
        // 设置事件时长属性
        p[@"$event_duration"] = @([[NSString stringWithFormat:@"%.3lf", eventDuration]
            floatValue]);
    } else {
        // 事件开始时间
        double beginTime = [(NSNumber *)eventTimer[SensorsAnalyticsEventBeginKey]
            doubleValue];
        // 获取当前时间-> 获取当前系统启动时间
        double currentTime = [SensorsAnalyticsSDK systemUpTime];
        // 计算事件时长
```

```
        double eventDuration = currentTime - beginTime + [eventTimer[SensorsAnaly-
            ticsEventDurationKey] doubleValue];
        // 设置事件时长属性
        p[@"$event_duration"] = @([[NSString stringWithFormat:@"%.3lf", eventDuration]
            floatValue]);
    }

    // 触发事件
    [self track:event properties:p];
}
```

在事件结束时（即调用 -trackTimerEnd:properties: 方法的时候），我们需要考虑事件是否已处于暂停状态。当事件处于暂停状态时，我们直接获取已经记录的事件时长；当事件不处于暂停状态时，我们就需要计算事件时长，当然，此时同样需要加上暂停之前的事件时长。

第四步：测试验证。

在 Demo 中，新增 4 个 UIButton，分别调用 -trackTimerStart:、-trackTimerPause:、-trackTimerResume:、-trackTimerEnd:properties: 方法，模拟统计事件时长的开启、暂停、恢复和结束，然后查看事件的 $event_duration 属性值计算得是否准确。

至此，我们就完成了为统计事件添加暂停和恢复功能。

8.2.3　后台状态下的事件时长

通过前面的介绍，已经实现了统计事件持续时长的以下功能。

❑ 统计事件时长开始：-trackTimerStart:

❑ 统计事件时长暂停：-trackTimerPause:

❑ 统计事件时长恢复：-trackTimerResume:

❑ 统计事件时长结束：-trackTimerEnd:properties:

但在实际的业务分析场景中，仅仅做到这一步还远远不够。比如，当应用程序进入后台运行时，由于我们是通过记录事件开始时间，然后在事件结束时通过时间差来计算事件持续时长的，这样就包含了应用程序进入后台的时间。对于某些场景，这样做是不符合实际业务场景的。

因此，在应用程序进入后台时，我们应该调用暂停方法 -trackTimerPause:，将所有未暂停的统计事件暂停；当应用程序回到前台运行时，调用事件恢复方法 -trackTimerResume: 将之前已暂停的事件恢复统计。

下面我们介绍具体的实现步骤。

第一步：在 SensorsAnalyticsSDK.m 文件中新增一个属性 enterBackgroundTrackTimerEvents，用于保存在应用程序进入后台时未暂停的事件名称，并在 SensorsAnalyticsSDK 的 -init 方法中进行初始化。

```
@interface SensorsAnalyticsSDK ()
......

/// 保存进入后台时未暂停的事件名称
@property (nonatomic, strong) NSMutableArray<NSString *> *enterBackgroundTrackTimerEvents;

@end

@implementation SensorsAnalyticsSDK

- (instancetype)init {
    self = [super init];
    if (self) {
        _automaticProperties = [self collectAutomaticProperties];
        // 设置是否被动启动标记
        _launchedPassively = UIApplication.sharedApplication.backgroundTimeRemaining !=
            UIApplicationBackgroundFetchIntervalNever;
        _trackTimer = [NSMutableDictionary dictionary];

        _enterBackgroundTrackTimerEvents = [NSMutableArray array];

        // 添加应用程序状态监听
        [self setupListeners];
    }
    return self;
}

@end
```

第二步：修改 SensorsAnalyticsSDK.m 文件中的 -applicationDidEnterBackground: 方法，在应用程序进入后台时，调用 -trackTimerPause: 方法将所有未暂停的事件暂停。

```
@implementation SensorsAnalyticsSDK

......

// 触发$AppEnd事件
- (void)applicationDidEnterBackground:(NSNotification *)notification {
    NSLog(@"applicationDidEnterBackground");

    // 还原标记位
    _applicationWillResignActive = NO;

    // 触发$AppEnd事件
    [self track:@"$AppEnd" properties:nil];

    // 暂停所有事件时长统计
    [self.trackTimer enumerateKeysAndObjectsUsingBlock:^(NSString * _Nonnull key,
        NSDictionary * _Nonnull obj, BOOL * _Nonnull stop) {
```

```
        if (![obj[SensorsAnalyticsEventIsPauseKey] boolValue]) {
            [self.enterBackgroundTrackTimerEvents addObject:key];
            [self trackTimerPause:key];
        }
    }];
}
```

@end

第三步：修改 SensorsAnalyticsSDK.m 文件中的 -applicationDidBecomeActive: 方法，在
应用程序进入前台运行时，调用 -trackTimerResume: 方法恢复时长统计。

```
@implementation SensorsAnalyticsSDK

......

- (void)applicationDidBecomeActive:(NSNotification *)notification {
    NSLog(@"Application did become active.");

    // 还原标记位
    if (self.applicationWillResignActive) {
        self.applicationWillResignActive = NO;
        return;
    }

    // 将被动启动标记设为NO，正常记录事件
    self.launchedPassively = NO;

    // 触发$AppStart事件
    [self track:@"$AppStart" properties:nil];

    // 恢复所有事件时长统计
    for (NSString *event in self.enterBackgroundTrackTimerEvents) {
        [self trackTimerResume:event];
    }
    [self.enterBackgroundTrackTimerEvents removeAllObjects];
}
```

@end

第四步：测试验证。

在 Demo 中，添加两个 UIButton，点击按钮，分别调用 -trackTimerStart: 方法和 -track-
TimerEnd:properties: 方法进行测试。

测试流程：先点击第一个按钮开始计时（调用 -trackTimerStart: 方法），等待一段时间
后，点击 Home 键使应用程序进入后台，稍等一会再点击 Demo 图标，让应用程序进入前

台运行，一段时间后点击第二个按钮结束计时（调用 -trackTimerEnd:properties: 方法）。

由于应用程序的启动、退出、点击控件均会触发相应的全埋点事件，因此，我们通过这些全埋点事件里的 time 字段很容易计算出 $event_duration 的值，然后与播放事件中 $event_duration 的值进行比较。

8.3　全埋点事件时长

在上文中，我们详细介绍了如何实现统计事件的持续时长。在之前实现的全埋点事件中，有一些事件也是需要统计事件持续时长的，比如 $AppEnd 事件和 $AppViewScreen 事件。

下面我们分别介绍如何为 $AppEnd 事件和 $AppViewScreen 事件添加 $event_duration 属性。

8.3.1　$AppEnd 事件时长

对于 $AppEnd 事件的 $event_duration 属性来说，其是指应用程序从进入前台处于活跃状态到进入后台的整个运行时间间隔。$AppEnd 事件时长基本上就代表了用户此次使用应用程序的时长。

实现统计 $AppEnd 事件时长相对来说比较简单：当收到 UIApplicationDidBecomeActive-Notification 本地通知时，调用 -trackTimerStart: 方法开始计时；当收到 UIApplicationDid-EnterBackgroundNotification 本地通知时，调用 -trackTimerEnd:properties: 方法结束计时。

下面详细介绍实现步骤。

第一步：修改 SensorsAnalyticsSDK.m 文件中的 -applicationDidBecomeActive: 方法，在方法最后调用 -trackTimerStart: 方法。

```
@implementation SensorsAnalyticsSDK

......

- (void)applicationDidBecomeActive:(NSNotification *)notification {
    NSLog(@"Application did become active.");

    // 还原标记位
    if (self.applicationWillResignActive) {
        self.applicationWillResignActive = NO;
        return;
    }

    // 将被动启动标记设为NO，正常记录事件
```

```
    self.launchedPassively = NO;

    // 触发$AppStart事件
    [self track:@"$AppStart" properties:nil];

    // 恢复所有事件时长统计
    for (NSString *event in self.enterBackgroundTrackTimerEvents) {
        [self trackTimerResume:event];
    }
    [self.enterBackgroundTrackTimerEvents removeAllObjects];

    // 开始$AppEnd事件计时
    [self trackTimerStart:@"$AppEnd"];
}

@end
```

第二步：修改 SensorsAnalyticsSDK.m 文件中的 -applicationDidEnterBackground: 方法，把触发 $AppEnd 事件的方法由 -track:properties: 换成 -trackTimerEnd:properties:。

```
@implementation SensorsAnalyticsSDK

......

- (void)applicationDidEnterBackground:(NSNotification *)notification {
    NSLog(@"Application did enter background.");

    //还原标记位
    self.applicationWillResignActive = NO;

    // 触发$AppEnd事件
    // [self track:@"$AppEnd" properties:nil];
    [self trackTimerEnd:@"$AppEnd" properties:nil];

    // 暂停所有事件时长统计
    [self.trackTimer enumerateKeysAndObjectsUsingBlock:^(NSString * _Nonnull key,
        NSDictionary * _Nonnull obj, BOOL * _Nonnull stop) {
        if (![obj[SensorsAnalyticsEventIsPauseKey] boolValue]) {
            [self.enterBackgroundTrackTimerEvents addObject:key];
            [self trackTimerPause:key];
        }
    }];
}

@end
```

第三步：测试验证。

运行 Demo，然后点击 Home 键使应用程序进入后台，即可看到 $AppEnd 事件已包含 $event_duration 属性（单位为毫秒）。

```
{
    "event": "$AppEnd",
    "time": 1575187433309,
    "distinct_id" : "A5E74786-0DCE-4C4D-A25F-F52BDC649CD1",
    "properties": {
        "$model": "x86_64",
        "$manufacturer": "Apple",
        "$lib_version": "1.0.0",
        "$os": "iOS",
        "$event_duration": 3965.568115234375,
        "$app_version": "1.0",
        "$os_version": "12.3",
        "$lib": "iOS"
    }
}
```

8.3.2 $AppViewScreen 事件时长

$AppViewScreen 事件不像 $AppClick 事件是一个短暂的动作，而是一个相当耗时的过程。因此，在实际业务分析需求中，我们更想知道用户浏览页面事件的持续时长。那如何才能采集到页面浏览事件的持续时长呢？

大家可能会想到，之前实现 $AppViewScreen 事件的全埋点时，是通过交换 UIViewController 的 -viewDidAppear: 方法实现的。从 UIViewController 的生命周期可知，当前页面离开时会调用 -viewWillDisappear: 方法。因此，我们可以交换 UIViewController 的 -viewWillDisappear: 方法，然后在 -viewDidAppear: 方法中开始计时（调用 -trackTimer Start: 方法），并在 -viewWillDisappear: 方法中触发 $AppViewScreen 事件并统计时长（调用 -trackTimerEnd:properties: 方法）。

这个方案实现起来也比较简单，但它会有两个问题。

（1）如何计算最后一个页面的页面浏览事件持续时长？

因为在某个页面，用户可能随时会将应用程序强杀或者应用程序由于意外发生崩溃，甚至应用程序正常进入后台，也不会执行或来不及执行当前页面的 -viewWillDisappear: 方法。

（2）如何处理嵌套了子页面的浏览事件时长？

比如，A 页面嵌套了 B 页面，如何计算 A 页面的页面浏览事件时长？通过 -trackTimerStart: 方法和 -trackTimerEnd:properties: 方法的细节可知，我们是通过事件名称将统计开始和统计结束关联起来的，因此，按照目前的方案，无法做到同时统计多个页面的时长，即多次调用 -trackTimerStart: 方法，会出现被覆盖的问题。

其实，在神策的商用数据采集 SDK 中，我们并没有在 SDK 中实现采集页面浏览事件时长，而是使用 Session 来解决这个问题的。大家如果对 Session 感兴趣，可以查看神策官网上的一篇文章《如何应用 Sensors Analytics 进行 Session 分析》，网址为：https://www.sensorsdata.cn/blog/ru-he-ying-yong-sensors-analytics-jin-xing-session-fen-xi/。

由于这部分内容和 SDK 没有太大的关系，无须 SDK 做任何处理，这里也就不展开说明了。

第 9 章

数 据 存 储

　　为了最大限度地保证事件数据的准确性、完整性和及时性，数据采集 SDK 需要及时地将事件数据同步到服务端。但在某些特殊情况下，比如手机处于断网环境，或者根据实际需求只能在 Wi-Fi 环境中才能同步数据等，可能会导致事件数据同步失败或者无法进行同步。因此，数据采集 SDK 需要先把事件数据缓存在本地，待符合一定的策略（条件）之后，再去同步数据。

9.1　数据存储策略

　　在 iOS 应用程序中，从"数据缓存在哪里"这个维度看，缓存一般分为两种类型。

　　❑ 内存缓存

　　❑ 磁盘缓存

　　内存缓存是将数据缓存在内存中，供应用程序直接读取和使用。优点是读写速度极快。缺点是由于内存资源有限，应用程序在系统中申请的内存，会随着应用程序生命周期的结束而被释放。这就意味着，如果应用程序在运行的过程中被用户强杀或者出现崩溃情况，都有可能导致内存中缓存的数据丢失，因此，将事件数据缓存在内存中不是最佳选择。

　　磁盘缓存是将数据缓存在磁盘空间中，其特点正好与内存缓存相反。磁盘缓存容量大，但是读写速度相对于内存缓存来说要慢一些。不过磁盘缓存是持久化存储，不受应用程序生命周期的影响。一般情况下，一旦数据成功地保存在磁盘中，丢失的风险就非常低。因此，即使磁盘缓存数据读写速度较慢，但综合考虑下，磁盘缓存是缓存事件数据的最优选择。

9.1.1　沙盒

我们都知道，iOS 系统为了保证系统的安全性，采用了沙盒机制（即每个应用程序都会有自己的一个独立存储空间）。其原理是通过重定向技术，把应用程序生成和修改的文件重定向到自身文件夹中。因此，在 iOS 应用程序里，磁盘缓存的数据一般都存储在沙盒中。

我们可以通过如下方式获取沙盒路径。

```
// 获取沙盒主目录路径
NSString *homeDir = NSHomeDirectory();
```

在模拟器上，输出的沙盒路径示例如下：

```
/Users/wangzhuozhou/Library/Developer/CoreSimulator/Devices/9CDA0997-3FCD-433B-
    8FD0-DEEE9F9329ED/data/Containers/Data/Application/1E626D53-151A-41F3-99EE-
    8BA99014EC03
```

> 📷 **注意**　在后文的介绍中，我们会用 "～" 符号来表示当前应用程序的沙盒路径。

沙盒的根目录下有三个常用的文件夹：

❑ Document

❑ Library

❑ tmp

一般使用 NSSearchPathForDirectoriesInDomains 函数来获取 Document 和 Library 文件夹的路径，该函数返回的是一个数组，在这个数组中只有一个 NSString 类型的元素，这个元素就是我们要查找的路径。

NSSearchPathForDirectoriesInDomains 函数定义如下：

```
FOUNDATION_EXPORT NSArray<NSString *> *NSSearchPathForDirectoriesInDomains
    (NSSearchPathDirectory directory, NSSearchPathDomainMask domainMask, BOOL
    expandTilde);
```

参数说明

❑ directory：要搜索的路径名。比如，NSDocumentDirectory 表示搜索 Document，NSLibrary-Directory 表示搜索 Library。

❑ domainMask：限定文件的检索范围。比如，NSUserDomainMask 表示在用户的主目录中查找。

❑ expandTilde：返回的路径是否展开。

获取 tmp 目录的路径需要使用 NSTemporaryDirectory 函数。

1. Document 文件夹

在 Document 文件夹中，保存的一般是应用程序本身产生的数据。

获取 Document 文件夹路径的方法如下：

```
NSString *path = NSSearchPathForDirectoriesInDomains(NSDocumentDirectory,
    NSUserDomainMask, YES).lastObject;
```

在模拟器上，返回的路径示例：

```
/Users/wangzhuozhou/Library/Developer/CoreSimulator/Devices/9CDA0997-3FCD-433B-
    8FD0-DEEE9F9329ED/data/Containers/Data/Application/FB13FCEE-D25E-4183-BBF5-
    11DF3F371671/Documents
```

如果 expandTilde 参数为 NO，即不展开路径，则返回路径如下：

```
~/Documents
```

2. Library 文件夹

获取 Library 文件夹路径的方法如下：

```
NSString *path = NSSearchPathForDirectoriesInDomains(NSLibraryDirectory,
    NSUserDomainMask, YES).lastObject;
```

在模拟器上，返回的路径示例：

```
/Users/wangzhuozhou/Library/Developer/CoreSimulator/Devices/9CDA0997-3FCD-433B-
    8FD0-DEEE9F9329ED/data/Containers/Data/Application/FB13FCEE-D25E-4183-BBF5-
    11DF3F371671/Library
```

在 Library 文件夹下有两个常用的子文件夹：

❑ Caches

❑ Preferences

Caches 文件夹主要用来保存应用程序运行时产生的需要持久化的数据，例如通过网络请求获取的数据。Caches 文件夹下的数据，需要应用程序负责删除，并且 iTunes 同步时不会保存该文件夹下的数据。

获取 Caches 文件夹路径的方法如下：

```
NSString *path = NSSearchPathForDirectoriesInDomains(NSCachesDirectory,
    NSUserDomainMask, YES).lastObject;
```

在模拟器上，返回的路径示例：

```
/Users/wangzhuozhou/Library/Developer/CoreSimulator/Devices/9CDA0997-3FCD-433B-
    8FD0-DEEE9F9329ED/data/Containers/Data/Application/FB13FCEE-D25E-4183-BBF5-
    11DF3F371671/Library/Caches
```

而 Preferences 文件夹保存的是应用程序的偏好设置，即 iOS 系统的设置应用会从该目录中读取偏好设置信息。因此，该目录一般不用于存储应用程序产生的数据。

3. tmp 文件夹

tmp 文件夹主要用于保存应用程序运行时产生的临时数据，使用后再将相应的文件从

该目录中删除。当应用程序不处于活跃状态时，系统也可能会清除该目录下的文件。iTunes
同步时，不会对 tmp 文件夹中的数据进行备份。

获取 tmp 文件夹路径的方法如下：

```
NSString *path = NSTemporaryDirectory();
```

在模拟器上，返回的路径示例：

```
/Users/wangzhuozhou/Library/Developer/CoreSimulator/Devices/9CDA0997-3FCD-433B-
    8FD0-DEEE9F9329ED/data/Containers/Data/Application/FB13FCEE-D25E-4183-BBF5-
    11DF3F371671/tmp/
```

通过以上综合对比发现，最适合缓存事件数据的地方，就是 Library 文件夹下的 Caches
子文件夹。

9.1.2 数据缓存

在 iOS 应用程序中，一般通过以下两种方式使用磁盘缓存：

❑ 文件缓存

❑ 数据库缓存（一般是指在 SQLite 数据库）

这两种方式都可以用来实现数据采集 SDK 的缓存机制。不管我们使用哪种方式，缓存
策略都是相同的，即当事件触发后，先将事件存储在缓存中，待符合一定的策略之后，从
缓存中读取事件并进行同步，同步成功后，再将已同步的事件从缓存中删除。

对于写入性能，SQLite 数据库优于文件缓存；对于读取性能，情况稍微复杂一些。

我们先看表 9-1 的 SQLite 数据库读取测试数据。

表 9-1 SQLite 数据库读取性能

每页缓存大小（B）	单条数据大小						
	10KB	20KB	50KB	100KB	200KB	500KB	1MB
1024	1.535	1.020	0.608	0.456	0.330	0.247	0.233
2048	2.004	1.437	0.870	0.636	0.483	0.372	0.340
4096	2.261	1.886	1.173	0.890	0.701	0.526	0.487
8192	2.240	1.866	1.334	1.035	0.830	0.625	0.720
16 384	2.439	1.757	1.292	1.023	0.829	0.820	0.598
32 768	1.878	1.843	1.296	0.981	0.976	0.675	0.613
65 536	1.256	1.255	1.339	0.983	0.769	0.687	0.609

表 9-1 是 SQLite 数据库官方提供的测试结果。对于每个测试用例，都是读取包含
100MB 大小、BLOB 类型的数据，每条数据的大小从 10KB 到 1MB，对应的数据条数从
1000 条到 100 条。另外，为了使内存中缓存的数据保持在 2MB，同时对数据做了分页处
理，例如，将数据分成 2000 页，那么每页就有 1024B 大小的数据。表格中的测试结果表

示的是直接从文件中读取数据的时间除以从 SQLite 数据库中读取数据的时间。因此，如果值大于 1.0，则表示从 SQLite 数据库中读取速度更快；如果值小于 1.0，则表示从文件中读取的速度更快。相关说明可参照 SQLite 官网中的说明文档 https://www.sqlite.org/intern-v-extern-blob.html。通过表 9-1 中的测试数据，我们可以得出如下结论。

- ❑ 当每页缓存容量在 8192B 到 16384B 之间时，数据库拥有最好的读写性能。
- ❑ 如果单条数据小于 100KB 时，则从 SQLite 数据库中读取数据速度更快；单条数据大于 100KB 时，则从文件中读取速度更快。

当然，SQLite 官方测试的环境是在 Linux 工作站进行的，上述测试结果肯定会受到硬件和操作系统的影响。使用 iPhone 设备进行测试发现，单条事件数据的阈值在 20KB 左右。

因此，数据采集 SDK 一般都是使用 SQLite 数据库来缓存数据，这样可以拥有最佳的读写性能。如果希望采集更完整、更全面的信息，比如采集用户操作时当前截图的信息（一般会超过 100KB），文件缓存可能是最优的选择。

接下来，我们分别介绍如何使用文件和数据库来缓存事件数据。

9.2 文件缓存

使用文件缓存数据，实现起来相对比较简单，可以使用 NSKeyedArchiver 类将字典对象进行归档并写入文件，也可以使用 NSJSONSerialization 类把字典对象转换成 JSON 格式字符串写入文件。

9.2.1 实现步骤

第一步：在 SensorsSDK 项目中，创建一个处理文件的工具类 SensorsAnalyticsFileStore。同时，在类中声明一个属性 filePath 用于保存存储文件的路径。

SensorsAnalyticsFileStore.h 定义如下：

```
//
//  SensorsAnalyticsFileStore.h
//  SensorsSDK
//
//  Created by 王灼洲 on 2019/8/8.
//  Copyright © 2019 SensorsData. All rights reserved.
//

#import <Foundation/Foundation.h>

NS_ASSUME_NONNULL_BEGIN

@interface SensorsAnalyticsFileStore : NSObject
```

```
@property (nonatomic, copy) NSString *filePath;

@end

NS_ASSUME_NONNULL_END
```

在 SensorsAnalyticsFileStore.m 文件的 -init 方法中初始化 filePath 属性，我们默认使用
Caches 目录下的 SensorsAnalyticsData.plist 文件来缓存数据。

```
//
//  SensorsAnalyticsFileStore.m
//  SensorsSDK
//
//  Created by王灼洲on 2019/8/8.
//  Copyright © 2019 SensorsData. All rights reserved.
//

#import "SensorsAnalyticsFileStore.h"

// 默认文件名
static NSString * const SensorsAnalyticsDefaultFileName = @"SensorsAnalyticsData.plist";

@implementation SensorsAnalyticsFileStore

- (instancetype)init {
    self = [super init];
    if (self) {
        // 初始化默认的事件数据存储地址
        _filePath = [NSSearchPathForDirectoriesInDomains(NSCachesDirectory,
            NSUserDomainMask, YES).lastObject stringByAppendingPathComponent:
            SensorsAnalyticsDefaultFileName];
    }
    return self;
}

@end
```

其中，filePath 属性是暴露在 SensorsAnalyticsFileStore.h 文件中的，因此，我们也可以
从外部传入存储路径。

前面，我们都是调用 SensorsAnalyticsSDK 中的 -track:properties: 方法来触发事件。在
这个方法中，仅仅是将组装后的事件在 Xcode 控制台中进行打印。现在，我们需要把事件
数据存储在文件中，因此，在 SensorsAnalyticsFileStore 类中提供 -saveEvent: 方法来把一个
字典对象保存到文件中。

在 iOS 应用程序中，一般有以下两种方式将字典、数组等对象保存到文件中。

（1）使用 NSKeyedArchiver 类对字典对象进行归档并写入文件。

（2）使用 NSJSONSerialization 类将字典对象转成 JSON 格式并写入文件。

通过对比测试发现，第 2 种方式性能更佳。

第二步：在 SensorsAnalyticsFileStore.h 文件中添加 -saveEvent: 方法声明，用于将 JSON 格式的事件数据写入文件。

```
@interface SensorsAnalyticsFileStore : NSObject

......

/**
 将事件保存到文件中
 @param event 事件数据
 */
- (void)saveEvent:(NSDictionary *)event;

@end
```

第三步：在 SensorsAnalyticsFileStore.m 文件中新增一个 NSMutableArray<NSDictionary *> 类型的属性 events，并在 -init 方法中进行初始化。

```
@interface SensorsAnalyticsFileStore ()

@property (nonatomic, strong) NSMutableArray<NSDictionary *> *events;

@end

@implementation SensorsAnalyticsFileStore

- (instancetype)init {
    self = [super init];
    if (self) {
        // 初始化默认的事件数据存储地址
        _filePath = [NSSearchPathForDirectoriesInDomains(NSCachesDirectory,
            NSUserDomainMask, YES).lastObject stringByAppendingPathComponent:
            SensorsAnalyticsDefaultFileName];
        // 初始化事件数据，后面会先读取本地保存的事件数据
        _events = [[NSMutableArray alloc] init];
    }
    return self;
}

@end
```

第四步：在 SensorsAnalyticsFileStore.m 文件中实现 -saveEvent: 方法。

```
@implementation SensorsAnalyticsFileStore

......

- (void)saveEvent:(NSDictionary *)event {
```

```
        // 在数组中直接添加事件数据
        [self.events addObject:event];
        // 将事件数据保存在文件中
        [self writeEventsToFile];
    }

    - (void)writeEventsToFile {
        // JSON解析错误信息
        NSError *error = nil;
        // 将字典数据解析成JSON数据
        NSData *data = [NSJSONSerialization dataWithJSONObject:self.events options:
            NSJSONWritingPrettyPrinted error:&error];
        if (error) {
            return NSLog(@"The json object's serialization error: %@", error);
        }
        // 将数据写入文件
        [data writeToFile:self.filePath atomically:YES];
    }

    @end
```

第五步：在 SensorsAnalyticsSDK.m 文件中新增一个 SensorsAnalyticsFileStore 类型的属性 fileStore，并在 -init 方法中进行初始化。

```
#import "SensorsAnalyticsFileStore.h"

@interface SensorsAnalyticsSDK ()

......

/// 文件缓存事件数据对象
@property (nonatomic, strong) SensorsAnalyticsFileStore *fileStore;

@end

@implementation SensorsAnalyticsSDK

......

- (instancetype)init {
    self = [super init];
    if (self) {
        _passivelyEvents = [NSMutableArray array];
        _enterBackgroundTrackTimerEvents = [NSMutableArray array];
        _trackTimer = [NSMutableDictionary dictionary];
        _automaticProperties = [self collectAutomaticProperties];

        _fileStore = [[SensorsAnalyticsFileStore alloc] init];
```

```
        // 添加应用程序状态监听
        [self setupListeners];
    }
    return self;
}

......

@end
```

第六步：修改 SensorsAnalyticsSDK 的类别 Track 中的 -track:properties: 方法，在方法的最后调用 SensorsAnalyticsFileStore 中的 -saveEvent: 方法，以保存事件数据。

```
- (void)track:(NSString *)eventName properties:(NSDictionary<NSString *,id> *)properties {
    NSMutableDictionary *event = [NSMutableDictionary dictionary];
    // 设置事件名称
    event[@"event"] = eventName;
    // 设置事件发生的时间戳，单位为毫秒
    event[@"time"] = [NSNumber numberWithLong:NSDate.date.timeIntervalSince1970 * 1000];

    NSMutableDictionary *eventProperties = [NSMutableDictionary dictionary];
    // 添加预置属性
    [eventProperties addEntriesFromDictionary:self.automaticProperties];
    // 添加自定义属性
    [eventProperties addEntriesFromDictionary:properties];
    // 判断是否为被动启动状态
    if (self.launchedPassively) {
        // 添加应用程序状态属性
        eventProperties[@"$app_state"] = @"background";
    }
    // 设置事件属性
    event[@"properties"] = eventProperties;

    // 判断是否为被动启动过程中记录的事件，不包含被动启动事件
    if (self.launchedPassively && ![eventName isEqualToString:@"$AppStartPassively"]) {
        // 保存被动启动状态下记录的事件
        [self.passivelyEvents addObject:eventProperties];
        return;
    }

    [self printEvent:event];
    [self.fileStore saveEvent:event];
}
```

第七步：测试验证。

运行 Demo，触发几条数据，然后从终端进入 Caches 目录，在该目录下我们能看到 SensorsAnalyticsData.plist 文件。通过命令 cat SensorsAnalyticsData.plist 可以查看文件的内容，如果文件中有刚才触发的事件数据，表示数据存成功。测试结果如图 9-1 所示。

```
[wangzhuozhoudeMacBook-Pro:Caches wangzhuozhou$ cd /Users/wangzhuozhou/Library/Developer/CoreSimulator/Devices/9CDA0997-3FCD]
-433B-8FD0-DEEE9F9329ED/data/Containers/Data/Application/1AAEE652-D96B-4FB9-AAF2-C7DD7A2F496E/Library/Caches
[wangzhuozhoudeMacBook-Pro:Caches wangzhuozhou$ ls                                                                          ]
SensorsAnalyticsData.plist
[wangzhuozhoudeMacBook-Pro:Caches wangzhuozhou$ cat SensorsAnalyticsData.plist                                              ]
[
  {
    "properties" : {
      "$model" : "x86_64",
      "$manufacturer" : "Apple",
      "$lib_version" : "1.0.0",
      "$os" : "iOS",
      "testKey" : "testValue",
      "$app_version" : "1.0",
      "$os_version" : "13.2.2",
      "$lib" : "iOS"
    },
    "event" : "MyFirstEvent",
    "time" : 1575545402224,
    "distinct_id" : "A5E74786-0DCE-4C4D-A25F-F52BDC649CD1"
  },
  {
    "properties" : {
      "$model" : "x86_64",
      "$manufacturer" : "Apple",
      "$lib_version" : "1.0.0",
      "$os" : "iOS",
      "$app_version" : "1.0",
      "$os_version" : "13.2.2",
      "$lib" : "iOS"
    },
    "event" : "$AppStart",
    "time" : 1575545402315,
    "distinct_id" : "A5E74786-0DCE-4C4D-A25F-F52BDC649CD1"
  },
```

图 9-1 测试结果

接下来，我们介绍一下如何从文件中读取和删除事件数据。

第一步：在 SensorsAnalyticsFileStore.m 文件中新增私有方法 -readAllEventsFromFilePath:，用于从 SensorsAnalyticsData.plist 文件中读取所有的事件数据并保存到 events 属性中。

```
- (void)readAllEventsFromFilePath:(NSString *)filePath {
    // 从文件路径中读取数据
    NSData *data = [NSData dataWithContentsOfFile:filePath];
    if (data) {
        // 解析在文件中读取的JSON数据
        NSMutableArray *allEvents = [NSJSONSerialization JSONObjectWithData:data
            options:NSJSONReadingMutableContainers error:nil];
        // 将文件中的数据保存在内存中
        self.events = allEvents ?: [NSMutableArray array];
    } else {
        self.events = [NSMutableArray array];
    }
}
```

第二步：修改 SensorsAnalyticsFileStore.m 文件中的 -init 方法，在方法中删除 events 属性的初始化代码，改成调用 -readAllEventsFromFilePath: 方法来初始化 events。

```
- (instancetype)init {
    self = [super init];
    if (self) {
```

```
    // 初始化默认事件数据存储地址
    _filePath = [NSSearchPathForDirectoriesInDomains(NSCachesDirectory,
        NSUserDomainMask, YES).lastObject stringByAppendingPathComponent:
        SensorsAnalyticsDefaultFileName];

    // 从文件路径中读取数据
    [self readAllEventsFromFilePath:_filePath];
    }
    return self;
}
```

第三步：在 SensorsAnalyticsFileStore.h 文件中新增只读属性 allEvents，用于获取本地缓存的所有事件数据。

```
@interface SensorsAnalyticsFileStore : NSObject

......

@property (nonatomic, copy, readonly) NSArray<NSDictionary *> *allEvents;

@end
```

第四步：在 SensorsAnalyticsFileStore.m 文件中实现 -allEvents 方法。

```
@interface SensorsAnalyticsFileStore ()

......

@property (nonatomic, strong) NSMutableArray<NSDictionary *> *events;

@end

@implementation SensorsAnalyticsFileStore

......

- (NSArray<NSDictionary *> *)allEvents {
    return [self.events copy];
}

@end
```

第五步：在 SensorsAnalyticsFileStore.h 文件中新增 -deleteEventsForCount: 方法声明，用于从缓存文件中删除指定条数的数据。

```
@interface SensorsAnalyticsFileStore : NSObject

......

/**
```

根据数量删除本地保存的事件数据

@param count 需要删除的事件数量

*/

- (void)deleteEventsForCount:(NSInteger)count;

@end

第六步：在 SensorsAnalyticsFileStore.m 文件中实现 -deleteEventsForCount: 方法。

```
@implementation SensorsAnalyticsFileStore

......

- (void)deleteEventsForCount:(NSInteger)count {
    // 删除前count条事件数据
    [self.events removeObjectsInRange:NSMakeRange(0, count)];
    // 将删除后剩余的事件数据保存到文件中
    [self writeEventsToFile];
}

@end
```

第七步：测试验证。

为了方便测试，我们可以先把 SensorsAnalyticsFieStore.h 文件挪到 Public，如图 9-2 所示。

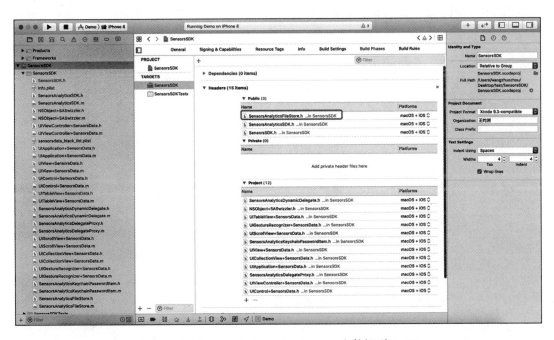

图 9-2 把 SensorsAnalyticsFileStore.h 文件挪到 Public

然后修改 SensorsSDK.h 文件，导入 SensorsAnalyticsFileStore.h 头文件：

```
//
//  SensorsSDK.h
//  SensorsSDK
//
//  Created by王灼洲on 2019/12/2.
//  Copyright © 2019 SensorsData. All rights reserved.
//

#import <Foundation/Foundation.h>

FOUNDATION_EXPORT double SensorsSDKVersionNumber;

FOUNDATION_EXPORT const unsigned char SensorsSDKVersionString[];

#import "SensorsAnalyticsSDK.h"
#import "SensorsAnalyticsFileStore.h"
```

最后在 Demo 中，添加一个 UIButton，点击按钮，同时调用 -deleteEventsForCount: 方法删除数据，并在终端查看 Caches 目录下的 SensorsAnalyticsData.plist 文件的内容是否被清空。待测试结束之后，再把 SensorsAnalyticsFileStore.h 头文件从 Public 中移除，并还原 SensorsSDK.h 文件的修改。

至此，我们完成了使用文件缓存事件数据。

9.2.2　优化

其实，上面实现的文件缓存还存在两个非常明显的问题。

（1）如果在主线程中触发事件，那么读取事件、保存事件及删除事件也都是在主线程中运行，会出现所谓的"卡主线程"问题。

（2）在无网环境下，如果在文件中缓存了大量的事件，会导致内存占用过大，影响应用程序性能。

接下来，针对以上两个问题，我们逐一进行优化。

1. 多线程优化

解决"卡主线程"问题的方法主要是把处理文件的逻辑都放到多线程中运行。

在 iOS 应用程序中，实现多线程有以下几种方式。

❑ NSThread

❑ NSOperation

❑ GCD

在这三种方式中，功能最强、使用最方便的就属 GCD 了。因此，我们使用 GCD 来优化文件缓存。

第一步：在 SensorsAnalyticsFileStore.m 文件中新增一个 dispatch_queue_t 类型的属性 queue，并在 -init 方法中进行初始化。

```objc
@interface SensorsAnalyticsFileStore ()

......

/// 串行队列
@property (nonatomic, strong) dispatch_queue_t queue;

@end

@implementation SensorsAnalyticsFileStore

......

- (instancetype)init {
    self = [super init];
    if (self) {
        // 初始化默认事件数据存储地址
        _filePath = [NSSearchPathForDirectoriesInDomains(NSCachesDirectory,
            NSUserDomainMask, YES).lastObject stringByAppendingPathComponent:
            SensorsAnalyticsDefaultFileName];

        // 初始化队列的唯一标识
        NSString *label = [NSString stringWithFormat:@"cn.sensorsdata.serialQueue.%p",
            self];
        // 创建一个serial类型的queue，即FIFO
        _queue = dispatch_queue_create([label UTF8String], DISPATCH_QUEUE_SERIAL);

        // 从文件路径中读取数据
        [self readAllEventsFromFilePath:_filePath];
    }
    return self;
}

......

@end
```

接下来，需要把对文件的操作都放到线程中处理。

在这之前，我们先了解两个与 GCD 相关的函数。

❑ dispatch_sync(dispatch_queue_t queue, dispatch_block_t block)

❑ dispatch_async(dispatch_queue_t queue, dispatch_block_t block)

这两个函数都有两个参数，第一个参数 queue 表示在哪个队列中运行，第二个参数表示需要运行的 block。这两个函数的区别为：dispatch_sync 函数会直到 block 执行完才返回并继续执行后续代码；而 dispatch_async 会在 block 添加到队列后直接返回并继续执行后续代码。

具体示例如下：

```
dispatch_sync(self.queue, ^{ NSLog(@"1"); });
NSLog(@"2");
dispatch_sync(self.queue, ^{ NSLog(@"3"); });
NSLog(@"4");
```

这段代码使用的是 dispatch_sync 函数，执行代码之后，在 Xcode 控制台中打印的顺序是"1234"。

如果使用 dispatch_async 函数，情况就不太一样了。

```
dispatch_async(self.queue, ^{ NSLog(@"1"); });
NSLog(@"2");
dispatch_async(self.queue, ^{ NSLog(@"3"); });
NSLog(@"4");
```

这段代码打印结果有可能是"2413""2143"或"1234"。另外，由于我们定义的是一个 serial 类的线程，所以控制台中打印的"1"一定是在"3"前面。

因此，在处理文件时，如果需要同步获取结果（返回值），就需要使用 dispatch_sync 函数；如果无须同步获取结果，可以使用 dispatch_async 函数。

结合实际情况，-saveEvent:、-deleteEventsForCount:、-readAllEventsFromFilePath: 这三个方法均无须同步获取结果，因此，我们下面使用 dispatch_async 函数来优化这三个方法。对于 -allEvents 方法，需要使用 dispatch_sync 函数来保证线程安全。

第二步：使用 dispatch_async 函数优化 SensorsAnalyticsFileStore.m 文件中的 -saveEvent:、-deleteEventsForCount:、-readAllEventsFromFilePath: 方法，使用 dispatch_sync 函数优化 -allEvents 方法。

```
@implementation SensorsAnalyticsFileStore

......

- (void)saveEvent:(NSDictionary *)event {
    dispatch_async(self.queue, ^{
        // 在数组中直接添加事件数据
        [self.events addObject:event];
        // 将事件数据保存在文件中
        [self writeEventsToFile];
    });
}

- (void)deleteEventsForCount:(NSInteger)count {
```

```
    dispatch_async(self.queue, ^{
        // 删除前count条事件数据
        [self.events removeObjectsInRange:NSMakeRange(0, count)];
        // 将删除后剩余的事件数据保存到文件中
        [self writeEventsToFile];
    });
}

- (void)readAllEventsFromFilePath:(NSString *)filePath {
    dispatch_async(self.queue, ^{
        // 从文件路径中读取数据
        NSData *data = [NSData dataWithContentsOfFile:filePath];
        // 解析在文件中读取的JSON数据
        NSMutableArray *allEvents = [NSJSONSerialization JSONObjectWithData:data
            options:NSJSONReadingMutableContainers error:nil];
        // 将文件中的数据保存在内存中
        self.events = allEvents ?: [NSMutableArray array];
    });
}

- (NSArray<NSDictionary *> *)allEvents {
    __block NSArray<NSDictionary *> *allEvents = nil;
    dispatch_sync(self.queue, ^{
        allEvents = [self.events copy];
    });
    return allEvents;
}

@end
```

至此，我们就解决了"卡主线程"的问题。

2. 内存优化

我们可以设置一个本地可缓存的最大事件条数（maxLocalEventCount），当本地已缓存的事件条数超过本地可缓存最大事件条数时，删除最旧的事件数据，以保证最新的事件数据可以正常缓存。

下面我们详细介绍实现步骤。

第一步：在 SensorsAnalyticsFileStore.h 文件中新增 maxLocalEventCount 属性。

```
@interface SensorsAnalyticsFileStore : NSObject

......

/// 本地可最大缓存事件条数
@property (nonatomic) NSUInteger maxLocalEventCount;

@end
```

第二步：在 SensorsAnalyticsFileStore.m 文件的 -init 方法中初始化 maxLocalEventCount 属性（设置一个默认值，此处以 10000 条为例）。

```
@implementation SensorsAnalyticsFileStore

......

- (instancetype)init {
    self = [super init];
    if (self) {
        // 初始化默认事件数据存储地址
        _filePath = [NSSearchPathForDirectoriesInDomains(NSCachesDirectory, NSUser-
            DomainMask, YES).lastObject stringByAppendingPathComponent:Sensors-
            Analytics DefaultFileName];

        // 初始化队列的唯一标识
        NSString *label = [NSString stringWithFormat:@"cn.sensorsdata.serialQueue.%p",
            self];
        // 创建一个serial类型的queue，即FIFO
        _queue = dispatch_queue_create([label UTF8String], DISPATCH_QUEUE_SERIAL);

        // 从文件路径中读取数据
        [self readAllEventsFromFilePath:_filePath];

        // 初始化本地最大缓存事件条数
        _maxLocalEventCount = 10000;
    }
    return self;
}

@end
```

第三步：修改 SensorsAnalyticsFileStore.m 文件中的 -saveEvent: 方法。在插入数据之前，先判断已缓存的事件条数是否超过了本地可缓存的事件条数，如果已超过，则删除最旧的事件。

```
@implementation SensorsAnalyticsFileStore

......

- (void)saveEvent:(NSDictionary *)event {
    dispatch_async(self.queue, ^{
        // 如果当前事件条数超过最大值，删除最旧的事件
        if (self.events.count >= self.maxLocalEventCount) {
            [self.events removeObjectAtIndex:0];
        }
```

```
        // 在数组中直接添加事件数据
        [self.events addObject:event];
        // 将事件数据保存在文件中
        [self writeEventsToFile];
    });
}

@end
```

至此，我们就完成了内存优化。

9.2.3 总结

我们使用文件缓存实现了事件数据的持久化操作。

首先，主要实现了以下三个功能。

❑ 保存事件

❑ 获取本地缓存的所有事件

❑ 删除事件

然后又进行了两项优化。

❑ 多线程操作

❑ 内存优化

文件缓存相对来说还是比较简单的，主要操作就是写文件和读取文件。

我们每次都是将所有的数据写入同一个文件，但其实性能并不差，因为通过 9.1.2 节的对比可知，每次写入的数据量越大，文件缓存性能越好。

当然，文件缓存是不够灵活的，我们很难使用更细的粒度去操作数据，比如，很难对其中的某一条数据进行读和写操作。

9.3 数据库缓存

在 iOS 应用程序中，使用的数据库一般是 SQLite 数据库。SQLite 是一个轻量级的数据库，数据存储简单高效，使用也非常简单，只需要在项目中添加 libsqlite3.0 依赖，并在使用的时候引入 sqlite3.h 头文件即可。

9.3.1 实现步骤

第一步：在 SensorsSDK 项目中，创建一个处理数据库的工具类 SensorsAnalyticsDatabase。SensorsAnalyticsDatabase.h 定义如下：

```
//
// SensorsAnalyticsDatabase.h
```

```
//   SensorsSDK
//
// Created by王灼洲on 2019/8/8.
// Copyright © 2019 SensorsData. All rights reserved.
//

#import <Foundation/Foundation.h>

NS_ASSUME_NONNULL_BEGIN

@interface SensorsAnalyticsDatabase : NSObject

@end

NS_ASSUME_NONNULL_END
```

SensorsAnalyticsDatabase.m 实现如下：

```
//
//   SensorsAnalyticsDatabase.m
//   SensorsSDK
//
// Created by王灼洲on 2019/8/8.
// Copyright © 2019 SensorsData. All rights reserved.
//

#import "SensorsAnalyticsDatabase.h"

@implementation SensorsAnalyticsDatabase

@end
```

第二步：在 SensorsAnalyticsDatabase.h 文件中新增 filePath 属性，用于保存数据库存储路径。

```
@interface SensorsAnalyticsDatabase : NSObject

/// 数据库文件路径
@property (nonatomic, copy, readonly) NSString *filePath;

@end
```

第三步：在 SensorsAnalyticsDatabase.h 头文件中新增初始化方法 -initWithFilePath: 的声明。

```
@interface SensorsAnalyticsDatabase : NSObject
```

......

```
/**
 初始化方法
 @param filePath 数据库路径，如果为nil，使用默认路径
 @return 数据库对象
 */
- (instancetype)initWithFilePath:(nullable NSString *)filePath NS_DESIGNATED_INITIALIZER;

@end
```

第四步：在 SensorsAnalyticsDatabase.m 文件中实现 -init 方法和 -initWithFilePath: 方法，并在 -initWithFilePath: 方法中初始化属性 filePath。

```
static NSString * const SensorsAnalyticsDefaultDatabaseName = @"SensorsAnalyticsDatabase.
    sqlite";

@interface SensorsAnalyticsDatabase ()

@property (nonatomic, copy) NSString *filePath;

@end

@implementation SensorsAnalyticsDatabase

- (instancetype)init {
    return [self initWithFilePath:nil];
}

- (instancetype)initWithFilePath:(NSString *)filePath {
    self = [super init];
    if (self) {
        _filePath = filePath ?: [NSSearchPathForDirectoriesInDomains(NSCachesDi-
            rectory, NSUserDomainMask, YES).lastObject stringByAppendingPathCompo-
            nent:SensorsAnalyticsDefaultDatabaseName];
    }
    return self;
}

@end
```

其中，我们默认的数据库在 Caches 目录下，文件名为：SensorsAnalyticsDatabase.sqlite。

第五步：在 SensorsAnalyticsDatabase 类中声明 sqlite3 的对象 database。

在 SensorsAnalyticsDatabase.h 中声明 sqlite3 的对象 database 如下：

```
#import <sqlite3.h>

@interface SensorsAnalyticsDatabase : NSObject
```

```
......

@property (nonatomic) sqlite3 *database;

......

@end
```

在 SensorsAnalyticsDatabase.m 中声明 sqlite3 的对象 database 如下：

```
@implementation SensorsAnalyticsDatabase {
    sqlite3 *_database;
}
```

第六步：在 SensorsAnalyticsDatabase.m 文件中新增一个 dispatch_queue_t 类型的属性 queue，并在 -initWithFilePath: 方法中进行初始化。

```
@interface SensorsAnalyticsDatabase ()

......

@property (nonatomic, strong) dispatch_queue_t queue;

@end

@implementation SensorsAnalyticsDatabase {
    sqlite3 *_database;
}

- (instancetype)initWithFilePath:(NSString *)filePath {
    self = [super init];
    if (self) {
        _filePath = filePath ?: [NSSearchPathForDirectoriesInDomains(NSCaches-
            Directory, NSUserDomainMask, YES).lastObject stringByAppendingPath-
            Component:SensorsAnalyticsDefaultDatabaseName];

        // 初始化队列的唯一标识
        NSString *label = [NSString stringWithFormat:@"cn.sensorsdata.serialQueue.%p",
            self];
        // 创建一个serial类型的queue，即FIFO
        _queue = dispatch_queue_create([label UTF8String], DISPATCH_QUEUE_SERIAL);
    }
    return self;
}

@end
```

第七步：在 SensorsAnalyticsDatabase.m 文件中实现 -open 方法，用于打开数据库并创建表，并在初始化方法 -init 中调用 -open 方法。

```objc
@implementation SensorsAnalyticsDatabase {
    sqlite3 *_database;
}


- (instancetype)initWithFilePath:(NSString *)filePath {
    self = [super init];
    if (self) {
        _filePath = filePath ?: [NSSearchPathForDirectoriesInDomains(NSCaches-
            Directory, NSUserDomainMask, YES).lastObject stringByAppendingPath-
            Component:SensorsAnalyticsDefaultDatabaseName];

        // 初始化队列的唯一标识
        NSString *label = [NSString stringWithFormat:@"cn.sensorsdata.serialQueue.%p",
            self];
        // 创建一个serial类型的queue，即FIFO
        _queue = dispatch_queue_create([label UTF8String], DISPATCH_QUEUE_SERIAL);

        [self open];
    }
    return self;
}


- (void)open {
    dispatch_async(self.queue, ^{
        // 初始化SQLite库
        if (sqlite3_initialize() != SQLITE_OK) {
            return ;
        }
        // 打开数据库，获取数据库指针
        if (sqlite3_open_v2([self.filePath UTF8String], &(self->_database),
            SQLITE_OPEN_READWRITE | SQLITE_OPEN_CREATE, NULL) != SQLITE_OK) {
            return NSLog(@"SQLite stmt prepare error: %s", sqlite3_errmsg(self.database));
        }
        char *error;
        // 创建数据库表的SQL语句
        NSString *sql = @"CREATE TABLE IF NOT EXISTS events (id INTEGER PRIMARY
            KEY AUTOINCREMENT, event BLOB);";
        // 运行创建表格的SQL语句
        if (sqlite3_exec(self.database, [sql UTF8String], NULL, NULL, &error) !=
            SQLITE_OK) {
            return NSLog(@"Create events Failure %s", error);
        }
    });
}

@end
```

在 -open 方法的实现中，有一条 SQL 语句：

```
CREATE TABLE IF NOT EXISTS events (id INTEGER PRIMARY KEY AUTOINCREMENT, event BLOB);
```

含义：如果当前数据库中不存在名为 events 的表，则创建该表。表中有两列：第一列是 id，类型是 INTEGER，是表的主键，自增；第二列是 event，类型是 BLOB。

第八步：在 SensorsAnalyticsDatabase.h 文件中添加 -insertEvent: 方法的声明，用于向数据库中插入事件数据。

```objc
@interface SensorsAnalyticsDatabase : NSObject

......

/**
 同步向数据库中插入事件数据

 @param event 事件
 */
- (void)insertEvent:(NSDictionary *)event;

@end
```

第九步：在 SensorsAnalyticsDatabase.m 文件中实现 -insertEvent: 方法。

```objc
@implementation SensorsAnalyticsDatabase

......

- (void)insertEvent:(NSDictionary *)event {
    dispatch_async(self.queue, ^{
        // 定义SQLite Statement
        sqlite3_stmt *stmt;
        // 插入语句
        NSString *sql = @"INSERT INTO events (event) values (?)";
        // 准备执行SQL语句，获取sqlite3_stmt
        if (sqlite3_prepare_v2(self.database, sql.UTF8String, -1, &stmt, NULL) != SQLITE_OK) {
            // 准备执行SQL语句失败，打印log返回失败（NO）
            return NSLog(@"SQLite stmt prepare error: %s", sqlite3_errmsg(self.database));
        }
        NSError *error = nil;
        // 将event转换成JSON数据
        NSData *data = [NSJSONSerialization dataWithJSONObject:event options:NSJSONWritingPrettyPrinted error:&error];
        if (error) {
            // event转换失败，打印log返回失败（NO）
            return NSLog(@"JSON Serialization error: %@", error);
        }
```

```
        // 将JSON数据与stmt绑定
        sqlite3_bind_blob(stmt, 1, data.bytes, (int)data.length, SQLITE_TRANSIENT);
        // 执行stmt
        if (sqlite3_step(stmt) != SQLITE_DONE) {
            // 执行失败，打印log 返回失败（NO）
            return NSLog(@"Insert event into events error");
        }
    });
}

@end
```

在 -insertEvent: 方法的实现中，有一条 SQL 语句：

```
INSERT INTO events (event) values (?)
```

含义：在 events 表中插入一行数据，其中 event 列的值为 "?" 绑定的值。

这里绑定值需要用到 sqlite3 中的绑定函数。因为 events 表中的 event 列是 BLOB 类型，需要使用 sqlite3_bind_blob 函数绑定。

第十步：在 SensorsAnalyticsSDK.m 文件中新增 SensorsAnalyticsDatabase 类型的私有属性 database，并在 -init 方法中进行初始化。

```
#import "SensorsAnalyticsDatabase.h"

@interface SensorsAnalyticsSDK ()

......

/// 数据库存储对象
@property (nonatomic, strong) SensorsAnalyticsDatabase *database;

@end

@implementation SensorsAnalyticsSDK

......

- (instancetype)init {
    self = [super init];
    if (self) {
        _automaticProperties = [self collectAutomaticProperties];
        // 设置是否被动启动标记
        _launchedPassively = UIApplication.sharedApplication.backgroundTimeRemaining !=
            UIApplicationBackgroundFetchIntervalNever;
        _trackTimer = [NSMutableDictionary dictionary];
```

```
        _enterBackgroundTrackTimerEvents = [NSMutableArray array];

        _fileStore = [[SensorsAnalyticsFileStore alloc] init];

        // 初始化SensorsAnalyticsDatabase 类的对象，使用默认路径
        _database = [[SensorsAnalyticsDatabase alloc] init];

        // 添加应用程序状态监听
        [self setupListeners];
    }
    return self;
}


@end
```

第十一步：修改 SensorsAnalyticsSDK 项目的类别 Track 的 -track:properties: 方法，把之前调用文件保存事件的代码注释掉，调用 SensorsAnalyticsDatabase 类的 -insertEvent: 方法保存事件数据。

```
@implementation SensorsAnalyticsSDK (Track)

......

- (void)track:(NSString *)eventName properties:(NSDictionary<NSString *,id> *)properties {
    NSMutableDictionary *event = [NSMutableDictionary dictionary];
    // 设置事件名称
    event[@"event"] = eventName;
    // 设置事件发生的时间戳，单位为毫秒
    event[@"time"] = [NSNumber numberWithLong:NSDate.date.timeIntervalSince1970 * 1000];

    NSMutableDictionary *eventProperties = [NSMutableDictionary dictionary];
    // 添加预置属性
    [eventProperties addEntriesFromDictionary:self.automaticProperties];
    // 添加自定义属性
    [eventProperties addEntriesFromDictionary:properties];

    // 判断是否为被动启动状态
    if (self.launchedPassively) {
        // 添加应用程序状态属性
        eventProperties[@"$app_state"] = @"background";
    }

    // 设置事件属性
    event[@"properties"] = eventProperties;

    // 在Xcode控制台中打印事件信息
    [self printEvent:event];
    // [self.fileStore saveEvent:event];
```

```
    [self.database insertEvent:event];
}

@end
```

第十二步：测试验证。

运行 Demo，触发几条事件。此时，如何验证是否保存成功？我们暂时可以通过终端来验证。

首先，进入数据库的保存目录 Caches 下，如果能看到 SensorsAnalyticsData.plist 文件，就说明数据库创建成功。

然后执行如下命令：

```
sqlite3 SensorsAnalyticsDatabase.sqlite
```

出现如下提示：

```
SQLite version 3.22.0 2018-12-19 01:30:22
Enter ".help" for usage hints.
sqlite>
```

再执行 .tables 命令：

```
sqlite> .tables
events
```

如果输出是 events，说明数据库创建成功。

最后执行如下命令：

```
select * from events;
```

如果能看到有事件信息输出，说明插入数据成功。

```
sqlite> select * from events;
1|{
    "event" : "MyFirstEvent",
    "time" : 1575207069922,
    "properties" : {
        "$model" : "x86_64",
        "$manufacturer" : "Apple",
        "$lib_version" : "1.0.0",
        "$os" : "iOS",
        "testKey" : "testValue",
        "$app_version" : "1.0",
        "$os_version" : "12.3",
        "$lib" : "iOS"
    }
}
```

第十三步：在 SensorsAnalyticsDatabase.h 文件中添加 -selectEventsForCount: 方法的声明，该方法主要用于从数据库中查询指定条数的事件数据。

```
@interface SensorsAnalyticsDatabase : NSObject

......

/**
 从数据库中获取事件数据

 @param count 获取事件数据的条数
 @return 事件数据
 */
- (NSArray<NSString *> *)selectEventsForCount:(NSUInteger)count;

@end
```

第十四步：在 SensorsAnalyticsDatabase.m 文件中实现 -selectEventsForCount: 方法。

```
@implementation SensorsAnalyticsDatabase

......

- (NSArray<NSString *> *)selectEventsForCount:(NSUInteger)count {
    // 初始化数组，用于存储查询到的事件数据
    NSMutableArray<NSString *> *events = [NSMutableArray arrayWithCapacity:count];
    dispatch_sync(self.queue, ^{
        // 定义SQLite Statement
        sqlite3_stmt *stmt;
        // 查询语句
        NSString *sql = [NSString stringWithFormat:@"SELECT id, event FROM
            events ORDER BY id ASC LIMIT %lu", (unsigned long)count];
        // 准备执行SQL语句，获取sqlite3_stmt
        if (sqlite3_prepare_v2(self.database, sql.UTF8String, -1, &stmt,
            NULL) != SQLITE_OK) {
            // 准备执行SQL语句失败，打印log返回失败（NO）
            return NSLog(@"SQLite stmt prepare error: %s", sqlite3_errmsg(self.
                database));
        }

        // 执行SQL 语句
        while (sqlite3_step(stmt) == SQLITE_ROW) {
            // 将当前查询的这条数据转换成NSData对象
            NSData *data = [[NSData alloc] initWithBytes:sqlite3_column_
                blob(stmt, 1) length:sqlite3_column_bytes(stmt, 1)];
            // 将查询到的事件数据转换成JSON字符串
            NSString *jsonString = [[NSString alloc] initWithData:data
                encoding:NSUTF8StringEncoding];
#ifdef DEBUG
            NSLog(@"%@", jsonString);
#endif
            // 将JSON字符串添加到数组中
```

```
            [events addObject:jsonString];
        }
    });

    return events;
}

@end
```

> 注意　这里需要使用 dispatch_sync 函数，不能使用 dispatch_async 函数，否则会导致返回的事件不完整。

在 -selectEventsForCout：方法的实现中，有一条 SQL 语句：

```
SELECT id, event FROM events ORDER BY id ASC LIMIT 50
```

含义：从 events 表中查询前 50 条（默认条数）数据，并按 id 升序排列。

第十五步：在 SensorsAnalyticsDatabase.h 文件中新增 -deleteEventsForCount: 方法的声明，该方法主要用于从数据库中删除指定条数的事件数据。

```
@interface SensorsAnalyticsDatabase : NSObject

......

/**
从数据库中删除一定数量的事件数据

@param count需要删除的事件数量
@return是否成功删除数据
*/
- (BOOL)deleteEventsForCount:(NSUInteger)count;

@end
```

第十六步：在 SensorsAnalyticsDatabase.m 文件中实现 -deleteEventsForCount: 方法。

```
@implementation SensorsAnalyticsDatabase

......

- (BOOL)deleteEventsForCount:(NSUInteger)count {
    __block BOOL success = YES;
    dispatch_sync(self.queue, ^{
        // 删除语句
        NSString *sql = [NSString stringWithFormat:@"DELETE FROM events WHERE id IN
            (SELECT id FROM events ORDER BY id ASC LIMIT %lu);", (unsigned long)count];
```

```
        char *errmsg;
        // 执行删除语句
        if (sqlite3_exec(self.database, sql.UTF8String, NULL, NULL, &errmsg) !=
            SQLITE_OK) {
            success = NO;
            return NSLog(@"Failed to delete record msg=%s", errmsg);
        }
    });
    return success;
}

@end
```

在 -deleteEventsForCount: 方法的实现中，有一条 SQL 语句：

```
DELETE FROM events WHERE id IN (SELECT id FROM events ORDER BY id ASC LIMIT 50);
```

含义：从 events 表中按 id 的升序查询前 50 条（默认条数）数据，然后将其删除。

第十七步：测试验证。

测试方法和步骤，与测试使用文件缓存数据类似。

至此，我们完成了使用数据库来缓存事件数据。

9.3.2 优化

在 9.3.1 节中，我们通过 17 步完成了使用数据库来缓存事件数据，但仍有部分细节可以继续优化。

（1）在每次插入和查询数据的时候，都会执行"准备执行 SQL 语句"的操作，比较浪费资源。

（2）在查询和删除操作时，如果数据库表中没有存储任何数据，其实无须执行 SQL 语句。

针对以上两个问题，我们逐一进行优化。

1. 缓存 sqlite3_stmt

在数据采集的过程中，插入事件和查询事件都是比较频繁的操作，如果每次都做"预解析 SQL 语句"的操作，将会造成资源的大量浪费。

对于插入事件 -insertEvent: 方法来说，每次操作的 SQL 语句都是相同的，因此"预解析 SQL 语句"只需执行一次即可。由于每次需要绑定不同的数据，我们只需要重置一下之前的 sqlite3_stmt，然后绑定新的数据即可。

下面优化 SensorsAnalyticsDatabase.m 文件中的 -insertEvent: 方法。

```
static sqlite3_stmt *insertStmt = NULL;
- (void)insertEvent:(NSDictionary *)event {
```

```
    dispatch_async(self.queue, ^{
        if (insertStmt) {
            // 重置插入语句，重置之后可重新绑定数据
            sqlite3_reset(insertStmt);
        } else {
            // 插入语句
            NSString *sql = @"INSERT INTO events (event) values (?)";
            // 准备执行SQL语句，获取sqlite3_stmt
            if (sqlite3_prepare_v2(self.database, sql.UTF8String, -1, &insertStmt,
                NULL) != SQLITE_OK) {
                // 准备执行SQL语句失败，打印log返回失败（NO）
                return NSLog(@"SQLite stmt prepare error: %s", sqlite3_errmsg(self.
                    database));
            }
        }

        NSError *error = nil;
        // 将event转换成JSON数据
        NSData *data = [NSJSONSerialization dataWithJSONObject:event options:NS-
            JSONWritingPrettyPrinted error:&error];
        if (error) {
            // event转换失败，打印log返回失败（NO）
            return NSLog(@"JSON Serialization error: %@", error);
        }
        // 将JSON数据与insertStmt绑定
        sqlite3_bind_blob(insertStmt, 1, data.bytes, (int)data.length, SQLITE_
            TRANSIENT);
        // 执行stmt
        if (sqlite3_step(insertStmt) != SQLITE_DONE) {
            // 执行失败，打印log返回失败（NO）
            return NSLog(@"Insert event into events error");
        }
    });
}
```

对于查询事件 -selectEventsForCount: 方法来说，由于在查询 SQL 语句中，有一个查询事件数据条数的参数，导致 SQL 语句每次都有可能发生变化，但从实际情况来看，一般是不会发生变化的。因此，我们需要引入一个静态变量 lastSelectEventCount 来记录上次查询事件的条数，然后判断 SQL 语句是否有改变。

我们优化一下 SensorsAnalyticsDatabase.m 文件中的 -selectEventsForCount: 方法。

```
// 最后一次查询的事件数量
static NSUInteger lastSelectEventCount = 50;
static sqlite3_stmt *selectStmt = NULL;
- (NSArray<NSString *> *)selectEventsForCount:(NSUInteger)count {
    // 初始化数组，用于存储查询到的事件数据
    NSMutableArray<NSString *> *events = [NSMutableArray arrayWithCapacity:count];
```

```
        dispatch_sync(self.queue, ^{
            if (count != lastSelectEventCount) {
                lastSelectEventCount = count;
                selectStmt = NULL;
            }
            if (selectStmt) {
                // 重置查询语句，重置之后可重新查询数据
                sqlite3_reset(selectStmt);
            } else {
                // 查询语句
                NSString *sql = [NSString stringWithFormat:@"SELECT id, event FROM events
                    ORDER BY id ASC LIMIT %lu", (unsigned long)count];
                // 准备执行SQL 语句，获取selectStmt
                if (sqlite3_prepare_v2(self.database, sql.UTF8String, -1, &selectStmt,
                    NULL) != SQLITE_OK) {
                    // 准备执行SQL语句失败，打印log返回失败（NO）
                    return NSLog(@"SQLite stmt prepare error: %s", sqlite3_errmsg(self.
                        database));
                }
            }

            // 执行SQL语句
            while (sqlite3_step(selectStmt) == SQLITE_ROW) {
                // 将当前查询的这条数据转换成NSData对象
                NSData *data = [[NSData alloc] initWithBytes:sqlite3_column_blob(selectStmt,
                    1) length:sqlite3_column_bytes(selectStmt, 1)];
                // 将查询到的事件数据转换成JSON字符串
                NSString *jsonString = [[NSString alloc] initWithData:data encoding:
                    NSUTF8StringEncoding];
#ifdef DEBUG
                NSLog(@"%@", jsonString);
#endif
                // 将JSON字符串添加到数组中
                [events addObject:jsonString];
            }
        });
    return events;
}
```

至此，我们就完成了缓存 sqlite3_stmt 的优化。

2. 缓存事件总条数

我们前面实现了对数据的插入、查询及删除功能，实际业务中有时也需要查询本地已存储事件条数。比如，有一个同步数据的策略：本地已缓存的数据条数达到一定数量后需要同步数据，这就需要查询本地已缓存的事件条数。

因此，我们需要添加一个方法用于查询数据库中已存储的事件条数。可以新增一个 eventCount 属性，初始化时，它的值就是当前数据库中已缓存的事件条数，每成功插入一

条数据的时候值相应加一，在删除数据的时候减去相应的删除数据条数，这样就可以保持数据条数与数据库中实际的事件条数同步，减少查询次数，提高性能。

第一步：在 SensorsAnalyticsDatabase.h 文件中新增 eventCount 属性。

```
@interface SensorsAnalyticsDatabase : NSObject

......

/// 本地事件存储总量
@property (nonatomic) NSUInteger eventCount;

@end
```

第二步：在 SensorsAnalyticsDatabase.m 文件中实现私有方法 -queryLocalDatabaseEventCount，以查询数据库中已缓存的事件条数。

```
@implementation SensorsAnalyticsDatabase

......

- (void)queryLocalDatabaseEventCount {
    dispatch_async(self.queue, ^{
        // 查询语句
        NSString *sql = @"SELECT count(*) FROM events;";
        sqlite3_stmt *stmt = NULL;
        // 准备执行SQL语句，获取sqlite3_stmt
        if (sqlite3_prepare_v2(self.database, sql.UTF8String, -1, &stmt, NULL) != SQLITE_OK) {
            // 准备执行SQL语句失败，打印log返回失败（NO）
            return NSLog(@"SQLite stmt prepare error: %s", sqlite3_errmsg(self.database));
        }
        while (sqlite3_step(stmt) == SQLITE_ROW) {
            self.eventCount = sqlite3_column_int(stmt, 0);
        }
    });
}

@end
```

在以上 -queryLocalDatabaseEventCount 方法实现中，有一条 SQL 语句：

```
SELECT count(*) FROM events;
```

含义：查询 events 表中所有数据的条数。

第三步：在 SensorsAnalyticsDatabase.m 文件的 -initWithFilePath: 方法中调用 -queryLocalDatabaseEventCount 方法。

```
@implementation SensorsAnalyticsDatabase

......

- (instancetype)initWithFilePath:(NSString *)filePath {
    self = [super init];
    if (self) {
        _filePath = filePath ?: [NSSearchPathForDirectoriesInDomains(NSCaches-
            Directory, NSUserDomainMask, YES).lastObject stringByAppendingPath-
            Component:SensorsAnalyticsDefaultDatabaseName];

        // 初始化线程的唯一标识
        NSString *label = [NSString stringWithFormat:@"cn.sensorsdata.serialQueue.%p",
            self];
        // 创建一个serial类型的queue, 即FIFO
        _queue = dispatch_queue_create([label UTF8String], DISPATCH_QUEUE_SERIAL);

        [self open];

        [self queryLocalDatabaseEventCount];
    }
    return self;
}

@end
```

第四步：优化 SensorsAnalyticsDatabase.m 文件的 -insertEvent: 方法，数据插入成功，事件数量 eventCount 加 1。

```
@implementation SensorsAnalyticsDatabase

......

static sqlite3_stmt *insertStmt = NULL;
- (void)insertEvent:(NSDictionary *)event {
    dispatch_async(self.queue, ^{
        if (insertStmt) {
            // 重置插入语句，重置之后可重新绑定数据
            sqlite3_reset(insertStmt);
        } else {
            // 插入语句
            NSString *sql = @"INSERT INTO events (event) values (?)";
            // 准备执行SQL语句，获取sqlite3_stmt
            if (sqlite3_prepare_v2(self.database, sql.UTF8String, -1, &insertStmt,
                NULL) != SQLITE_OK) {
                // 准备执行SQL语句失败，打印log返回失败（NO）
                return NSLog(@"SQLite stmt prepare error: %s", sqlite3_errmsg(self.
                    database));
            }
```

```
    }

    NSError *error = nil;
    // 将event转换成JSON数据
    NSData *data = [NSJSONSerialization dataWithJSONObject:event options:NS-
        JSONWritingPrettyPrinted error:&error];
    if (error) {
        // event转换失败，打印log返回失败（NO）
        return NSLog(@"JSON Serialization error: %@", error);
    }
    // 将JSON数据与stmt绑定
    sqlite3_bind_blob(insertStmt, 1, data.bytes, (int)data.length, SQLITE_TRANSIENT);
    // 执行stmt
    if (sqlite3_step(insertStmt) != SQLITE_DONE) {
        // 执行失败，打印log返回失败（NO）
        return NSLog(@"Insert event into events error");
    }
    // 数据插入成功，事件数量加一
    self.eventCount++;
    });
}

@end
```

第五步：优化 SensorsAnalyticsDatabase.m 文件的 -deleteEventsForCount: 方法，当事件数量 eventCount 为 0 时，直接返回；当数据删除成功时，事件数量 eventCount 减去相应的删除条数。

```
@implementation SensorsAnalyticsDatabase

......

- (BOOL)deleteEventsForCount:(NSUInteger)count {
    __block BOOL success = YES;
    dispatch_sync(self.queue, ^{
        // 当本地事件数量为0时，直接返回
        if (self.eventCount == 0) {
            return ;
        }
        // 删除语句
        NSString *sql = [NSString stringWithFormat:@"DELETE FROM events WHERE id
            IN (SELECT id FROM events ORDER BY id ASC LIMIT %lu);", (unsigned
            long)count];
        char *errmsg;
        // 执行删除语句
        if (sqlite3_exec(self.database, sql.UTF8String, NULL, NULL, &errmsg) != SQLITE_
            OK) {
            success = NO;
```

```
            return NSLog(@"Failed to delete record msg=%s", errmsg);
        }
        self.eventCount = self.eventCount < count ? 0 : self.eventCount - count;
    });
    return success;
}

@end
```

第六步：优化 SensorsAnalyticsDatabase.m 文件的 -selectEventsForCount: 方法，当事件数量 eventCount 为 0 时，直接返回。

```
@implementation SensorsAnalyticsDatabase

......

// 最后一次查询的事件数量
static NSUInteger lastSelectEventCount = 50;
static sqlite3_stmt *selectStmt = NULL;
- (NSArray<NSString *> *)selectEventsForCount:(NSUInteger)count {
    // 初始化数组，用于存储查询到的事件数据
    NSMutableArray<NSString *> *events = [NSMutableArray arrayWithCapacity:count];

    dispatch_sync(self.queue, ^{
        // 当本地事件数量为0时，直接返回
        if (self.eventCount == 0) {
            return ;
        }

        if (count != lastSelectEventCount) {
            lastSelectEventCount = count;
            selectStmt = NULL;
        }
        if (selectStmt) {
            // 重置查询语句，重置之后可重新查询数据
            sqlite3_reset(selectStmt);
        } else {
            // 查询语句
            NSString *sql = [NSString stringWithFormat:@"SELECT id, event FROM
                events ORDER BY id ASC LIMIT %lu", (unsigned long)count];
            // 准备执行SQL语句，获取selectStmt
            if (sqlite3_prepare_v2(self.database, sql.UTF8String, -1, &selectStmt,
                NULL) != SQLITE_OK) {
                // 准备执行SQL语句失败，打印log返回失败（NO）
                return NSLog(@"SQLite stmt prepare error: %s", sqlite3_errmsg(self.
                    database));
            }
        }
```

```
        // 执行SQL语句
    while (sqlite3_step(selectStmt) == SQLITE_ROW) {
        // 将当前查询的这条数据转换成NSData对象
        NSData *data = [[NSData alloc] initWithBytes:sqlite3_column_blob(selectStmt,
            1) length:sqlite3_column_bytes(selectStmt, 1)];
        // 将查询到的事件数据转换成JSON字符串
        NSString *jsonString = [[NSString alloc] initWithData:data encoding:
            NSUTF8StringEncoding];
#ifdef DEBUG
        NSLog(@"%@", jsonString);
#endif
        // 将JSON字符串添加到数组中
        [events addObject:jsonString];
    }
    });
    return events;
}

@end
```

至此，我们完成了缓存事件总条数的优化。

9.3.3　总结

本章首先实现了数据库缓存事件数据，并实现了如下功能：

❑ 插入数据

❑ 查询数据

❑ 删除数据

然后对数据库缓存性能进行优化。

数据库缓存事件数据实现起来，相对文件缓存来说要复杂很多，需要一定的 SQL 基础，而且 sqlite3 的 API 学习成本也很高。

不过相对于文件缓存来说，数据库缓存更加灵活，可以实现对单条数据的插入、查询和删除操作，同时调试也更容易。SQLite 数据库也有极高的性能，特别是对单条数据的操作，性能明显优于文件缓存。

Chapter 10 第 10 章

数据同步

第 9 章介绍了如何把事件数据缓存到客户端本地。如果事件数据一直缓存在本地是没有意义的，我们需要把数据同步到服务端，然后经服务端的存储、抽取、分析和展现，才能充分发挥数据真正的价值。因此，本章主要介绍如何把缓存在本地的事件数据同步给服务端。

10.1 同步数据

在 Foundation 框架中，苹果公司为我们提供了封装好的发送网络请求的接口。但在实际的 iOS 应用程序开发中，开发人员很少会直接基于 Foundation 框架进行开发，绝大多数情况下会选择使用第三方库，比如 AFNetworking 等（AFNetworking 也是基于 Foundation 框架进行封装的）。作为通用的数据采集 SDK，其要求（尽量）不能去依赖任何第三方库。因此，我们基于 Foundation 框架进行网络相关的开发。另外，同步数据功能相对比较简单，直接使用 Foundation 框架中的 NSURLSession 类即可满足需求。

下面我们先简单地了解一下 Foundation 框架。

10.1.1 Foundation 简介

我们先以一个使用 Foundation 框架发送网络请求的例子开始。

```
- (void)testFoundation {
    // 创建NSURL对象，确定请求地址
    NSURL *url = [NSURL URLWithString:@"http://www.sensorsdata.cn/"];

    // 通过NSURL创建NSURLRequest请求对象，默认只能使用GET请求，并已包含请求头
```

```
NSURLRequest *request = [NSURLRequest requestWithURL:url];

// 获取NSURLSession对象
NSURLSession *session = [NSURLSession sharedSession];

// 通过NSURLRequest创建一个请求任务对象
// 当请求完成后，执行completionHandler
NSURLSessionDataTask *task = [session dataTaskWithRequest:request completion-
    Handler:^(NSData * _Nullable data, NSURLResponse * _Nullable response, NSError * _
    Nullable error) {
    if (error) {
        NSLog(@"Error: %@", error);
    } else {
        NSString *responseData = [[NSString alloc] initWithData:data encoding:
            NSUTF8StringEncoding];
        NSLog(@"Data: %@", responseData);
    }
}];

// 执行请求任务
[task resume];
}
```

下面我们逐一分析上述代码。

1. NSURL

对于 URL，大家应该很熟悉。在 Foundation 框架中，我们用 NSURL 类来表示 URL。
NSURL 可以通过类方法 +URLWithString: 进行实例化。代码示例如下。

```
NSURL *url = [NSURL URLWithString:@"http://www.sensorsdata.cn/"];
```

如果传入值不是合法的 URL，+URLWithString: 类方法会返回 nil。

2. NSURLRequest

NSURLRequest 类封装了请求的两个基本数据元素：要加载的 URL 和请求策略。
NSURLRequest 可以通过类方法 +requestWithURL: 实例化。代码示例如下。

```
NSURL *url = [NSURL URLWithString:@"http://www.sensorsdata.cn/"];

NSURLRequest *request = [NSURLRequest requestWithURL:url];
```

NSURLRequest 类仅用于封装有关 URL 请求的信息，如果需要发送请求到服务器，必
须借助其他类进行发送，比如 NSURLSession、NSURLConnection 等。

NSURLRequest 类一般仅能在初始化时设定一些属性外，一旦创建，绝大部分属性都
是只读的，不可设置或修改。它的可变子类 NSMutableURLRequest 则可以更加灵活地设置
请求的相关属性。比如：

```
NSURL *url = [NSURL URLWithString:@"http://www.sensorsdata.cn/"];

    // 创建一个可变的请求
    NSMutableURLRequest *request = [NSMutableURLRequest requestWithURL:url];
        // 将请求方法修改为POST
        request.HTTPMethod = @"POST";
```

3. NSURLSession

我们可以创建一个或多个 NSURLSession 对象，每个 NSURLSession 对象管理一组网络请求任务，每个任务表示请求一个特定的 URL。

NSURLSession 可以通过类方法 +sharedSession 创建一个单例。使用 +sharedSession 类方法不需要传入 NSURLSessionConfiguration 对象，也不能设置代理。这样的 Session 可定制性很差，但可以满足我们最基本的需求。

```
// 创建一个NSURLSession对象
SURLSession *session = [NSURLSession sharedSession];
```

4. NSURLSessionDataTask

NSURLSessionDataTask 是 NSURLSessionTask 的子类，是一个具体的网络请求类（Task），也是最常用的网络请求之一。通常，NSURLSessionDataTask 用来请求数据（JSON 数据）、下载数据资源（图片数据）等。

我们可以通过如下方法创建 NSURLSessionDataTask 实例对象：

```
/**
创建NSURLSessionDataTask实例对象

@param request请求的对象
@param completionHandler回调方法
@param data从服务器请求到的数据
@param response响应头信息
@param error错误信息
@return返回NSURLSessionDataTask实例对象
*/
- (NSURLSessionDataTask *)dataTaskWithRequest:(NSURLRequest *)request completionHandler:
    (void (^)(NSData * _Nullable data, NSURLResponse * _Nullable response, NSError
    * _Nullable error))completionHandler;
```

5. NSURLResponse

网络请求成功后，服务器的响应信息会保存在 NSURLResponse 或其子类 NSHTTPURLResponse 中。

NSURLResponse 常用的属性有：

```
/// 请求的URL地址
@property (nullable, readonly, copy) NSURL *URL;
```

```
/// 返回数据的数据类型
@property (nullable, readonly, copy) NSString *MIMEType;

/// 返回数据的内容长度
@property (readonly) long long expectedContentLength;

/// 返回数据的编码方式
@property (nullable, readonly, copy) NSString *textEncodingName;

/// 返回拼接的数据文件名，以URL为文件名，以MIMEType为扩展名
@property (nullable, readonly, copy) NSString *suggestedFilename;

/// 请求的状态码
@property (readonly) NSInteger statusCode;

/// 请求头中所有的字段
@property (readonly, copy) NSDictionary *allHeaderFields;
NSHTTPURLResponse
/// 请求的状态码
@property (readonly) NSInteger statusCode;

/// 请求头中所有的字段

@property (readonly, copy) NSDictionary *allHeaderFields;
```

6. ATS

从 iOS 9 开始，所有使用 NSURLSession 建立的 HTTP 连接默认使用 ATS（App Transport Security），这个新的安全协议要求所有的网络连接必须使用 HTTPS 协议，否则会提示如下错误。

```
App Transport Security has blocked a cleartext HTTP (http://) resource load since it is
    insecure. Temporary exceptions can be configured via your app's Info.plist file.
```

如果有一些特殊的原因需要忽略 ATS 限制的话，可以在 Info.plist 文件中添加如下配置。

```
<key>NSAppTransportSecurity</key>
<dict>
    <key>NSAllowsArbitraryLoads</key>
    <true/>
</dict>
```

Property List 模式下配置 Info.plist 效果如图 10-1 所示。

上述配置是针对所有的网络连接都忽略了 ATS 限制，如果我们不想使所有的网络连接都忽略 ATS 限制，也可以使用 NSExceptionDomains 来配置一些特殊域名。

Key	Type	Value
▼ Information Property List	Dictionary	(16 items)
Localization native development re...	String	$(DEVELOPMENT_LANGUAGE)
Executable file	String	$(EXECUTABLE_NAME)
Bundle identifier	String	$(PRODUCT_BUNDLE_IDENTIFIER)
InfoDictionary version	String	6.0
Bundle name	String	$(PRODUCT_NAME)
Bundle OS Type code	String	$(PRODUCT_BUNDLE_PACKAGE_TYPE)
Bundle versions string, short	String	1.0
Bundle version	String	1
Application requires iPhone enviro...	Boolean	YES
▶ Application Scene Manifest	Dictionary	(2 items)
Launch screen interface file base...	String	LaunchScreen
Main storyboard file base name	String	Main
▶ Required device capabilities	Array	(1 item)
▶ Supported interface orientations	Array	(3 items)
▶ Supported interface orientations (i...	Array	(4 items)
▼ App Transport Security Settings	Dictionary	(1 item)
Allow Arbitrary Loads	Boolean	YES

图 10-1　配置 Info.plist

```
<key>NSAppTransportSecurity</key>
<dict>
    <key>NSExceptionDomains</key>
    <dict>
        <key>sensorsdata.cn</key>
        <dict>
                  <!-- 包含所有的子域名-->
            <key>NSIncludesSubdomains</key>
            <true/>
                  <!-- 如果设置成YES，允许使用HTTP协议，默认为NO -->
            <key>NSExceptionAllowsInsecureHTTPLoads</key>
            <true/>
                  <!-- 如果设置成NO，将不支持Forward Secrecy，默认为YES -->
            <key>NSExceptionRequiresForwardSecrecy</key>
            <true/>
                  <!-- 允许使用TLS的最低版本-->
            <key>NSExceptionMinimumTLSVersion</key>
            <string>TLSv1.2</string>
        </dict>
    </dict>
</dict>
```

10.1.2　同步数据

对 Foundation 框架有了一定的了解之后，下面我们介绍一下如何实现同步数据。

第一步：在 SensorsSDK 项目中，新建一个同步数据的工具类 SensorsAnalyticsNetwork。SensorsAnalyticsNetwork.h 定义如下：

```
//
//  SensorsAnalyticsNetwork.h
//  SensorsSDK
//
//  Created by 王灼洲on 2019/8/8.
//  Copyright © 2019 SensorsSDK. All rights reserved.
//

#import <Foundation/Foundation.h>

NS_ASSUME_NONNULL_BEGIN

@interface SensorsAnalyticsNetwork : NSObject

@end

NS_ASSUME_NONNULL_END
```

SensorsAnalyticsNetwork.m 实现如下：

```
//
//  SensorsAnalyticsNetwork.m
//  SensorsSDK
//
//  Created by 王灼洲on 2019/8/8.
//  Copyright © 2019 SensorsSDK. All rights reserved.
//

#import "SensorsAnalyticsNetwork.h"

@implementation SensorsAnalyticsNetwork

@end
```

第二步：在 SensorsAnalyticsNetwork.h 文件中，新增 serverURL 属性，用于保存服务器的 URL 地址。

```
@interface SensorsAnalyticsNetwork : NSObject

/// 数据上报的服务器地址
@property (nonatomic, strong) NSURL *serverURL;

@end
```

第三步：在 SensorsAnalyticsNetwork 类中新增初始化方法 -initWithServerURL:。
SensorsAnalyticsNetwork.h 定义如下：

```
@interface SensorsAnalyticsNetwork : NSObject

/**
```

```
指定初始化方法

@param serverURL 服务器URL地址
@return 初始化对象
*/
- (instancetype)initWithServerURL:(NSURL *)serverURL NS_DESIGNATED_INITIALIZER;

@end
```

SensorsAnalyticsNetwork.m 实现如下：

```
@implementation SensorsAnalyticsNetwork

- (instancetype)initWithServerURL:(NSURL *)serverURL {
    self = [super init];
    if (self) {
        _serverURL = serverURL;
    }
    return self;
}

@end
```

第四步：在 SensorsAnalyticsNetwork.h 文件中禁止直接使用 -init 方法进行初始化，并删除 SensorsAnalyticsNetwork.m 文件中的 -init 方法实现。

```
interface SensorsAnalyticsNetwork : NSObject

......

/**
 禁止直接使用- init方法进行初始化
*/
- (instancetype)init NS_UNAVAILABLE;

@end
```

第五步：在 SensorsAnalyticsNetwork.m 文件中新增 NSURLSession 类型的 session 属性，并在 -initWithServerURL: 方法中进行初始化。

```
@implementation SensorsAnalyticsNetwork

- (instancetype)initWithServerURL:(NSURL *)serverURL {
    self = [super init];
    if (self) {
        _serverURL = serverURL;

        // 创建默认的session配置对象
        NSURLSessionConfiguration *configuration = [NSURLSessionConfiguration
```

```
        defaultSessionConfiguration];
    // 设置单个主机连接数为5
    configuration.HTTPMaximumConnectionsPerHost = 5;
    // 设置请求的超时时间
    configuration.timeoutIntervalForRequest = 30;
    // 允许使用蜂窝网络连接
    configuration.allowsCellularAccess = YES;

    // 创建一个网络请求回调和完成操作的线程池
    NSOperationQueue *queue = [[NSOperationQueue alloc] init];
    // 设置同步运行的最大操作数为1，即各操作FIFO
    queue.maxConcurrentOperationCount = 1;

    // 通过配置对象创建一个session对象
    _session = [NSURLSession sessionWithConfiguration:configuration delegate:self-
        delegateQueue:queue];
    }
    return self;
}

@end
```

在调用 NSURLSession 的类方法 +sessionWithConfiguration:delegate:delegateQueue: 实例化 NSURLSession 时，需要一个 NSURLSessionDelegate 类型的代理，我们将代理设置为 self，同时还需要在 SensorsAnalyticsNetwork.m 文件中配置实现 NSURLSessionDelegate 的协议。

```
@interface SensorsAnalyticsNetwork () <NSURLSessionDelegate>

@property (nonatomic, strong) NSURLSession *session;

@end
```

第六步：在 SensorsAnalyticsNetwork.m 文件中新增 -buildJSONStringWithEvents: 方法，用于将事件数组转成字符串。

```
@implementation SensorsAnalyticsNetwork

......

- (NSString *)buildJSONStringWithEvents:(NSArray<NSString *> *)events {
    return [NSString stringWithFormat:@"[\n%@\n]", [events componentsJoinedByString:@",\
        n"]];
}

@end
```

第七步：在 SensorsAnalyticsNetwork.m 文件中新增 -buildRequestWithJSONString: 方法，用于根据 serverURL 和事件字符串来创建 NSURLRequest 请求。

```
@implementation SensorsAnalyticsNetwork

......

- (NSURLRequest *)buildRequestWithJSONString:(NSString *)json {
    // 通过服务器URL地址创建请求
    NSMutableURLRequest *request = [NSMutableURLRequest requestWithURL:self.
        serverURL];
    // 设置请求的body
    request.HTTPBody = [json dataUsingEncoding:NSUTF8StringEncoding];
    // 请求方法
    request.HTTPMethod = @"POST";
    return request;
}

@end
```

第八步：在 SensorsAnalyticsNetwork 类中新增 -flushEvents: 方法，用于同步数据。
SensorsAnalyticsNetwork.h 定义如下：

```
@interface SensorsAnalyticsNetwork : NSObject

......

/**
 同步数据

 @param events 事件数组
 @return YES:同步成功；NO:同步失败
 */
- (BOOL)flushEvents:(NSArray<NSString *> *)events;

@end
```

SensorsAnalyticsNetwork.m 实现如下：

```
/// 网络请求结束处理回调类型
typedef void(^SAURLSessionTaskCompletionHandler)(NSData * _Nullable data,
    NSURLResponse * _Nullable response, NSError * _Nullable error);

@implementation SensorsAnalyticsNetwork

......

- (BOOL)flushEvents:(NSArray<NSString *> *)events {
    // 将事件数组组装成JSON字符串
    NSString *jsonString = [self buildJSONStringWithEvents:events];
    // 创建请求对象
    NSURLRequest *request = [self buildRequestWithJSONString:jsonString];
```

```objc
    // 数据上传结果
    __block BOOL flushSuccess = NO;
    // 使用GCD中的信号量，实现线程锁
    dispatch_semaphore_t flushSemaphore = dispatch_semaphore_create(0);
    SAURLSessionTaskCompletionHandler handler = ^(NSData * _Nullable data,
        NSURLResponse * _Nullable response, NSError * _Nullable error) {
        if (error) {
            // 当请求发生错误时，打印信息错误
            NSLog(@"Flush events error: %@", error);
            dispatch_semaphore_signal(flushSemaphore);
            return;
        }
        // 获取请求结束返回的状态码
        NSInteger statusCode = [(NSHTTPURLResponse *)response statusCode];
        // 当状态码为2XX时，表示事件发送成功
        if (statusCode >= 200 && statusCode < 300) {
            // 打印上传成功的数据
            NSLog(@"Flush events success: %@", jsonString);
            // 数据上传成功
            flushSuccess = YES;
        } else {
            // 事件信息发送失败
            NSString *desc = [NSString stringWithFormat:@"Flush events error,
                statusCode: %d, events: %@", (int)statusCode, jsonString];
            NSLog(@"Flush events error:%@", desc);
        }
        dispatch_semaphore_signal(flushSemaphore);
    };

    // 通过request创建请求任务
    NSURLSessionDataTask *task = [self.session dataTaskWithRequest:request
        completionHandler:handler];
    // 执行任务
    [task resume];

    // 等待请求完成
    dispatch_semaphore_wait(flushSemaphore, DISPATCH_TIME_FOREVER);

    // 返回数据上传结果
    return flushSuccess;
}

@end
```

第九步：在 SensorsAnalyticsSDK.m 文件中新增 SensorsAnalyticsNetwork 类型的对象 network，并在 -init 方法中进行初始化。

```
#import "SensorsAnalyticsNetwork.h"

@interface SensorsAnalyticsSDK ()

......

/// 发送网络请求的对象
@property (nonatomic, strong) SensorsAnalyticsNetwork *network;

@end


@implementation SensorsAnalyticsSDK

- (instancetype)init {
    self = [super init];
    if (self) {
        _automaticProperties = [self collectAutomaticProperties];
        // 设置是否被动启动标记
        _launchedPassively = UIApplication.sharedApplication.backgroundTimeRemaining !=
            UIApplicationBackgroundFetchIntervalNever;
        _trackTimer = [NSMutableDictionary dictionary];
        _enterBackgroundTrackTimerEvents = [NSMutableArray array];

        _fileStore = [[SensorsAnalyticsFileStore alloc] init];

        // 初始化SensorsAnalyticsDatabase类的对象，使用默认路径
        _database = [[SensorsAnalyticsDatabase alloc] init];

        //此处需要配置一个可用的ServerURL
        _network = [[SensorsAnalyticsNetwork alloc] initWithServerURL:[NSURL
            URLWithString:@""]];

        // 添加应用程序状态监听
        [self setupListeners];
    }
    return self;
}
@end
```

第十步：在 SensorsAnalyticsSDK 项目中对外暴露 -flush 方法。
在 SensorsAnalyticsSDK.h 文件中声明 -flush 方法。

```
@interface SensorsAnalyticsSDK : NSObject

......

/**
```

　向服务器同步本地所有数据
　*/
- (void)flush;

@end

在 SensorsAnalyticsSDK.m 文件中实现 -flush 方法。

```
static NSUInteger const SensorsAnalyticsDefalutFlushEventCount = 50;

@implementation SensorsAnalyticsSDK

......

- (void)flush {
    // 默认一次向服务端发送50条数据
    [self flushByEventCount:SensorsAnalyticsDefalutFlushEventCount];
}

- (void)flushByEventCount:(NSUInteger)count {
    // 获取本地数据
    NSArray<NSString *> *events = [self.database selectEventsForCount:count];
    // 当本地存储的数据为0或者上传失败时，直接返回，退出递归调用
    if (events.count == 0 || ![self.network flushEvents:events]) {
        return;
    }
    // 当删除数据失败时，直接返回，退出递归调用，防止死循环
    if (![self.database deleteEventsForCount:count]) {
        return;
    }
    // 继续上传本地的其他数据
    [self flushByEventCount:count];
}

@end
```

第十一步：测试验证。

配置一个可以接受 POST 请求的 serverURL，然后在 Demo 中点击按钮触发 Sensors-AnalyticsSDK 的 -flush 方法。如果同步成功，我们在 Xcode 控制台中能看到"Flush events success"字样的日志提示。

大家有没有发现一个问题：serverURL 是在 SensorsAnalyticsSDK 的 -init 方法中硬编码的。对于一个通用的 SDK 来说，这样非常不方便，也暴露出我们之前定义的初始化方法 -init 不够灵活。借此机会，我们优化一下 SDK 的初始化框架，新增 +startWithServerURL: 类方法，支持初始化 SDK 时传入 serverURL。

第一步：在 SensorsAnalyticsSDK.h 文件中，禁止直接使用 -init 方法初始化 SDK，并新增 +startWithServerURL: 类方法声明。

```objc
@interface SensorsAnalyticsSDK : NSObject

......

- (instancetype)init NS_UNAVAILABLE;

/**
初始化SDK

@param urlString 接收数据的服务端URL
*/
+ (void)startWithServerURL:(NSString *)urlString;

@end
```

第二步：在 SensorsAnalyticsSDK.m 文件中，实现 -initWithServerURL: 初始化方法。

```objc
@implementation SensorsAnalyticsSDK

......

- (instancetype)initWithServerURL:(NSString *)urlString {
    self = [super init];
    if (self) {
        _automaticProperties = [self collectAutomaticProperties];

        // 设置是否被动启动标记
        _launchedPassively = UIApplication.sharedApplication.backgroundTimeRemaining !=
            UIApplicationBackgroundFetchIntervalNever;

        _loginId = [[NSUserDefaults standardUserDefaults] objectForKey:SensorsAnalytics-
            LoginId];

        _anonymousId = [self anonymousId];

        _trackTimer = [NSMutableDictionary dictionary];

        _enterBackgroundTrackTimerEvents = [NSMutableArray array];

        _fileStore = [[SensorsAnalyticsFileStore alloc] init];

        // 初始化SensorsAnalyticsDatabase类的对象，使用默认路径
        _database = [[SensorsAnalyticsDatabase alloc] init];

        //此处需要配置一个可用的ServerURL
        _network = [[SensorsAnalyticsNetwork alloc] initWithServerURL:[NSURL
            URLWithString:urlString]];
```

```
    // 添加应用程序状态监听
    [self setupListeners];
  }
  return self;
}

@end
```

第三步：在 SensorsAnalyticsSDK.m 文件中，实现 +startWithServerURL: 类方法。

```
@implementation SensorsAnalyticsSDK

......

static SensorsAnalyticsSDK *sharedInstance = nil;
+ (void)startWithServerURL:(NSString *)urlString {
    static dispatch_once_t onceToken;
    dispatch_once(&onceToken, ^{
        sharedInstance = [[SensorsAnalyticsSDK alloc] initWithServerURL:urlString];
    });
}

@end
```

第四步：在 SensorsAnalyticsSDK.m 文件中，修改 +sharedInstance 类方法。

```
@implementation SensorsAnalyticsSDK

......

+ (SensorsAnalyticsSDK *)sharedInstance {
    return sharedInstance;
}

@end
```

第五步：测试验证。

修改 Demo，在 AppDelegate.m 文件的 -application:didFinishLaunchingWithOptions: 方法中调用 SensorsAnalyticsSDK 的 +startWithServerURL: 类方法初始化 SDK。

```
- (BOOL)application:(UIApplication *)application didFinishLaunchingWithOptions:(NS-
    Dictionary *)launchOptions {
    // Override point for customization after application launch.

    //初始化埋点SDK
    [SensorsAnalyticsSDK startWithServerURL:@"某个URL"];

    //触发事件
```

```
[[SensorsAnalyticsSDK sharedInstance] track:@"MyFirstEvent" properties:@
    {@"testKey" : @"testValue"}];
return YES;
}
```

10.2 数据同步策略

10.1 节实现了数据的同步，但这个同步的动作，仍需要手动触发。作为一个标准的数据采集 SDK，其必须包含一些自动同步数据的策略，一方面是为了降低用户使用 SDK 的难度和成本，另一方面是为了确保数据的正确性、完整性和及时性。

10.2.1 基本原则

在这里，我们以最常用的三种数据同步策略为例进行介绍。

❑ 策略一：客户端本地已缓存的事件超过一定条数时同步数据（比如：100 条）。
❑ 策略二：客户端每隔一定的时间同步一次（比如，每隔 15 秒同步一次）。
❑ 策略三：应用程序进入后台时尝试同步本地已缓存的所有数据。

需要特别注意的是，事件和事件之间是有先后顺序的。比如，需要先有浏览商品事件，然后才能有加入购物车的事件。因此，在同步数据的时候，需要严格按照事件触发的时间先后顺序同步数据。

因此，我们还需要优化一下 SensorsAnalyticsSDK 的 -flush 方法，并使其在队列里执行。

第一步：在 SensorsAnalyticsSDK.m 文件中添加一个 dispatch_queue_t 类型的属性 serialQueue。

```
@interface SensorsAnalyticsSDK ()

......

@property (nonatomic, strong) dispatch_queue_t serialQueue;

@end
```

第二步：在 SensorsAnalyticsSDK.m 文件的 -initWithServerURL: 方法中初始化 serialQueue。

```
- (instancetype)initWithServerURL:(NSString *)urlString {
    self = [super init];
    if (self) {
        _automaticProperties = [self collectAutomaticProperties];
        // 设置是否被动启动标记
        _launchedPassively = UIApplication.sharedApplication.backgroundTimeRemaining !=
            UIApplicationBackgroundFetchIntervalNever;
        _trackTimer = [NSMutableDictionary dictionary];
        _enterBackgroundTrackTimerEvents = [NSMutableArray array];
```

```
    _fileStore = [[SensorsAnalyticsFileStore alloc] init];

    // 初始化SensorsAnalyticsDatabase类的对象，使用默认路径
    _database = [[SensorsAnalyticsDatabase alloc] init];

    _network = [[SensorsAnalyticsNetwork alloc] initWithServerURL:[NSURL
        URLWithString:urlString]];

    NSString *queueLabel = [NSString stringWithFormat:@"cn.sensorsdata.%@.%p",
        self.class, self];
    _serialQueue = dispatch_queue_create([queueLabel UTF8String], DISPATCH_
        QUEUE_SERIAL);

    // 添加应用程序状态监听
    [self setupListeners];
    }
    return self;
}
```

第三步：修改 SensorsAnalyticsSDK.m 文件中的 -flush 方法，并使其在队列里执行。

```
- (void)flush {
    dispatch_async(self.serialQueue, ^{
        // 默认一次向服务端发送50条数据
        [self flushByEventCount:SensorsAnalyticsDefalutFlushEventCount];
    });
}
```

另外，通过 -flushByEventCount: 方法的实现可知，数据同步成功后，需要把已同步成功的数据从本地缓存中删除。如果正在删除的过程中，又有新的事件触发并入库，可能会导致把新入库（未同步）的事件也删除，因此，需要修改 -track:properties: 方法，把事件入库的操作也放到 serialQueue 队列中。

第四步：优化 SensorsAnalyticsSDK.m 文件的 -track:properties: 方法，并使其在队列里执行。

```
- (void)track:(NSString *)eventName properties:(NSDictionary<NSString *,id> *)properties {
    NSMutableDictionary *event = [NSMutableDictionary dictionary];
    // 设置事件名称
    event[@"event"] = eventName;
    // 设置事件发生的时间戳，单位为毫秒
    event[@"time"] = [NSNumber numberWithLong:NSDate.date.timeIntervalSince1970 * 1000];

    NSMutableDictionary *eventProperties = [NSMutableDictionary dictionary];
    // 添加预置属性
    [eventProperties addEntriesFromDictionary:self.automaticProperties];
    // 添加自定义属性
    [eventProperties addEntriesFromDictionary:properties];
```

```
    // 判断是否为被动启动状态
    if (self.launchedPassively) {
        // 添加应用程序状态属性
        eventProperties[@"$app_state"] = @"background";
    }

    // 设置事件属性
    event[@"properties"] = eventProperties;

    dispatch_async(self.serialQueue, ^{
        // 在Xcode控制台中打印事件信息
        [self printEvent:event];
        // [self.fileStore saveEvent:event];
        [self.database insertEvent:event];
    });
}
```

我们下面开始介绍如何实现以上提到的三种数据同步策略。

10.2.2　策略一

策略一即客户端本地已缓存的数据超过一定条数时同步数据（比如 100 条）。

实现这个策略非常简单：每次事件触发并入库后，检查一下已缓存的事件条数是否超过了定义的阈值，如果已达到，调用 -flush 方法同步数据。

第一步：在 SensorsAnalyticsSDK.h 文件中添加属性 flushBulkSize，表示允许本地缓存的事件最大条数。

```
@interface SensorsAnalyticsSDK : NSObject

......

/// 当本地缓存的事件达到最大条数时，上传数据（默认为100条）
@property (nonatomic) NSUInteger flushBulkSize;

@end
```

第二步：在 SensorsAnalyticsSDK.m 文件的 -initWithServerURL: 方法中初始化 flushBulkSize 属性，默认值设置为 100 条。

```
- (instancetype)initWithServerURL:(NSString *)urlString {
    self = [super init];
    if (self) {
        _automaticProperties = [self collectAutomaticProperties];
        // 设置是否被动启动标记
        _launchedPassively = UIApplication.sharedApplication.backgroundTimeRemaining !=
            UIApplicationBackgroundFetchIntervalNever;
        _trackTimer = [NSMutableDictionary dictionary];
```

```
        _enterBackgroundTrackTimerEvents = [NSMutableArray array];

        _fileStore = [[SensorsAnalyticsFileStore alloc] init];

        // 初始化SensorsAnalyticsDatabase类的对象，使用默认路径
        _database = [[SensorsAnalyticsDatabase alloc] init];

        _network = [[SensorsAnalyticsNetwork alloc] initWithServerURL:[NSURL
            URLWithString:urlString]];

        NSString *queueLabel = [NSString stringWithFormat:@"cn.sensorsdata.%@.%p",
            self.class, self];
        _serialQueue = dispatch_queue_create([queueLabel UTF8String], DISPATCH_QUEUE_
            SERIAL);

        _flushBulkSize = 100;

        // 添加应用程序状态监听
        [self setupListeners];
    }
    return self;
}
```

第三步：优化 SensorsAnalyticsSDK 的类别 Track 中的 -track:properties: 方法，事件入库之后，判断本地已缓存的事件条数是否大于 flushBulkSize，如果大于则触发数据同步。

```
@implementation SensorsAnalyticsSDK (Track)

......

- (void)track:(NSString *)eventName properties:(NSDictionary *)properties {
    ...

    if (self.database.eventCount >= self.flushBulkSize) {
        [self flush];
    }
}

@end
```

至此，我们就实现了策略一。

10.2.3　策略二

策略二即客户端每隔一定的时间就同步一次数据（比如默认 15 秒）。

我们可以开启一个定时器（NSTimer），每隔一定时间调用一次 -flush 方法同步数据。

第一步：在 SensorsAnalyticsSDK.h 文件中添加属性 flushInterval，表示每隔多久同步一次数据。

```
@interface SensorsAnalyticsSDK : NSObject

......

/// 两次数据发送的时间间隔，单位为秒
@property (nonatomic) NSUInteger flushInterval;

@end
```

第二步：在 SensorsAnalyticsSDK.m 文件的 -initWithServerURL: 方法中初始化 flushInterval 属性，默认值设置为 15 秒。

```
@implementation SensorsAnalyticsSDK

......

- (instancetype)initWithServerURL:(NSString *)urlString {
    self = [super init];
    if (self) {
        _automaticProperties = [self collectAutomaticProperties];
        // 设置是否被动启动标记
        _launchedPassively = UIApplication.sharedApplication.backgroundTimeRemaining !=
            UIApplicationBackgroundFetchIntervalNever;
        _trackTimer = [NSMutableDictionary dictionary];
        _enterBackgroundTrackTimerEvents = [NSMutableArray array];

        _fileStore = [[SensorsAnalyticsFileStore alloc] init];

        // 初始化SensorsAnalyticsDatabase类的对象，使用默认路径
        _database = [[SensorsAnalyticsDatabase alloc] init];

        _network = [[SensorsAnalyticsNetwork alloc] initWithServerURL:[NSURL
            URLWithString:urlString]];

        NSString *queueLabel = [NSString stringWithFormat:@"cn.sensorsdata.%@.%p",
            self.class, self];
        _serialQueue = dispatch_queue_create([queueLabel UTF8String], DISPATCH_
            QUEUE_SERIAL);

        _flushBulkSize = 100;
        _flushInterval = 15;

        // 添加应用程序状态监听
        [self setupListeners];
    }
    return self;
```

```
}

@end
```

第三步：在 SensorsAnalyticsSDK.m 文件中新增一个计时器 flushTimer 属性，并实现如下两个方法。

❑ - startFlushTimer：开启计时器

❑ - stopFlushTimer：停止计时器

```
@interface SensorsAnalyticsSDK ()

......

/// 定时上传事件的计时器
@property (nonatomic, strong) NSTimer *flushTimer;

@end

@implementation SensorsAnalyticsSDK

......

#pragma mark - FlushTimer
/// 开启上传数据的计时器
- (void)startFlushTimer {
    if (self.flushTimer) {
        return;
    }
    NSTimeInterval interval = self.flushInterval < 5 ? 5 : self.flushInterval;
    self.flushTimer = [NSTimer timerWithTimeInterval:interval target:self selector:@
        selector(flush) userInfo:nil repeats:YES];
    [NSRunLoop.currentRunLoop addTimer:self.flushTimer forMode:NSRunLoopCommonModes];
}

// 停止上传数据的计时器
- (void)stopFlushTimer {
    [self.flushTimer invalidate];
    self.flushTimer = nil;
}

@end
```

第四步：在 SensorsAnalyticsSDK.m 文件的 -initWithServerURL: 方法中调用 -startFlushTimer 方法开启计时器。

```
- (instancetype)initWithServerURL:(NSString *)urlString {
    self = [super init];
    if (self) {
```

```
    ......
        [self startFlushTimer];
    }
    return self;
}
```

第五步：在 SensorsAnalyticsSDK.m 文件中实现 -setFlushInterval: 方法。

修改 flushInterval 值时，需要先将本地已缓存的所有事件数据上传，然后重置计时器（先暂停计时器再开启）。

```
@implementation SensorsAnalyticsSDK

......

- (void)setFlushInterval:(NSUInteger)flushInterval {
    if (_flushInterval != flushInterval) {
        _flushInterval = flushInterval;
        // 上传本地缓存的所有事件数据
        [self flush];
        // 先暂停计时器
        [self stopFlushTimer];
        // 重新开启计时器
        [self startFlushTimer];
    }
}

@end
```

第六步：修改 SensorsAnalyticsSDK.m 文件中的 -applicationDidEnterBackground: 方法，应用程序进入后台时及时停止计时器。

```
@implementation SensorsAnalyticsSDK

......

- (void)applicationDidEnterBackground:(NSNotification *)notification {
    NSLog(@"Application did enter background.");

    //还原标记位
    self.applicationWillResignActive = NO;

    // 触发$AppEnd 事件
    // [self track:@"$AppEnd" properties:nil];
    [self trackTimerEnd:@"$AppEnd" properties:nil];

    // 暂停所有事件时长统计
```

```
[self.trackTimer enumerateKeysAndObjectsUsingBlock:^(NSString * _Nonnull key,
    NSDictionary * _Nonnull obj, BOOL * _Nonnull stop) {
        if (![obj[SensorsAnalyticsEventIsPauseKey] boolValue]) {
            [self.enterBackgroundTrackTimerEvents addObject:key];
            [self trackTimerPause:key];
        }
}];

    // 停止计时器
    [self stopFlushTimer];
}

@end
```

第七步：修改 SensorsAnalyticsSDK.m 文件中的 -applicationDidBecomeActive: 方法，应用程序进入前台时及时开启计时器。

```
@implementation SensorsAnalyticsSDK

......

- (void)applicationDidBecomeActive:(NSNotification *)notification {
    NSLog(@"Application did become active.");

    // 还原标记位
    if (self.applicationWillResignActive) {
        self.applicationWillResignActive = NO;
        return;
    }

    // 将被动启动标记设为NO，正常记录事件
    self.launchedPassively = NO;

    // 触发$AppStart事件
    [self track:@"$AppStart" properties:nil];

    // 恢复所有事件时长统计
    for (NSString *event in self.enterBackgroundTrackTimerEvents) {
        [self trackTimerResume:event];
    }
    [self.enterBackgroundTrackTimerEvents removeAllObjects];

    // 开始$AppEnd事件计时
    [self trackTimerStart:@"$AppEnd"];

    // 开启计时器
    [self startFlushTimer];
```

```
}

@end
```

至此，我们实现了策略二。

10.2.4　策略三

策略三即应用程序进入后台时尝试同步本地已缓存的所有数据。

对于 iPhone 用户来说，比较习惯通过点击 Home 键或者上滑 HomeBar 让应用程序进入后台。如果此时我们不去尝试同步数据，就有可能造成一些数据丢失，因为应用程序进入后台，下次具体什么时候再启动就不得而知了。更有甚者，下一秒应用程序就有可能被卸载。因此，每当应用程序进入后台时，都要尝试同步数据，最大限度地保证数据的完整性。

我们都知道，苹果公司对应用程序的后台运行管控非常严格，应用程序进入后台后，大概只有几秒钟的时间可用来处理数据。在这么短的时间内完成数据的同步是完全不可控的，有可能会出现一些无法预料的后果。此时，可以借助 UIApplication 类的 -beginBackgroundTaskWithExpirationHandler: 方法，该方法可以让我们在应用程序进入后台后最多有 3 分钟的时间来处理数据。在网络正常的情况下，这个时间对于同步数据而言足够了。

下面我们详细介绍实现步骤。

第一步：修改 SensorsAnalyticsSDK.m 文件中的 -flushByEventCount: 方法，为该方法增加一个 background 参数，表示是否为后台任务发起同步数据。

```
@implementation SensorsAnalyticsSDK

......

- (void)flushByEventCount:(NSUInteger)count background:(BOOL)background {
    if (background) {
        __block BOOL isContinue = YES;
        dispatch_sync(dispatch_get_main_queue(), ^{
            // 当运行时间大于请求超时时间时，为保证数据库删除时应用不被强杀，不再继续上传
            isContinue = UIApplication.sharedApplication.backgroundTimeRemaining >= 30;
        });
        if (!isContinue) {
            return;
        }
    }

    // 获取本地数据
    NSArray<NSString *> *events = [self.database selectEventsForCount:count];
    // 当本地存储的数据为0或者上传失败时，直接返回，退出递归调用
    if (events.count == 0 || ![self.network flushEvents:events]) {
        return;
```

```
    }
    // 当删除数据失败时，直接返回，退出递归调用，防止死循环
    if (![self.database deleteEventsForCount:count]) {
        return;
    }
    // 继续上传本地的其他数据
    [self flushByEventCount:count background:background];
}

@end
```

第二步：修改 SensorsAnalyticsSDK.m 文件中的 -flush 方法，调用修改后的 -flushByEvent-Count:background: 方法，同时设置 background 参数为 NO。

```
@implementation SensorsAnalyticsSDK

......

- (void)flush {
    dispatch_async(self.serialQueue, ^{
        // 默认一次向服务端发送50条数据
        [self flushByEventCount:SensorsAnalyticsDefalutFlushEventCount background:NO];
    });
}

@end
```

第三步：修改 SensorsAnalyticsSDK.m 文件中的 -applicationDidEnterBackground: 方法，添加后台同步数据任务。

```
@implementation SensorsAnalyticsSDK

......

- (void)applicationDidEnterBackground:(NSNotification *)notification {
    NSLog(@"Application did enter background.");

    self.applicationHasWillResignActive = NO;

    // 触发$AppEnd事件
    // [self track:@"$AppEnd" properties:nil];
    [self trackTimerEnd:@"$AppEnd" properties:nil];

    UIApplication *application = UIApplication.sharedApplication;
    // 初始化标识符
    __block UIBackgroundTaskIdentifier backgroundTaskIdentifier = UIBackgroundTaskInvalid;
    // 结束后台任务
    void (^endBackgroundTask)(void) = ^() {
        [application endBackgroundTask:backgroundTaskIdentifier];
```

```
        backgroundTaskIdentifier = UIBackgroundTaskInvalid;
    };
    // 标记长时间运行的后台任务
    backgroundTaskIdentifier = [application beginBackgroundTaskWithExpirationHandler:^{
        endBackgroundTask();
    }];

    dispatch_async(self.serialQueue, ^{
        // 发送数据
        [self flushByEventCount:SensorsAnalyticsDefalutFlushEventCount background:YES];
        // 结束后台任务
        endBackgroundTask();
    });

    // 暂停所有事件时长统计
    [self.trackTimer enumerateKeysAndObjectsUsingBlock:^(NSString * _Nonnull key,
        NSDictionary * _Nonnull obj, BOOL * _Nonnull stop) {
        if (![obj[SensorsAnalyticsEventIsPauseKey] boolValue]) {
            [self.enterBackgroundTrackTimerEvents addObject:key];
            [self trackTimerPause:key];
        }
    }];

    // 停止计时器
    [self stopFlushTimer];
}
@end
```

至此，我们实现了策略三。

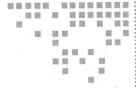

第 11 章 Chapter 11

采 集 崩 溃

在 iOS 应用程序开发中，我们难免会碰到因各种异常而导致应用程序崩溃的情况。特别是对于像 Objective-C 这样的动态语言来说，一旦代码出现异常，一般都会导致应用程序崩溃。在开发的过程中，如果应用程序出现崩溃，我们都可以根据本地崩溃信息快速定位、修改代码并修复。但对于线上版本发生的一些崩溃情况，我们只能通过收集崩溃信息来分析具体的原因。苹果公司也提供了崩溃信息上报的功能，但并不是所有的 iPhone 用户都开启了该功能。因此，对于数据采集 SDK 来说，采集崩溃信息并上报也是一项必不可少的功能。

采集应用程序的崩溃信息，主要分为以下两种场景：

❑ NSException 异常

❑ Unix 信号异常

下面我们分别介绍如何实现采集崩溃信息的全埋点。

11.1 NSException 异常

NSException 异常是 Objective-C 代码抛出的异常。在 iOS 应用程序中，最常见的就是通过 @throw 抛出的异常。比如，常见的数组越界访问异常：

```
@throw [NSException exceptionWithName:@"NSRangeException" reason:@"index 2 beyond
    bounds [0 .. 1]" userInfo:nil];
```

运行程序会出现如下异常信息：

```
Terminating app due to uncaught exception 'NSRangeException', reason: 'index 2
    beyond bounds [0 .. 1]'
```

11.1.1 捕获 NSException 异常

我们可以通过 NSSetUncaughtExceptionHandler 函数来全局设置异常处理函数，然后收集异常堆栈信息并触发相应的事件（$AppCrashed），来实现 NSException 异常的全埋点。

下面我们介绍一下实现的详细步骤。

第一步：在 SensorsSDK 项目中创建 SensorsAnalyticsExceptionHandler 类，并新增 +sharedInstance 类方法。

SensorsAnalyticsExceptionHandler.h 定义如下：

```
//
//  SensorsAnalyticsExceptionHandler.h
//  SensorsSDK
//
//  Created by王灼洲on 2019/6/9.
//  Copyright © 2019 SensorsData. All rights reserved.
//

#import <Foundation/Foundation.h>

NS_ASSUME_NONNULL_BEGIN

@interface SensorsAnalyticsExceptionHandler : NSObject

+ (instancetype)sharedInstance;

@end

NS_ASSUME_NONNULL_END
```

SensorsAnalyticsExceptionHandler.m 实现如下：

```
//
//  SensorsAnalyticsExceptionHandler.m
//  SensorsSDK
//
//  Created by王灼洲on 2019/6/9.
//  Copyright © 2019 SensorsData. All rights reserved.
//

#import "SensorsAnalyticsExceptionHandler.h"

@implementation SensorsAnalyticsExceptionHandler

+ (instancetype)sharedInstance {
    static SensorsAnalyticsExceptionHandler *instance = nil;
    static dispatch_once_t onceToken;
```

```
    dispatch_once(&onceToken, ^{
        instance = [[SensorsAnalyticsExceptionHandler alloc] init];
    });
    return instance;
}

@end
```

第二步：在 SensorsAnalyticsExceptionHandler.m 文件中实现初始化方法 -init，并通过 NSSetUncaughtExceptionHandler 函数全局设置异常处理函数，然后在全局处理函数中采集异常相关的信息，并触发 $AppCrashed 事件。其中，异常的堆栈信息会放到 $app_crashed_ reason 事件属性中。

```
#import "SensorsAnalyticsExceptionHandler.h"
#import "SensorsAnalyticsSDK.h"

@implementation SensorsAnalyticsExceptionHandler

- (instancetype)init {
    self = [super init];
    if (self) {
        NSSetUncaughtExceptionHandler(&sensorsdata_uncaught_exception_handler);
    }
    return self;
}

static void sensorsdata_uncaught_exception_handler(NSException *exception) {
    // 采集$AppCrashed事件
    [[SensorsAnalyticsExceptionHandler sharedInstance] trackAppCrashedWithExcep-
        tion:exception];
}

- (void)trackAppCrashedWithException:(NSException *)exception {
    NSMutableDictionary *properties = [NSMutableDictionary dictionary];
    // 异常名称
    NSString *name = [exception name];
    // 出现异常的原因
    NSString *reason = [exception reason];
    // 异常的堆栈信息
    NSArray *stacks = [exception callStackSymbols];
    // 将异常信息组装
    NSString *exceptionInfo = [NSString stringWithFormat:@"Exception name: %@\
        nException reason: %@\nException stack: %@", name, reason, stacks];
    // 设置$AppCrashed的事件属性$app_crashed_reason
    properties[@"$app_crashed_reason"] = exceptionInfo;

    [[SensorsAnalyticsSDK sharedInstance] track:@"$AppCrashed" properties:properties];
```

```
        NSSetUncaughtExceptionHandler(NULL);
    }

    @end
```

第三步：在 SensorsAnalyticsSDK.m 文件的初始化方法 -initWithServerURL: 中，调用 SensorsAnalyticsExceptionHandler 类的 +sharedInstance 类方法初始化 SensorsAnalytics-ExceptionHandler 类的单例对象。

```
#import "SensorsAnalyticsExceptionHandler.h"

@implementation SensorsAnalyticsSDK

......

- (instancetype)initWithServerURL:(NSString *)urlString {
    self = [super init];
    if (self) {
        _passivelyEvents = [NSMutableArray array];
        _enterBackgroundTrackTimerEvents = [NSMutableArray array];
        _trackTimer = [NSMutableDictionary dictionary];

        _loginId = [[NSUserDefaults standardUserDefaults] objectForKey:SensorsAnaly-
            ticsLoginId];

        _automaticProperties = [self collectAutomaticProperties];
        // 设置是否被动启动标记
        _launchedPassively = UIApplication.sharedApplication.backgroundTimeRemaining !=
            UIApplicationBackgroundFetchIntervalNever;

        NSString *queueLabel = [NSString stringWithFormat:@"cn.sensorsdata.%@.%p",
            self.class, self];
        _serialQueue = dispatch_queue_create([queueLabel UTF8String], DISPATCH_QUEUE_
            SERIAL);

        // 添加应用程序状态监听
        [self setupListeners];

        _fileStore = [[SensorsAnalyticsFileStore alloc] init];
        // 初始化SensorsAnalyticsDatabase类的对象，使用默认路径
        _database = [[SensorsAnalyticsDatabase alloc] init];

        _flushBulkSize = 100;
        _flushInterval = 15;
        _network = [[SensorsAnalyticsNetwork alloc] initWithServerURL:urlString];

        // 调用异常处理单例对象，进行初始化
```

```
        [SensorsAnalyticsExceptionHandler sharedInstance];

        [self startFlushTimer];
    }
    return self;
}

@end
```

第四步：测试验证。

在 Demo 中，新添加一个 UIButton，并绑定 -btnAction: 方法，该方法实现代码如下。点击按钮，触发数组越界。

```
- (void)btnAction:(id)sender{
    NSArray *array = @[@"first", @"second"];
    NSLog(@"%@", array[2]);
}
```

以上是一个非常简单的数组越界异常，我们并没有使用 @try-@catch 在程序中进行捕获，因此，这个异常会被抛出，并造成应用程序崩溃。

运行 Demo，我们可以在 Xcode 控制台中看到 $AppCrashed 事件信息。

```
{
    "properties": {
        "$model": "x86_64",
        "$manufacturer": "Apple",
        "$app_crashed_reason": "Exception name:NSRangeException\nException-
            reason: *** -[__NSArrayI objectAtIndexedSubscript:]: index 2 beyond
            bounds [0 .. 1]\nException stack: ......",
        "$lib_version": "1.0.0",
        "$os": "iOS",
        "$app_version": "1.0",
        "$os_version": "13.2.2",
        "$lib": "iOS"
    },
    "event": "$AppCrashed",
    "time": 1575851881946,
    "distinct_id": "A5E74786-0DCE-4C4D-A25F-F52BDC649CD1"
}
```

在 Xcode 中，对应的崩溃信息如图 11-1 所示。

至此，我们已经实现应用程序 NSException 异常全埋点。

11.1.2 传递 UncaughtExceptionHandler

11.1.1 节通过 NSSetUncaughtExceptionHandler 函数来全局设置异常处理函数，采集了

应用程序的崩溃事件（$AppCrashed）。但我们仍需考虑另一个问题，在应用程序实际开发过程中，可能会集成多个 SDK，如果这些 SDK 都按照上面介绍的方法采集异常信息，总会有一些 SDK 采集不到异常信息。这是因为通过 NSSetUncaughtExceptionHandler 函数设置的是一个全局异常处理函数，后面设置的异常处理函数会自动覆盖前面设置的异常处理函数。

```
2019-12-07 18:46:18.927278+0800 Demo[33220:3395868] *** Terminating app due to uncaught exception 'NSRangeException', reason: '***
 -[__NSArrayI objectAtIndexedSubscript:]: index 2 beyond bounds [0 .. 1]'
*** First throw call stack:
(
    0   CoreFoundation                      0x000000010526502e __exceptionPreprocess + 350
    1   libobjc.A.dylib                     0x00000001050d2b20 objc_exception_throw + 48
    2   CoreFoundation                      0x0000000105f7a71 _CFThrowFormattedException + 194
    3   CoreFoundation                      0x000000010526d614d -[__NSArrayI objectAtIndexedSubscript:] + 93
    4   Demo                                0x0000000104783158d -[ViewController btnAction:] + 141
    5   UIKitCore                           0x0000000108501dfa -[UIApplication sendAction:to:from:forEvent:] + 83
    6   SensorsSDK                          0x0000000104aa6d0f -[UIApplication(SensorsData) sensorsdata_sendAction:to:from:forEvent:] +
        575
    7   UIKitCore                           0x0000000107edbc22 -[UIControl sendAction:to:forEvent:] + 223
    8   UIKitCore                           0x0000000107edbf6c -[UIControl _sendActionsForEvents:withEvent:] + 398
    9   UIKitCore                           0x0000000107edaecb -[UIControl touchesEnded:withEvent:] + 481
   10   UIKitCore                           0x0000000108853cc1d -[UIWindow _sendTouchesForEvent:] + 2604
   11   UIKitCore                           0x0000000108853e524 -[UIWindow sendEvent:] + 4596
   12   UIKitCore                           0x0000000108519427 -[UIApplication sendEvent:] + 356
   13   UIKitCore                           0x000000010859a87e __dispatchPreprocessedEventFromEventQueue + 6847
   14   UIKitCore                           0x000000010859d344 __handleEventQueueInternal + 5980
   15   CoreFoundation                      0x0000000105c8221 __CFRUNLOOP_IS_CALLING_OUT_TO_A_SOURCE0_PERFORM_FUNCTION__ + 17
   16   CoreFoundation                      0x0000000105c814c __CFRunLoopDoSource0 + 76
   17   CoreFoundation                      0x0000000105c7924 __CFRunLoopDoSources0 + 180
   18   CoreFoundation                      0x0000000105c262f __CFRunLoopRun + 1263
   19   CoreFoundation                      0x0000000105c1e16 CFRunLoopRunSpecific + 438
   20   GraphicsServices                    0x000000010e7f5bb0 GSEventRunModal + 65
   21   UIKitCore                           0x0000000108500b48 UIApplicationMain + 1621
   22   Demo                                0x0000000104781ea4 main + 116
   23   libdyld.dylib                       0x0000000106ccec25 start + 1
   24   ???                                 0x0000000000000001 0x0 + 1
)
libc++abi.dylib: terminating with uncaught exception of type NSException
```

图 11-1　崩溃信息

那如何解决这个问题呢？

目前，常见的做法是：在调用 NSSetUncaughtExceptionHandler 函数全局设置异常处理函数之前，先通过 NSGetUncaughtExceptionHandler 函数获取之前已设置的异常处理函数并保存，在处理完异常信息采集后，再主动调用已备份的处理函数（让所有的异常处理函数形成链条），即可解决上面提到的覆盖问题。

接下来，使用如下方案来解决上面的问题。

第一步：在 SensorsAnalyticsExceptionHandler.m 文件中，新增一个 NSUncaughtException-Handler 类型的属性 previousExceptionHandler，用来保存之前已设置的异常处理函数。

```
@interface SensorsAnalyticsExceptionHandler ()

@property (nonatomic) NSUncaughtExceptionHandler *previousExceptionHandler;

@end
```

第二步：修改 SensorsAnalyticsExceptionHandler.m 文件中的 -init 初始化方法，在调用 NSSetUncaughtExceptionHandler 函数设置全局异常处理函数之前，先通过 NSGetUncaught-

ExceptionHandler 函数获取之前已设置的异常处理函数的指针并赋值给 previousExceptionHandler
属性。

```
@implementation SensorsAnalyticsExceptionHandler

......

- (instancetype)init {
    self = [super init];
    if (self) {
        _previousExceptionHandler = NSGetUncaughtExceptionHandler();
        NSSetUncaughtExceptionHandler(&sensorsdata_uncaught_exception_handler);
    }
    return self;
}

@end
```

第三步：修改 SensorsAnalyticsExceptionHandler.m 文件中的 sensorsdata_uncaught_exception_
handler 函数，在函数中触发 $AppCrashed 事件，并调用之前已设置的异常处理函数。

```
@implementation SensorsAnalyticsExceptionHandler

......

static void sensorsdata_uncaught_exception_handler(NSException *exception) {
    // 采集$AppCrashed事件
    [[SensorsAnalyticsExceptionHandler sharedInstance] trackAppCrashedWithExcep-
        tion:exception];

    NSUncaughtExceptionHandler *handle = [SensorsAnalyticsExceptionHandler
        sharedInstance].previousExceptionHandler;
    if (handle) {
        handle(exception);
    }
}

@end
```

通过这样的处理，即可把所有的异常处理函数形成链条，确保之前设置的异常处理函
数的 SDK 也能采集到异常信息。不过，如果后面设置的异常处理函数的 SDK 没有有效地
传递信息，可能也会导致无法采集到异常信息。

11.2 捕获信号

在 iOS 系统自动采集的崩溃日志中，可以看到如下条目：

```
Exception Type:  EXC_BAD_ACCESS (SIGSEGV)
Exception Subtype: KERN_INVALID_ADDRESS at 0x0000000001000010
VM Region Info: 0x1000010 is not in any region.  Bytes before following region: 4283498480
    REGION TYPE START - END [ VSIZE] PRT/MAX SHRMOD  REGION DETAIL UNUSED SPACE AT START
---> __TEXT 0000000100510000-0000000100514000 [16K] r-x/r-x SM=COW  ....app/Ekuaibao

Termination Signal: Segmentation fault: 11
Termination Reason: Namespace SIGNAL, Code 0xb
Terminating Process: exc handler [21776]
Triggered by Thread:  9
```

这是一个很常见的异常崩溃信息，在 Exception Type 中有两个字段：EXC_BAD_ACCESS 和 SIGSEGV，分别是指 Mach 异常和 Unix 信号。

那什么是 Mach 异常和 Unix 信号呢？

11.2.1 Mach 异常和 Unix 信号

Mach 是 Mac OS 和 iOS 操作系统的微内核，Mach 异常就是最底层的内核级异常。在 iOS 系统中，每个 Thread、Task、Host 都有一个异常端口数据。开发者可以通过设置 Thread、Task、Host 的异常端口来捕获 Mach 异常。Mach 异常会被转换成相应的 Unix 信号，并传递给出错的线程。上述 Exception Type 意思为 Mach 层的异常 EXC_BAD_ACCESS 被转换成 SIGSEGV 信号并传递给出错的线程。在 Triggered by Thread 中，我们也可以看到出错的线程编号。之所以会将 Mach 异常转换成 Unix 信号，是为了兼容 POSIX 标准（SUS 规范），这样一来，开发者即使不了解 Mach 内核也可以通过 Unix 信号的方式进行兼容开发。

Unix 信号的种类有很多，在 iOS 应用程序中，常见的 Unix 信号有如下几种。

❑ SIGILL：程序非法指令信号，通常是因为可执行文件本身出现错误，或者试图执行数据段。堆栈溢出时也有可能产生该信号。

❑ SIGABRT：程序中止命令中止信号，调用 abort 函数时产生该信号。

❑ SIGBUS：程序内存字节地址未对齐中止信号，比如访问一个 4 字节长的整数，但其地址不是 4 的倍数。

❑ SIGFPE：程序浮点异常信号，通常在浮点运算错误、溢出及除数为 0 等算术错误时都会产生该信号。

❑ SIGKILL：程序结束接收中止信号，用来立即结束程序运行，不能被处理、阻塞和忽略。

❑ SIGSEGV：程序无效内存中止信号，即试图访问未分配的内存，或向没有写权限的内存地址写数据。

❑ SIGPIPE：程序管道破裂信号，通常是在进程间通信时产生该信号。

❑ SIGSTOP：程序进程中止信号，与 SIGKILL 一样不能被处理、阻塞和忽略。

在 iOS 应用程序中，一般情况下，采集 SIGILL、SIGABRT、SIGBUS、SIGFPE 和 SIGSEGV 这几个常见的信号，就能满足日常采集应用程序异常信息的需求。

11.2.2 捕获 Unix 信号异常

接下来，我们介绍如何通过捕获 Unix 信号来采集异常信息。

第一步：在 SensorsAnalyticsExceptionHandler.m 文件中，新增捕获 Unix 信号的处理函数。

```
static NSString * const SensorDataSignalExceptionHandlerName = @"SignalExceptionHandler";

static NSString * const SensorDataSignalExceptionHandlerUserInfo = @"SignalExceptionHandlerUserInfo";

@implementation SensorsAnalyticsExceptionHandler

......

static void sensorsdata_signal_exception_handler(int sig, struct __siginfo *info, void *context) {
    NSDictionary *userInfo = @{SensorDataSignalExceptionHandlerUserInfo: @(sig)};
    NSString *reason = [NSString stringWithFormat:@"Signal %d was raised.", sig];
    // 创建一个异常对象，用于采集异常信息
    NSException *exception = [NSException exceptionWithName:SensorDataSignalExceptionHandlerName reason:reason userInfo:userInfo];

    SensorsAnalyticsExceptionHandler *handler = [SensorsAnalyticsExceptionHandler sharedInstance];
    [handler trackAppCrashedWithException:exception];
}

@end
```

第二步：在 SensorsAnalyticsExceptionHandler.m 文件的 -init 初始化方法中，注册信号处理函数。

```
@implementation SensorsAnalyticsExceptionHandler

......

- (instancetype)init {
    self = [super init];
    if (self) {
        _previousExceptionHandler = NSGetUncaughtExceptionHandler();
        NSSetUncaughtExceptionHandler(&sensorsdata_uncaught_exception_handler);

        // 定义信号集结构体
        struct sigaction sig;
        // 将信号集初始化为空
```

```
        sigemptyset(&sig.sa_mask);
        // 在处理函数中传入__siginfo参数
        sig.sa_flags = SA_SIGINFO;
        // 设置信号集处理函数
        sig.sa_sigaction = &sensorsdata_signal_exception_handler;
        // 定义需要采集的信号类型
        int signals[] = {SIGILL, SIGABRT, SIGBUS, SIGFPE, SIGSEGV};
        for (int i = 0; i < sizeof(signals) / sizeof(int); i++) {
            // 注册信号处理
            int err = sigaction(signals[i], &sig, NULL);
            if (err) {
                NSLog(@"Errored while trying to set up sigaction for signal %d",
                    signals[i]);
            }
        }
    }
    return self;
}

@end
```

第三步：修改 SensorsAnalyticsExceptionHandler.m 文件中的 -trackAppCrashedWith-Exception: 方法，当异常对象中没有堆栈信息时，就默认获取当前线程的堆栈信息（由于 Unix 信号异常对象是我们自己构建的，因此并没有堆栈信息）。

```
@implementation SensorsAnalyticsExceptionHandler

......

- (void)trackAppCrashedWithException:(NSException *)exception {
    NSMutableDictionary *properties = [NSMutableDictionary dictionary];
    // 异常名称
    NSString *name = [exception name];
    // 出现异常的原因
    NSString *reason = [exception reason];
    // 异常的堆栈信息
    NSArray *stacks = [exception callStackSymbols] ?: [NSThread callStackSymbols];
    // 将异常信息组装
    NSString *exceptionInfo = [NSString stringWithFormat:@"Exception name: %@\
        nException reason: %@\nException stack: %@", name, reason, stacks];
    // 设置$AppCrashed 的事件属性$app_crashed_reason
    properties[@"$app_crashed_reason"] = exceptionInfo;

    [[SensorsAnalyticsSDK sharedInstance] track:@"$AppCrashed" properties:properties];

    // 获取SensorsAnalyticsSDK 中的serialQueue
    dispatch_queue_t serialQueue = [[SensorsAnalyticsSDK sharedInstance] value-
        ForKeyPath:@"serialQueue"];
```

```
    // 阻塞当前线程，让serialQueue执行完成
    dispatch_sync(serialQueue, ^{});
    // 获取数据存储时的线程
    dispatch_queue_t databaseQueue = [[SensorsAnalyticsSDK sharedInstance]
        valueForKeyPath:@"database.queue"];
    // 阻塞当前线程，让$AppCrashed事件完成入库
    dispatch_sync(databaseQueue, ^{});

    NSSetUncaughtExceptionHandler(NULL);


    int signals[] = {SIGILL, SIGABRT, SIGBUS, SIGFPE, SIGSEGV};
    for (int i = 0; i < sizeof(signals) / sizeof(int); i++) {
        signal(signals[i], SIG_DFL);
    }
}

@end
```

第四步：测试验证。

我们需要模拟一个 Unix 信号异常。

在 Demo 中，新建类 SensorsDataReleaseObject，并添加一个可以触发 Unix 信息异常的方法 -signalCrash。

SensorsDataReleaseObject.h 定义如下：

```
//
//  SensorsDataReleaseObject.h
//  demo
//
//  Created by王灼洲on 2019/8/8.
//  Copyright © 2019 SensorsData. All rights reserved.
//

#import <Foundation/Foundation.h>

NS_ASSUME_NONNULL_BEGIN

@interface SensorsDataReleaseObject : NSObject

- (void)signalCrash;

@end

NS_ASSUME_NONNULL_END
```

SensorsDataReleaseObject.m 实现如下：

```
//
// SensorsDataReleaseObject.m
// demo
//
// Created by王灼洲on 2019/8/8.
// Copyright © 2019 SensorsData. All rights reserved.
//

#import "SensorsDataReleaseObject.h"

@implementation SensorsDataReleaseObject

- (void)signalCrash {
    NSMutableArray<NSString *> *array = [[NSMutableArray alloc] init];
    [array addObject:@"First"];
    [array release];
    // 在这里会崩溃，因为array已经被释放，访问了不存在的地址
    NSLog(@"Crash: %@", array.firstObject);
}

@end
```

可以看到，在 -signalCrash: 方法中调用了 -release: 方法，使 array 对象释放，但此时 Xcode 会提示编译错误，如图 11-2 所示。

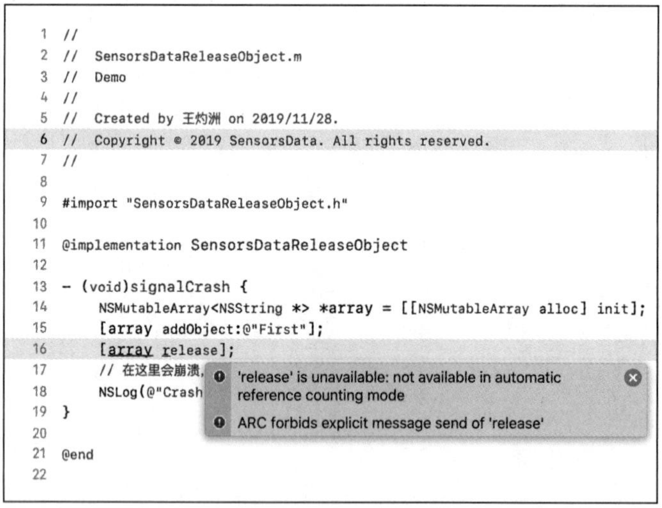

```
1   //
2   // SensorsDataReleaseObject.m
3   // Demo
4   //
5   // Created by 王灼洲 on 2019/11/28.
6   // Copyright © 2019 SensorsData. All rights reserved.
7   //
8
9   #import "SensorsDataReleaseObject.h"
10
11  @implementation SensorsDataReleaseObject
12
13  - (void)signalCrash {
14      NSMutableArray<NSString *> *array = [[NSMutableArray alloc] init];
15      [array addObject:@"First"];
16      [array release];
17      // 在这里会崩溃，
18      NSLog(@"Crash
19  }
20
21  @end
22
```

'release' is unavailable: not available in automatic reference counting mode

ARC forbids explicit message send of 'release'

图 11-2　编译错误

那么，我们就需要在 Demo 的 Build Phases → Compile Sources 中找到 SensorsDataRelease-Object.m 文件，并在 Compiler Flags 中添加 -fno-objc-arc。这样就可以在 SensorsDataRelease-Object 中使用 MRC 模式，即可手动释放内存。

然后，在 Demo 中添加一个 UIButton，点击按钮，调用 SensorsDataReleaseObject 的 -signalCrash
方法触发 Unix 信号异常。

```
- (void)btnAction:(id)sender{
    SensorsDataReleaseObject *releaseObject = [[SensorsDataReleaseObject alloc] init];
    [releaseObject signalCrash];
}
```

我们在 Xcode 控制台会发现应用程序出现崩溃，但此时并没有像 11.1 节介绍的那样，
在控制台中打印出对应的崩溃日志和 $AppCrashed 事件信息。

这又是什么原因呢？

这是因为通过 Xcode 调试时，应用程序会停止在崩溃的位置，即在 -signalCrash 方法
中，应用程序就不会再继续运行下去了。

那该如何验证是否已经采集到 Unix 信号的异常信息呢？

步骤：通过 Xcode 运行 Demo，点击 Stop 按钮停止调式，然后在 iPhone 模拟器上点击
Demo 图标启动应用程序，点击按钮触发 Unix 信息异常，此时可以看到应用程序闪退。

打开终端，进入当前应用程序的主目录（以下目录需要改成你当前项目的主目录）：

```
cd ~/Library/Developer/CoreSimulator/Devices/9CDA0997-3FCD-433B-8FD0-DEEE9F9329ED/
    data/Containers/Data/Application/17879F68-BD2E-4EA8-B883-D323545F483A/
    Library/Caches
```

执行如下命令：

```
wangzhuozhoudeMacBook-Pro:Caches wangzhuozhou$ sqlite3 SensorsAnalyticsDatabase.sqlite
SQLite version 3.22.0 2018-12-19 01:30:22
Enter ".help" for usage hints.
sqlite>
```

再执行如下命令：

```
sqlite> select * from events;
```

如果能看到 $AppCrashed 事件，即说明我们已成功采集到 Unix 信号异常信息，结果如
图 11-3 所示。

11.3 采集应用程序异常时的 $AppEnd 事件

在 2.1 节，我们通过监听应用程序的状态（UIApplicationDidEnterBackgroundNotifi-
cation），实现了 $AppEnd 事件的全埋点。但是，一旦应用程序发生异常，我们就采集不到
$AppEnd 事件，这样会造成在用户的行为序列中，出现 $AppStart 事件和 $AppEnd 事件不
成对的情况。因此，在应用程序发生崩溃时，我们需要补发 $AppEnd 事件。

```
8|{
  "properties" : {
    "$model" : "x86_64",
    "$manufacturer" : "Apple",
    "$app_crashed_reason" : "Exception name: SignalExceptionHandler\nException reason: Signal 11 was raised.\nException stack: (\n\t0
  SensorsSDK                          0x000000010f3d74d6 -[SensorsAnalyticsExceptionHandler trackAppCrashedWithException:] + 246\n\t1
  SensorsSDK                          0x000000010f3d7365 sensorsdata_signal_exception_handler + 325\n\t2   libsystem_platform.dylib
        0x00000001119d6b1d _sigtramp + 29\n\t3   ???                                   0x000000010f37e0a8 0x0 + 4550287528\n\t4   Demo
                              0x000000010f31a5fb -[ViewController btnAction:] + 91\n\t5   UIKitCore                                0x00000
00112e28dfa -[UIApplication sendAction:to:from:forEvent:] + 83\n\t6   SensorsSDK                           0x000000010f3d464f -[UIAppli
cation(SensorsData) sensorsdata_sendAction:to:from:forEvent:] + 575\n\t7   UIKitCore                          0x0000000112802c22 -[UI
Control sendAction:to:forEvent:] + 223\n\t8   UIKitCore                              0x0000000112802f6c -[UIControl _sendActionsForEvents
:withEvent:] + 398\n\t9   UIKitCore                          0x0000000112801ecb -[UIControl touchesEnded:withEvent:] + 481\n\t10  UIK
itCore                        0x0000000112e63c1d -[UIWindow _sendTouchesForEvent:] + 2604\n\t11  UIKitCore
  0x0000000112e65524 -[UIWindow sendEvent:] + 4596\n\t12  UIKitCore                          0x0000000112e40427 -[UIApplication sendE
vent:] + 356\n\t13  UIKitCore                        0x0000000112ec187e __dispatchPreprocessedEventFromEventQueue + 6847\n\t14  UIK
itCore                        0x0000000112ec4344 __handleEventQueueInternal + 5980\n\t15  CoreFoundation                          0x000
000010faf6221 __CFRUNLOOP_IS_CALLING_OUT_TO_A_SOURCE0_PERFORM_FUNCTION__ + 17\n\t16  CoreFoundation                       0x000000010fa
f614c __CFRunLoopDoSource0 + 76\n\t17  CoreFoundation                      0x000000010faf5924 __CFRunLoopDoSources0 + 180\n\t18  CoreF
oundation                     0x000000010faf062f __CFRunLoopRun + 1263\n\t19  CoreFoundation                      0x000000010faefe16
CFRunLoopRunSpecific + 438\n\t20  GraphicsServices                   0x000000011900dbb0 GSEventRunModal + 65\n\t21  UIKitCore
                    0x0000000112e27b48 UIApplicationMain + 1621\n\t22  Demo                                 0x000000010f31ae24 main + 11
6\n\t23  libdyld.dylib                       0x00000001115f5c25 start + 1\n\t24  ???                            0x000000000000000
1 0x0 + 1\n)",
    "$lib_version" : "1.0.0",
    "$os" : "iOS",
    "$app_version" : "1.0",
    "$os_version" : "13.2.2",
    "$lib" : "iOS"
  },
  "event" : "$AppCrashed",
  "time" : 1575938926467,
  "distinct_id" : "C4FBFA7C-B14E-49E0-9D5B-2C14159F8EF8"
}
```


图 11-3 Unix 信号异常崩溃事件信息

第一步：在 SensorsAnalyticsExceptionHandler.m 文件的 -trackAppCrashedWithException: 方法中补发 $AppEnd 事件。

```
@implementation SensorsAnalyticsExceptionHandler

......

- (void)trackAppCrashedWithException:(NSException *)exception {
    NSMutableDictionary *properties = [NSMutableDictionary dictionary];
    // 异常名称
    NSString *name = [exception name];
    // 出现异常的原因
    NSString *reason = [exception reason];
    // 异常的堆栈信息
    NSArray *stacks = [exception callStackSymbols] ?: [NSThread callStackSymbols];
    // 将异常信息组装
    NSString *exceptionInfo = [NSString stringWithFormat:@"Exception name: %@\
        nException reason: %@\nException stack: %@", name, reason, stacks];
    // 设置$AppCrashed的事件属性$app_crashed_reason
    properties[@"$app_crashed_reason"] = exceptionInfo;

    [[SensorsAnalyticsSDK sharedInstance] track:@"$AppCrashed" properties:properties];

    // 采集$AppEnd回调block
    dispatch_block_t trackAppEndBlock = ^ {
        // 判断应用是否处于运行状态
        if (UIApplication.sharedApplication.applicationState == UIApplicationStateActive) {
```

```
        // 触发事件
        [[SensorsAnalyticsSDK sharedInstance] track:@"$AppEnd" properties:nil];
    }
    };
// 获取主线程
dispatch_queue_t mainQueue = dispatch_get_main_queue();
// 判断当前线程是否为主线程
if (strcmp(dispatch_queue_get_label(DISPATCH_CURRENT_QUEUE_LABEL), dispatch_
    queue_get_label(mainQueue)) == 0) {
    // 如果当前线程是主线程，直接调用block
    trackAppEndBlock();
} else {
    // 如果当前线程不是主线程，同步调用block
    dispatch_sync(mainQueue, trackAppEndBlock);
}

// 获取SensorsAnalyticsSDK 中的serialQueue
dispatch_queue_t serialQueue = [[SensorsAnalyticsSDK sharedInstance] valueFor-
    KeyPath:@"serialQueue"];
// 阻塞当前线程，使serialQueue执行完成
dispatch_sync(serialQueue, ^{});
// 获取数据存储时的线程
dispatch_queue_t databaseQueue = [[SensorsAnalyticsSDK sharedInstance] valueForKeyPath:
    @"database.queue"];
// 阻塞当前线程，使$AppCrashed、$AppEnd事件完成入库
dispatch_sync(databaseQueue, ^{});

int signals[] = {SIGILL, SIGABRT, SIGBUS, SIGFPE, SIGSEGV};
for (int i = 0; i < sizeof(signals) / sizeof(int); i++) {
    signal(signals[i], SIG_DFL);
}

NSSetUncaughtExceptionHandler(NULL);
}

@end
```

第二步：测试验证。

测试验证步骤和测试 Unix 信息异常的步骤基本一致。

在进行这样的处理之后，当应用程序发生异常时，我们不仅可以采集 $AppCrashed 事件，还能正常采集 $AppEnd 事件。

Chapter 12 第 12 章

App 与 H5 打通

近年来，iOS 混合开发越来越流行，App 与 H5 的打通需求也越来越迫切。

那什么是 App 与 H5 打通呢？

所谓"打通"，是指 H5 集成 JavaScript 数据采集 SDK 后，H5 触发的事件不直接同步给服务端，而是先发给 App 端的数据采集 SDK，经 App 端数据采集 SDK 二次加工处理后存入本地缓存再进行同步。

本章的内容，主要是回答以下两个问题。

❑ App 与 H5 为什么要打通？

❑ App 与 H5 该如何打通？

12.1 App 与 H5 打通原因

App 为什么要与 H5 打通呢？我们主要是从如下几个角度考虑。

1. 数据丢失率

在业界，App 端采集数据的丢失率一般在 1% 左右，而 H5 采集数据的丢失率一般在 5% 左右（主要是因为缓存、网络或切换页面等原因）。因此，如果 App 与 H5 打通，H5 触发的所有事件都可以先发给 App 端数据采集 SDK，经过 App 端二次加工处理后并入本地缓存，在符合特定策略后再进行数据同步，即可把数据丢失率由 5% 降到 1% 左右。

2. 数据准确性

众所周知，H5 无法直接获取设备的相关信息，只能通过解析 UserAgent 值获取有限的信息，而解析 UserAgent 值，至少会面临如下两个问题。

（1）有些信息通过解析 UserAgent 值根本获取不到，比如应用程序的版本号等。

（2）有些信息通过解析 UserAgent 值可以获取到，但内容可能不正确。

如果 App 与 H5 打通，由 App 端数据采集 SDK 补充这些信息，即可确保事件信息的准确性和完整性。

3. 用户标识

对于用户在 App 端注册或登录之前，我们一般都是使用匿名 ID 来标识用户。而 App 与 H5 标识匿名用户的规则不一样（iOS 应用程序一般使用 IDFA 或 IDFV，H5 一般使用 Cookie），进而导致一个用户出现两个匿名 ID 的情况。如果 App 与 H5 打通，就可以将两个匿名 ID 做归一化处理（以 App 端匿名 ID 为准）。

App 与 H5 如何打通？常见的打通方案有以下两种。

❑ 通过拦截 WebView 请求进行打通。

❑ 通过 JavaScript 与 WebView 相互调用进行打通。

12.2　方案一：拦截请求

拦截请求，顾名思义就是拦截 WebView 发送的 URL 请求，即如果请求是协定好的特定格式，可进行拦截并获取事件数据；如果不是，让请求继续加载。此时，JavaScript SDK 就需要知道，当前 H5 是在 App 端显示还是在 Safari 浏览器显示，只有在 App 端显示时，H5 触发事件后，JavaScript SDK 才能向 App 发送特定的 URL 请求进行打通；如果是在 Safari 浏览器显示，JavaScript SDK 也发送请求进行打通，会导致事件丢失。对于 iOS 应用程序来说，目前常用的方案是借助 UserAgent 来进行判断，即当 H5 在 App 端显示时，我们可以通过在当前的 UserAgent 上追加一个特殊的标记（/sa-sdk-ios），进而告知 JavaScript SDK 当前 H5 是在 App 端显示并需要进行打通。

12.2.1　修改 UserAgent

在当前的 UserAgent 上追加一个特殊的标记（/sa-sdk-ios），就会涉及修改 UserAgent。

在 iOS 应用程序中，WebView 控件有以下两种。

❑ UIWebView

❑ WKWebView

虽然苹果公司近年来一直在推动 WKWebView 控件来替代 UIWebView 控件，但实际上仍有大量的 iOS 应用程序在使用 UIWebView 控件来展示 H5 页面。因此，对于如何修改 UserAgent，我们仍需支持 UIWebView 控件和 WKWebView 控件。

对于 UIWebView，我们可以通过如下方式修改 UserAgent。

```objc
// 创建一个空的UIWebView
UIWebView *webView = [[UIWebView alloc] initWithFrame:CGRectZero];
// 取出UIWebView的UserAgent
NSString *userAgent = [webView stringByEvaluatingJavaScriptFromString:@"navi-
    gator.userAgent"];
// 给UserAgent添加自己需要的内容
userAgent = [userAgent stringByAppendingString:@" /sa-sdk-ios "];
// 将UserAgent字典内容注册到NSUserDefaults中
[[NSUserDefaults standardUserDefaults] registerDefaults:@{@"UserAgent":
    userAgent}];
```

对于 WKWebView 控件，我们可以通过如下方式修改 UserAgent：

```objc
// 创建一个空的WKWebView，由于WKWebView 执行JavaScript代码是异步过程，所以需要强引用
    WKWebView对象
self.webView = [[WKWebView alloc] initWithFrame:CGRectZero];
// 创建一个self的弱引用，防止循环引用
__weak typeof(self) weakSelf = self;
// 执行JavaScript代码，获取WKWebView中的UserAgent
[self.webView evaluateJavaScript:@"navigator.userAgent" completionHandler:^(id
    result, NSError *error) {
    // 创建强引用
    __strong typeof(weakSelf) strongSelf = weakSelf;
    // 执行结果result为获取到的UserAgent值
    NSString *userAgent = result;
    // 给UserAgent追加自己需要的内容
    userAgent = [userAgent stringByAppendingString:@" /sa-sdk-ios "];
    // 将UserAgent字典内容注册到NSUserDefaults中
    [[NSUserDefaults standardUserDefaults] registerDefaults:@{@"UserAgent":
        userAgent}];
    // 释放webView
    strongSelf.webView = nil;
}];
```

通过 WKWebView 控件修改 UserAgent 稍微复杂一点，这是因为 WKWebView 控件执行 JavaScript 代码是一个异步的过程。

修改 UserAgent，我们一般都是建议进行"追加"，比如示例中追加的是" /sa-sdk-ios"字符串，应该尽量避免直接覆盖。

对于标准的 UserAgent，一般有固定的格式，比如每段信息都会使用空格进行分割：

```
Mozilla/5.0 (iPhone; CPU iPhone OS 13_2_2 like Mac OS X) AppleWebKit/605.1.15
(KHTML, like Gecko) Mobile/15E148
```

因此，在修改 UserAgent 时需要注意格式规范，以免引起无法正确解析 UserAgent 值的情况。

为了方便统一修改 UserAgent 值，我们可以在 SensorsAnalyticsSDK 中新增一个 -addWebView-UserAgent: 方法。

第一步：在 SensorsAnalyticsSDK 类中新增 SensorsAnalyticsSDK 的类别 WebView。
SensorsAnalyticsSDK.h 声明如下：

```
#pragma mark - WebView
@interface SensorsAnalyticsSDK (WebView)

@end
```

SensorsAnalyticsSDK.m 实现如下：

```
#pragma mark - WebView
@implementation SensorsAnalyticsSDK (WebView)

@end
```

第二步：在 SensorsAnalyticsSDK 的类别 WebView 声明中新增 -addWebViewUserAgent: 方法声明。

```
@interface SensorsAnalyticsSDK (WebView)

/**
在WebView控件中添加自定义的UserAgent，用于实现打通方案

@param userAgent  自定义的UserAgent
*/
- (void)addWebViewUserAgent:(nullable NSString *)userAgent;

@end
```

第三步：在 SensorsAnalyticsSDK 的类别 WebView 中实现 -addWebViewUserAgent: 方法。
修改 UserAgent 值时，既可以使用 UIWebView 控件也可以使用 WKWebView 控件。到底使用哪个，应由我们的实际需求而定。如果使用 WKWebView 控件，就无法兼容 iOS 8 以下的系统，并且通过 WKWebView 控件获取 UserAgent 值也是一个异步过程。

我们在这里默认使用 WKWebView 控件来修改 UserAgent 值。如果需要使用 UIWebView 控件来修改 UserAgent 值，可以通过添加自定义宏 SENSORS_ANALYTICS_UIWEBVIEW 进行切换。

要想使用 WKWebView 控件，需要在 SensorsAnalyticsSDK.m 文件中引入 WebKit 框架。

```
#ifndef SENSORS_ANALYTICS_UIWEBVIEW
#import <WebKit/WebKit.h>
#endif
```

由于使用 WKWebView 控件获取 UserAgent 值是一个异步的过程，需要保证在获取 UserAgent 值的过程中，所创建的 WKWebView 控件对象不能被销毁，因此需要保存 WKWebView 对象，然后在获取 UserAgent 值结束后再进行释放。我们还需要在 SensorsAnalyticsSDK.m 文件中添加一个私有属性 webView，用于保存 WKWebView 控件对象。

```
@interface SensorsAnalyticsSDK ()

#ifndef SENSORS_ANALYTICS_UIWEBVIEW
// 由于WKWebView获取UserAgent是异步过程，为了在获取过程中创建的WKWebView对象不被销毁，需要
    保存创建的临时对象
@property (nonatomic, strong) WKWebView *webView;
#endif

@end
```

下面我们在 SensorsAnalyticsSDK 的类别 WebView 中实现 -addWebViewUserAgent:
方法。

```
@implementation SensorsAnalyticsSDK (WebView)

- (void)loadUserAgent:(void(^)(NSString *))completion {
    dispatch_async(dispatch_get_main_queue(), ^{
#ifdef SENSORS_ANALYTICS_UIWEBVIEW
        // 创建一个空的UIWebView
        UIWebView *webView = [[UIWebView alloc] initWithFrame:CGRectZero];
        // 取出UIWebView的UserAgent
        NSString *userAgent = [webView stringByEvaluatingJavaScriptFromString:@"
            navigator.userAgent"];
        // 调用回调，返回获取到的UserAgent
        completion(userAgent);
#else
        // 创建一个空的WKWebView，由于WKWebView执行JavaScript代码是异步过程，所以需要
            强引用WKWebView对象
        self.webView = [[WKWebView alloc] initWithFrame:CGRectZero];
        // 创建一个self的弱引用，防止循环引用
        __weak typeof(self) weakSelf = self;
        // 执行JavaScript代码，获取WKWebView中的UserAgent
        [self.webView evaluateJavaScript:@"navigator.userAgent" completionHandler:^
            (id result, NSError *error) {
            // 创建强引用
            __strong typeof(weakSelf) strongSelf = weakSelf;
            // 调用回调，返回获取到的UserAgent
            completion(result);
            // 释放WKWebView
            strongSelf.webView = nil;
        }];
#endif
    });
}

- (void)addWebViewUserAgent:(nullable NSString *)userAgent {
    [self loadUserAgent:^(NSString *oldUserAgent) {
        // 给UserAgent添加自己需要的内容
```

```
    NSString *newUserAgent = [oldUserAgent stringByAppendingString:userAgent ?: @"
        /sa-sdk-ios"];
    // 将UserAgent字典内容注册到NSUserDefaults中
    [[NSUserDefaults standardUserDefaults] registerDefaults:@{@"UserAgent":
        newUserAgent}];
    }];
}

@end
```

在上面的代码中，我们实现了一个加载获取 UserAgent 值的私有方法 loadUserAgent:，该方法通过回调把 UserAgent 值返回。在 -addWebViewUserAgent: 方法中，调用 -load UserAgent: 方法获取旧的 UserAgent 值，然后追加添加给 JavaScript SDK 识别的特殊字符串（比如" /sa-sdk-ios"），最后把生成的新的 UserAgent 值注册到 NSUserDefaults 中。

12.2.2　是否拦截

当 JavaScript SDK 发送一个特殊的 URL 请求后，App 端数据采集 SDK 需要判断是否要进行拦截。

那具体如何判断呢？

我们可以和 JavaScript SDK 协定好特殊请求的 URL 格式，比如：sensorsanalytics://trackEvent?event=xxxxx，其中后面的 event 参数代表的就是事件信息。然后，在 Sensors-AnalyticsSDK 的类别 WebView 中新增一个 -shouldTrackWithWebView:request: 方法，用来判断当前发送的请求是否符合协定的格式。

第一步：在 SensorsAnalyticsSDK 的类别 WebView 声明中新增 -shouldTrackWith-View:request: 方法声明。

```
#pragma mark - WebView
@interface SensorsAnalyticsSDK (WebView)

......

/**
判断是否需要拦截并处理JavaScript SDK发送过来的事件数据

@param webView 用于页面展示的WebView控件
@param request WebView 控件中的请求
*/
- (BOOL)shouldTrackWithWebView:(id)webView request:(NSURLRequest *)request;

@end
```

第二步：在 SensorsAnalyticsSDK 的类别 WebView 中实现 -shouldTrackWithWebView:request: 方法。

```
static NSString * const SensorsAnalyticsJavaScriptTrackEventScheme = @"sensorsanalytics://
    trackEvent";

#pragma mark - WebView
@implementation SensorsAnalyticsSDK (WebView)

......

- (BOOL)shouldTrackWithWebView:(id)webView request:(NSURLRequest *)request {
    // 获取请求的完整路径
    NSString *urlString = request.URL.absoluteString;
    // 查找在完整路径中是否包含sensorsanalytics://trackEvent，如果不包含，则是普通请求，不
        做处理，返回NO
    if ([urlString rangeOfString:SensorsAnalyticsJavaScriptTrackEventScheme].
        location == NSNotFound) {
        return NO;
    }

    NSMutableDictionary *queryItems = [NSMutableDictionary dictionary];
    // 请求中的所有Query，并解析获取数据
    NSArray<NSString *> *allQuery = [request.URL.query componentsSeparatedByString:
        @"&"];
    for (NSString *query in allQuery) {
        NSArray<NSString *> *items = [query componentsSeparatedByString:@"="];
        if (items.count >= 2) {
            queryItems[items.firstObject] = [items.lastObject stringByRemovingPer-
                centEncoding];
        }
    }

    // TODO：采集请求中的数据



    return YES;
}

@end
```

 注意 -shouldTrackWithWebView:request: 方法是使用循环对 request.URL.query 进行解析，而不是使用苹果公司新提供的在 iOS 8 以上支持的直接获取 queryItems 的方法，目的是兼容 iOS 8 以下的系统版本。

12.2.3　二次加工 H5 事件

在 -shouldTrackWithWebView: 方法中，通过对 request.URL.query 进行解析，我们可获取 H5 触发的事件信息。获取事件信息后，我们还需要对 H5 事件进行二次加工处理，

比如：

❑ 添加 App 端的预置属性，防止 H5 事件没有相应的预置属性或者预置属性内容不正确；

❑ 添加 _hybrid_h5 事件属性，表明当前 H5 事件是经过打通处理并同步的；

❑ 修改 distinct_id 字段，确保用户标识归一。

我们还可以根据实际的需求添加其他二次加工处理的逻辑。

第一步：在 SensorsAnalyticsSDK 的类别 WebView 实现中新增 -trackFromH5WithEvent: 私有方法，用来对 H5 事件进行二次加工并保存到本地。

```objc
#pragma mark - WebView
@implementation SensorsAnalyticsSDK (WebView)

......

- (void)trackFromH5WithEvent:(NSString *)jsonString {
    NSError *error = nil;
    // 将JSON字符串转换成NSData类型
    NSData *jsonData = [jsonString dataUsingEncoding:NSUTF8StringEncoding];
    // 解析JSON
    NSMutableDictionary *event = [NSJSONSerialization JSONObjectWithData:jsonData
        options:NSJSONReadingMutableContainers error:&error];
    if (error || !event) {
        return;
    }

    NSMutableDictionary *properties = [event[@"properties"] mutableCopy];
    // 预置属性以SDK中采集的属性为主
    [properties addEntriesFromDictionary:self.automaticProperties];
    event[@"properties"] = properties;

    // 用于区分事件来源字段，表示是H5采集到的数据
    event[@"_hybrid_h5"] = @(YES);

    // 设置事件的distinct_id，用于唯一标识一个用户
    event[@"distinct_id"] = self.loginId ?: self.anonymousId;

    // 打印最终的入库事件数据
    [self printEvent:event];

    // 本地保存事件数据
    // [self.fileStore saveEvent:event];
    [self.database insertEvent:event];

    // 在本地事件数据总量大于最大缓存数时，发送数据
    // if (self.fileStore.allEvents.count >= self.flushBulkSize) {
    if (self.database.eventCount >= self.flushBulkSize) {
```

```
            [self flush];
        }
    }

@end
```

第二步：修改 SensorsAnalyticsSDK 的类别 WebView 中的 -shouldTrackWithWebView: request: 方法，添加对 -trackFromH5WithEvent: 方法的调用。

```
#pragma mark - WebView
@implementation SensorsAnalyticsSDK (WebView)

......

- (BOOL)shouldTrackWithWebView:(id)webView request:(NSURLRequest *)request {
    // 获取请求的完整路径
    NSString *urlString = request.URL.absoluteString;
    // 查找在完整路径中是否包含sensorsanalytics://trackEvent，如果不包含，则是普通请求，
        不做处理，返回NO
    if ([urlString rangeOfString:SensorsAnalyticsJavaScriptTrackEventScheme].
        location == NSNotFound) {
        return NO;
    }

    NSMutableDictionary *queryItems = [NSMutableDictionary dictionary];
    // 请求中的所有Query，并解析获取数据
    NSArray<NSString *> *allQuery = [request.URL.query componentsSeparatedByString:
        @"&"];
    for (NSString *query in allQuery) {
        NSArray<NSString *> *items = [query componentsSeparatedByString:@"="];
        if (items.count >= 2) {
            queryItems[items.firstObject] = [items.lastObject stringByRemoving
                PercentEncoding];
        }
    }

    // TODO: 采集请求中的数据
    [self trackFromH5WithEvent:queryItems[@"event"]];

    return YES;
}

@end
```

12.2.4　拦截

UIWebView 控件和 WKWebView 控件拦截请求的方式有所差异，下面我们分别进行介绍。

1. UIWebView

UIWebView 控件有一个 delegate 属性，而设置该属性的对象的类需要实现 UIWebViewDelegate 协议。实现该协议的方法如下。

```
- (BOOL)webView:(UIWebView *)webView shouldStartLoadWithRequest:(NSURLRequest *)
    request navigationType:(UIWebViewNavigationType)navigationType;
- (void)webViewDidStartLoad:(UIWebView *)webView;
- (void)webViewDidFinishLoad:(UIWebView *)webView;
- (void)webView:(UIWebView *)webView didFailLoadWithError:(NSError *)error;
```

其中，UIWebView 控件每次加载请求时都会调用 -webView:shouldStartLoadWithRequest:navigationType: 方法，然后根据该方法的返回值决定是否继续加载请求。因此，我们可以在该方法中进行请求拦截。

```
#pragma mark - UIWebViewDelegate
- (BOOL)webView:(UIWebView *)webView shouldStartLoadWithRequest:(NSURLRequest *)
    request navigationType:(UIWebViewNavigationType)navigationType {
    if ([[SensorsAnalyticsSDK sharedInstance] shouldTrackWithWebView:webView-
        request:request]) {
        return NO;
    }
    return YES;
}
```

2. WKWebView

WKWebView 控件也有一个 navigationDelegate 属性，而设置该属性的对象需要实现 WKNavigationDelegate 协议。实现该协议的方法有很多，其中 -webView:decidePolicyFor-NavigationAction:decisionHandler: 方法与 -webView:shouldStartLoadWithRequest:navigation-Type: 方法的作用类似，我们也可以在这两个方法中进行请求拦截。

```
#pragma mark - WKNavigationDelegate
- (void)webView:(WKWebView *)webView decidePolicyForNavigationAction:(WKNavigation-
    Action *)navigationAction decisionHandler:(void (^)(WKNavigationActionPolicy))
    decisionHandler {
    if ([[SensorsAnalyticsSDK sharedInstance] shouldTrackWithWebView:webView-
        request:navigationAction.request]) {
        return decisionHandler(WKNavigationActionPolicyCancel);
    }

    decisionHandler(WKNavigationActionPolicyAllow);
}
```

12.2.5　测试验证

第一步：打开 Demo 中的 AppDelegate.m 文件，修改 -application:didFinishLaunching-

WithOptions: 方法，在 SDK 初始化之后，调用 SensorsAnalyticsSDK 的 -addWebViewUserAgent: 方法修改 UserAgent 值。

```
- (BOOL)application:(UIApplication *)application didFinishLaunchingWithOptions:(
    NSDictionary *)launchOptions {
    // Override point for customization after application launch.

    [SensorsAnalyticsSDK startWithServerURL:[NSURL URLWithString:@"http://sdk-test.
        cloud.sensorsdata.cn:8006/sa?project=default&token=95c73ae661f85aa0"]];
    // 在系统默认的UserAgent值中添加默认标记(" /sa-sdk-ios ")
    [[SensorsAnalyticsSDK sharedInstance] addWebViewUserAgent:nil];

    return YES;
}
```

第二步：编写 H5 页面。

在 Demo 中，依次单击 File → New → File，显示页面如图 12-1 所示，然后双击选择 Other 菜单栏下的 Empty，创建空文件。

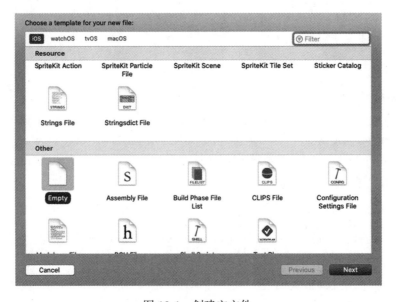

图 12-1　创建空文件

文件名设置为 sensorsdata.html，保存在与 AppDelegate.m 文件同级的目录下，如图 12-2 所示，然后单击 Create 按钮。

在该文件中添加一段简单的 HTML 代码。

```
<!DOCTYPE html>
<html lang="en">
<head>
```

```
    <meta charset="UTF-8">
    <title>Title</title>
</head>
<body>
    <br />
    <button onclick="buttonClick();"> Test </button>
</body>
</html>
```

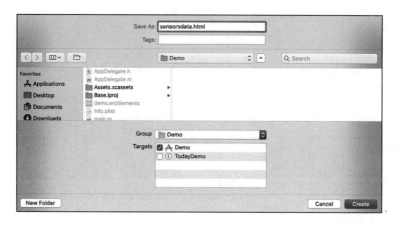

图 12-2　保存文件

H5 页面比较简单，只有一个普通的按钮。

第三步：H5 集成 JavaScript SDK。

神策的 JavaScript SDK 也属于开源项目，源码地址 https://github.com/sensorsdata/sa-sdk-javascript，集成文档地址 https://www.sensorsdata.cn/manual/js_sdk_manual.html。下面我们直接在 sensorsdata.html 页面中集成神策的 JavaScript SDK。

```
<!DOCTYPE html>
<html lang="en">
<head>
    <meta charset="UTF-8">
    <title>Title</title>
    <script type="text/javascript" charset="utf-8">
        (function (para) {
            var p = para.sdk_url, n = para.name, w = window, d = document, s =
                'script', x = null, y = null;
            w['sensorsDataAnalytic201505'] = n;
            w[n] = w[n] || function (a) { return function () { (w[n]._q = w[n]._
                q || []).push([a, arguments]); } };
            var ifs = ['track'];
            for (var i = 0; i < ifs.length; i++) {
                w[n][ifs[i]] = w[n].call(null, ifs[i]);
```

```
        }

        if (!w[n]._t) {
            x = d.createElement(s), y = d.getElementsByTagName('head')[0];
            x.async = 1;
            x.src = p;
            x.setAttribute('charset', 'UTF-8');
            y.appendChild(x);
            w[n].para = para;
        }

    })({
        sdk_url: 'http://static.sensorsdata.cn/sdk/test/sensorsdata.full.js',
        use_app_track: true,
        name: 'sa',
        server_url: 'xxxxx'
    });

    function track(name, properties) {
        sa.track(name, properties);
    }

    function buttonClick() {
        // 追踪浏览商品事件
        track('ViewProduct', {
            productId: '123456',
            productCatalog: 'Laptop Computer',
            productName: 'MacBook Pro',
            productPrice: 123.45
        });
    }

    </script>
</head>
<body>
    <br />
    <button onclick="buttonClick();"> Test </button>
</body>
</html>
```

在 sensorsdata.html 页面中，添加一个 UIButton 点击按钮，调用 JavaScript SDK 的 track 触发 ViewProduct 事件。

第四步：创建 UIWebView 加载 sensorsdata.html 本地页面。

在 Demo 中，创建一个 SensorsDataUIWebViewController 控制器，在控制器中添加一个 UIWebView 控件，并加载 sensorsdata.html 本地页面。然后控制器实现 UIWebViewDelegate 协议，并实现 -webView:shouldStartLoadWithRequest:navigationType: 方法，并在方法中调用 SensorsAnalyticsSDK 的 -shouldTrackWithWebView: 方法进行请求拦截。

SensorsDataUIWebViewController.h 定义如下 :

```
//
//  SensorsDataUIWebViewController.h
//  Demo
//
//  Created by王灼洲on 2019/8/8.
//  Copyright © 2019 SensorsData. All rights reserved.
//

#import <UIKit/UIKit.h>

NS_ASSUME_NONNULL_BEGIN

@interface SensorsDataUIWebViewController : UIViewController

@end

NS_ASSUME_NONNULL_END
```

SensorsDataUIWebViewController.m 实现如下 :

```
//
//  SensorsDataUIWebViewController.m
//  Demo
//
//  Created by王灼洲on 2019/8/8.
//  Copyright © 2019 SensorsData. All rights reserved.
//

#import "SensorsDataUIWebViewController.h"
#import <SensorsSDK/SensorsSDK.h>

@interface SensorsDataUIWebViewController () <UIWebViewDelegate>

@property (nonatomic, strong) UIWebView *webView;

@end

@implementation SensorsDataUIWebViewController

- (void)viewDidLoad {
    [super viewDidLoad];
    // Do any additional setup after loading the view.

    _webView = [[UIWebView alloc] initWithFrame:self.view.bounds];
    _webView.autoresizingMask = UIViewAutoresizingFlexibleWidth | UIViewAutore-
        sizingFlexibleHeight;
```

```
    _webView.delegate = self;
    [self.view addSubview:_webView];

    // 加载sensorsdata.html
    NSURL *url = [NSBundle.mainBundle.bundleURL URLByAppendingPathComponent:@"
        sensorsdata.html"];
    NSURLRequest *request = [NSURLRequest requestWithURL:url];
    [_webView loadRequest:request];
}

#pragma mark - UIWebViewDelegate
- (BOOL)webView:(UIWebView *)webView shouldStartLoadWithRequest:(NSURLRequest *)
    request navigationType:(UIWebViewNavigationType)navigationType {
    if ([[SensorsAnalyticsSDK sharedInstance] shouldTrackWithWebView:webView-
        request:request]) {
        return NO;
    }
    return YES;
}

@end
```

第五步：创建 WKWebView 加载 sensorsdata.html 本地页面。

在 Demo 中，创建一个 SensorsDataWKWebViewController 控制器，在控制器中添加一个 WKWebView 控件，并加载 sensorsdata.html 本地页面。然后，控制器实现 WKNavigation-Delegate 协议，并实现 -webView:decidePolicyForNavigationAction:decisionHandler: 方法，在方法中调用 SensorsAnalyticsSDK 中的 -shouldTrackWithWebView: 方法进行请求拦截。

SensorsDataWKWebViewController.h 定义如下：

```
//
//  SensorsDataWKWebViewController.h
//  Demo
//
//  Created by 王灼洲 on 2019/8/8.
//  Copyright © 2019 SensorsData. All rights reserved.
//

#import <UIKit/UIKit.h>

NS_ASSUME_NONNULL_BEGIN

@interface SensorsDataWKWebViewController : UIViewController

@end

NS_ASSUME_NONNULL_END
```

SensorsDataWKWebViewController.m 实现如下：

```
//
//  SensorsDataWKWebViewController.m
//  Demo
//
//  Created by 王灼洲on 2019/8/8.
//  Copyright © 2019 SensorsData. All rights reserved.
//

#import "SensorsDataWKWebViewController.h"
#import <SensorsSDK/SensorsSDK.h>
#import <WebKit/WebKit.h>

@interface SensorsDataWKWebViewController () <WKNavigationDelegate>

@property (nonatomic, strong) WKWebView *webView;

@end

@implementation SensorsDataWKWebViewController

- (void)viewDidLoad {
    [super viewDidLoad];
    // Do any additional setup after loading the view.

    _webView = [[WKWebView alloc] initWithFrame:self.view.bounds];
    _webView.autoresizingMask = UIViewAutoresizingFlexibleWidth | UIViewAutore-
        sizingFlexibleHeight;
    _webView.navigationDelegate = self;
    [self.view addSubview:_webView];

    // 加载sensorsdata.html
    NSURL *url = [NSBundle.mainBundle.bundleURL URLByAppendingPathComponent:@"
        sensorsdata.html"];
    NSURLRequest *request = [NSURLRequest requestWithURL:url];
    [_webView loadRequest:request];
}

#pragma mark - WKNavigationDelegate
- (void)webView:(WKWebView *)webView decidePolicyForNavigationAction:(WKNavigation-
    Action *)navigationAction decisionHandler:(void (^)(WKNavigationActionPolicy))
    decisionHandler {
    if ([[SensorsAnalyticsSDK sharedInstance] shouldTrackWithWebView:webView-
        request:navigationAction.request]) {
        return decisionHandler(WKNavigationActionPolicyCancel);
    }
```

```
        decisionHandler(WKNavigationActionPolicyAllow);
    }

@end
```

第六步：运行 Demo。

通过上面的步骤，我们完成了前期的准备工作，当然还需要将 SensorsDataUIWeb-ViewController 和 SensorsDataWKWebViewController 显示在界面上，读者可以自行实现。

运行 Demo，分别点击 SensorsDataUIWebViewController 和 SensorsDataWKWebViewController 上的按钮，我们就可以在 Xcode 控制台中看到 ViewProduct 事件信息。

```
{
    "_hybrid_h5": true,
    "event": "ViewProduct",
    "server_url": "http:\/\/sdk-test.cloud.sensorsdata.cn:8006\/sa.gif?project=
        default&token=95c73ae661f85aa0",
    "distinct_id": "13515EC3-9A56-4040-9142-AADFBF36DC48",
    "lib": {
        "$lib_version": "1.9.7",
        "$lib": "js",
        "$lib_method": "code"
    },
    "properties": {
        "productId": "123456",
        "$latest_referrer": "取值异常",
        "productCatalog": "Laptop Computer",
        "$os_version": "13.3",
        "$os": "iOS",
        "$screen_height": 896,
        "productName": "MacBook Pro",
        "$latest_search_keyword": "取值异常",
        "$screen_width": 414,
        "$lib": "iOS",
        "$is_first_day": true,
        "productPrice": 123.45,
        "$model": "x86_64",
        "$manufacturer": "Apple",
        "$app_version": "1.0",
        "$latest_referrer_host": "取值异常",
        "$lib_version": "1.0.0",
        "$latest_traffic_source_type": "取值异常"
    },
    "type": "track"
}
```

从 ViewProduct 事件信息中，我们可以看到目前事件已包含"_hybrid_h5"字段，"distinct_id"字段的内容也与 App 端保持一致，同时预置属性也已加上。

通过拦截请求实现打通，是一种比较通用的方案，可以同时支持 UIWebView 控件和 WKWebView 控件。不过缺点也很明显，它的实现相对来说比较复杂，会依赖 JavaScript SDK 的实现，需要 JavaScript SDK 在发送事件数据时判断 UserAgent 值中是否包含特殊标记。再加上 UserAgent 值是一个公共的值，随意被修改或者没有按照规范进行修改，都会导致打通失败，这也是客户反馈最多的一个问题。

该方案对于 WKWebView 控件来说，还存在一个未解决的问题：当应用程序的第一个页面是用 WKWebView 显示 H5 的时候，该页面打通失败，但后续的 H5 页面不受影响。这是因为 WKWebView 设置 UserAgent 值是一个异步的过程，当第一个页面加载 H5 的时候，修改 UserAgent 值可能还没有完成。不过，这种场景在实际的应用程序开发中很少出现。

12.3　方案二：JavaScript 与 WebView 相互调用

方案二相对于方案一来说，会容易理解很多，实现也比较简单。但 UIWebView 控件是一个老旧控件，它与 H5 页面的交互能力非常有限，无法满足 H5 迅猛发展的需求。即使在 iOS 7 推出了 JavaScriptCore 框架后，仍有诸多限制（例如，需要在页面加载完成后才能获取到 JavaScript 的上下文对象）。因此，后面才会有 WKWebView 控件的诞生。针对 UIWebView 控件的诸多限制和不足，再加上苹果公司对 WKWebView 控件的大力推广和重视，我们的方案二暂且只支持 WKWebView 控件。

WKWebView 控件中有一个 WKWebViewConfiguration 类型的属性 configuration，它是 WKWebView 初始化时一些属性的集合封装。属性中有一个 WKUserContentController 类型的 userContentController 属性，通过调用 -addScriptMessageHandler:name: 方法可以让 JavaScript 向 WKWebView 发送信息。

综上所述，方法二的原理如下：在 WKWebView 控件初始化之后，通过调用 webView. configuration.userContentController 的 -addScriptMessageHandler:name: 方法注册回调，然后实现 WKScriptMessageHandler 协议中的 -userContentController:didReceiveScriptMessage: 方法，JavaScript SDK 通过 window.webkit.messageHandlers.<name>.postMessage(<messageBody>) 方式触发事件，我们就能在回调中接收到消息，然后从消息中解析事件信息，再调用 SensorsAnalyticsSDK 的 trackFromH5WithEvent: 方法即可实现。

我们下面详细介绍实现步骤。

第一步：在 SensorsAnalyticsSDK 的类别 WebView 中声明 -trackFromH5WithEvent: 方法。

```
#pragma mark - WebView
@interface SensorsAnalyticsSDK (WebView)
```

```
    ......

    - (void)trackFromH5WithEvent:(NSString *)jsonString;

    @end
```

第二步：修改 sensorsdata.html 文件中的 track 函数，通过 window.webkit.messageHandlers.
<name>.postMessage(<messageBody>) 方式进行打通。

```
function track(name, properties) {
    if (window.webkit
        && window.webkit.messageHandlers
        && window.webkit.messageHandlers.sensorsData) {
        // 组建数据，可自行实现采集一些事件属性
        var event = {
            event: name,
            lib: {
                $lib: 'js',
                $lib_method: 'code',
                $lib_version: '1.0.1'
            },
            properties: properties
        };
        var message = {
            command: 'track',
            event: JSON.stringify(event)
        };
        // 调用接口向原生API发送消息
        window.webkit.messageHandlers.sensorsData.postMessage(message);
    } else {
        // 不能调用iOS的原生API时，调用JS SDK的接口
        console.log("No native APIs found.");
        sa.track(name, properties)
    }
}
```

第三步：测试验证。

修改 Demo 中的 SensorsDataWKWebViewController.m，实现 WKScriptMessageHandler 协议，并实现协议中的 -userContentController:didReceiveScriptMessage: 方法，然后在 -viewDidLoad 方法中初始化 WKWebView，之后调用 webView.configuration.userContentController 的 -addScriptMessageHandler:name: 方法注册回调。

```
//
//  SensorsDataWKWebViewController.m
//  Demo
//
//  Created by 王灼洲 on 2019/8/8.
```

```
//  Copyright © 2019 SensorsData. All rights reserved.
//

#import "SensorsDataWKWebViewController.h"
#import <SensorsSDK/SensorsSDK.h>
#import <WebKit/WebKit.h>

@interface SensorsDataWKWebViewController () <WKScriptMessageHandler>

@property (nonatomic, strong) WKWebView *webView;

@end

@implementation SensorsDataWKWebViewController

- (void)viewDidLoad {
    [super viewDidLoad];
    // 加载视图后可做任何附加创建

    _webView = [[WKWebView alloc] initWithFrame:self.view.bounds];
    _webView.autoresizingMask = UIViewAutoresizingFlexibleWidth | UIViewAutore-
        sizingFlexibleHeight;
    [self.view addSubview:_webView];

    [self.webView.configuration.userContentController addScriptMessageHandler:self
        name:@"sensorsData"];

    // 加载sensorsdata.html
    NSURL *url = [NSBundle.mainBundle.bundleURL URLByAppendingPathComponent:@"
        sensorsdata.html"];
    NSURLRequest *request = [NSURLRequest requestWithURL:url];
    [_webView loadRequest:request];
}

#pragma mark - WKScriptMessageHandler
- (void)userContentController:(WKUserContentController *)userContentController
    didReceiveScriptMessage:(WKScriptMessage *)message {
    if ([message.body[@"command"] isEqual:@"track"]) {
        [[SensorsAnalyticsSDK sharedInstance] trackFromH5WithEvent:message.
            body[@"event"]];
    }
}

@end
```

运行 Demo，点击 H5 页面上的按钮，我们即可在 Xcode 控制台中看到 $ViewProduct
事件信息。

```
{
    "_hybrid_h5": true,
    "event": "ViewProduct",
    "server_url": "xxx",
    "distinct_id": "13515EC3-9A56-4040-9142-AADFBF36DC48",
    "lib": {
        "$lib_version": "1.9.7",
        "$lib": "js",
        "$lib_method": "code"
    },
    "properties": {
        "productId": "123456",
        "$latest_referrer": "取值异常",
        "productCatalog": "Laptop Computer",
        "$os_version": "13.3",
        "$os": "iOS",
        "$screen_height": 896,
        "productName": "MacBook Pro",
        "$latest_search_keyword": "取值异常",
        "$screen_width": 414,
        "$lib": "iOS",
        "$is_first_day": true,
        "productPrice": 123.45,
        "$model": "x86_64",
        "$manufacturer": "Apple",
        "$app_version": "1.0",
        "$latest_referrer_host": "取值异常",
        "$lib_version": "1.0.0",
        "$latest_traffic_source_type": "取值异常"
    },
    "type": "track"
}
```

方案二实现起来相对简单，无须修改 UserAgent，但目前只支持 WKWebView 控件。因此，如果你的应用程序支持 iOS 8 以上，并在应用程序中未使用 UIWebView 控件时，可以选择方案二。

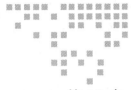

第 13 章 *Chapter 13*

App Extension

App Extension 即应用程序扩展，它是从 iOS 8 开始引入的一个非常重要的新特性。通过 App Extension，可以扩展应用程序的功能和内容，并允许用户在其他应用程序或系统的某些特定位置使用，例如应用程序可以以小组件的形式出现在系统的 Today 页面中。

13.1 App Extension 介绍

13.1.1 App Extension 类型

在 iOS 系统中，支持应用程序扩展的区域称为 Extension Point（扩展点）。每个扩展点都定义了不同的使用策略及相应的接口，我们可以根据实际业务需求，选择一个合适的扩展点。不同的扩展点对应不同类型的应用程序扩展。iOS 系统主要有以下几种扩展。

（1）Share，即分享扩展，可以使用户在不同的应用程序之间分享内容。如果你的应用程序是一个社交网络平台或者其他形式的分享平台，就可以提供一个分享扩展，使系统可以分享图片、视频、网站或者其他内容给用户。分享扩展可以在任意应用程序中被激活，但是开发者需要设置激活的规则，让分享扩展只在合适的使用场景中出现。

（2）Today，即 Today 扩展，可以让用户更快速、方便地查看 App，获取最及时的信息。例如股票、天气、热搜等需要实时获取数据并更新展示的场景，这些都可以通过创建一个 Today 扩展实现。Today 扩展显示在通知中心的 Today 视图中，又被称为 Widget（小组件）。

（3）Photo Editing，即图片编辑扩展，可以将你提供的滤镜或编辑工具嵌入到系统的照片和相机应用程序中，这样用户就可以很容易地将其应用到图像和视频中。因此，图片编辑扩展只能在照片或相机应用的照片管理器中激活使用。

（4）Custom Keyboard。在 iOS 8 以后，苹果公司允许开发者自定义键盘，提供不同的输入方式和布局，让用户在手机上安装和使用。不过，自定义键盘需要用户在设置中进行配置，才能在输入文字时使用。

（5）File Provider。如果你的应用程序能够提供一个存储文件的位置，可以通过 File Provider 的功能让其他应用程序访问。其他应用程序在使用文档选择器视图控制器的时候，就可以打开存储在你的应用程序中的文件或者将文件存储到你的应用程序中。

（6）Actions。动作扩展允许在 Action Sheet 中创建自定义动作按钮，例如允许用户为文档添加水印、向提醒事项中添加内容、将文本翻译成其他语言等。动作扩展和分享扩展一样都可以在任意的应用程序中激活使用，同样也需要开发者进行相应的设置。

（7）Document Provider。如果你的应用程序是给用户提供 iOS 文档的远程存储，就可以创建一个 Document Provider，让用户可以直接在任何兼容的应用程序中上传和下载文档。

（8）Audio。通过音频单元扩展，你可以提供音频效果、声音生成器和乐器，这些可以由音频单元宿主应用程序使用，并通过应用程序商店分发。

随着 iOS 系统功能的不断完善和丰富，应用程序扩展的种类也在不断增加。我们可以通过在 Xcode 的菜单中点击 File → New → Target，选择创建不同种类的应用程序扩展，如图 13-1 所示。

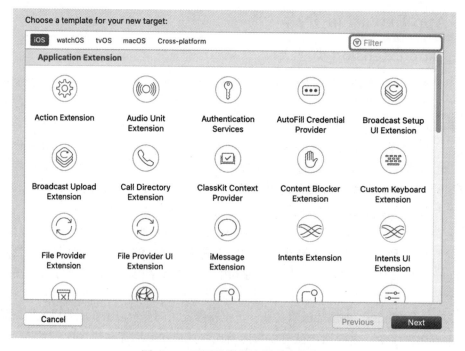

图 13-1　不同种类的应用程序扩展

13.1.2　App Extension 生命周期

应用程序扩展并不是一个独立的应用程序，它是包含在应用 Bundle 里一个独立的包，后缀名为 .appex。包含应用程序扩展的应用程序被称为容器应用（Containing App），能够使用该扩展的应用被称为宿主应用（Host App）。例如，Safari 里使用微信的扩展，将一个网页分享到微信中，则 Safari 就是宿主应用，微信就是容器应用。

当用户在手机中安装容器应用时，应用程序扩展也会随之一起被安装；如果容器应用被卸载，应用程序扩展也会被卸载。宿主应用程序中定义了提供给扩展的上下文环境，并在响应用户请求时启动扩展。应用程序扩展通常在完成从宿主应用程序接收到的请求不久后终止。关于应用程序扩展的生命周期，参考图 13-2（摘自苹果公司官网）。

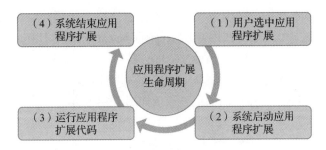

图 13-2　应用程序扩展的生命周期

关于应用程序扩展的生命周期，我们可简单描述如下。

1）用户选择需要使用的应用程序扩展。

2）系统启动应用程序扩展。

3）运行应用程序扩展的代码。

4）系统终止应用程序扩展的运行。

13.1.3　App Extension 通信

在应用程序扩展启动和运行的过程中，应用程序扩展与宿主应用如何通信？在这个过程中，容器应用又如何执行？图 13-3（摘自苹果公司官网）解释了应用程序扩展、容器应用和宿主应用之间是如何通信的。

从图 13-3 中可以看出，应用程序扩展和容器应用之间并没有直接的通信。一般情况下，容器应用不会运行，容器应用和宿主应用更不会有任何关联。在宿主应用中打开一个应用程序扩展，宿主应用向应用程序扩展发送一个请求，即传递一些数据给应用程序扩展，应用程序扩展接收到数据后，展示应用程序扩展的界面并执行一些任务，当应用程序扩展任务完成后，将数据处理的结果返回给宿主应用。

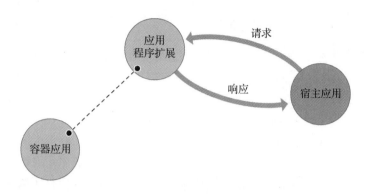

图 13-3　应用程序扩展、容器应用和宿主应用之间的通信

图 13-3 中的虚线部分表示应用程序扩展与容器应用之间存在有限的交互方式。系统 Today 视图中的小组件，可以通过调用 NSExtensionContext 的 -openURL:completionHandler: 方法使系统打开容器应用，但这个方式只限 Today 视图中的小组件。对于任何应用程序扩展和它的容器应用，有一个私有的共享资源，它们都可以访问其中的文件。

应用程序扩展、容器及宿主应用的完整通信如图 13-4 所示。

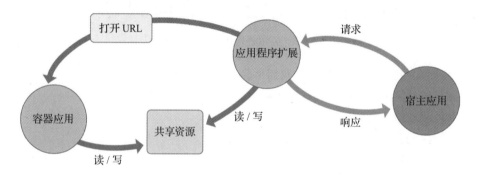

图 13-4　通信方式

13.1.4　App Extension 示例

想要开发一个 App Extension，首先是确定需求，然后选择合适的扩展类型进行开发。这里我们以开发一个 Today 视图的小组件为例说明如何实现一个简单的 App Extension。Today 视图小组件的功能很简单，如图 13-5 所示。

点击加号（+）时，中间的数字加 1；点击减号（-）时，中间的数字减 1，同时会将计算结果写入共享文件中。

我们下面详细介绍实现步骤。

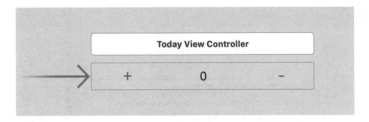

图 13-5　Today 视图小组件

第一步：创建项目。

在 Xcode 中，依次单击 File → New → Target 菜单，显示页面如图 13-6 所示，双击 Today Extension 应用程序扩展。

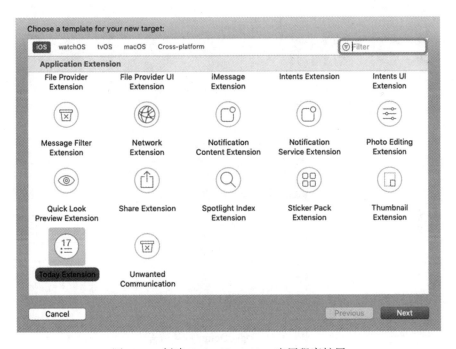

图 13-6　创建 Today Extension 应用程序扩展

然后将 Product Name 填写为 TodayDemo，在 Projet 处选择 Demo 项目，如图 13-7 所示。

单击 Finish 按钮，在 Demo 工程目录下有一个 TodayDemo 目录，里面包含一个 TodayView-Controller 视图控制器、一个 Storyboard 文件以及 nfo.plist 文件，如图 13-8 所示。

我们下面学习 TodayViewController 视图控制器。

TodayViewController.h 定义如下。

Choose options for your new target:

Product Name:	TodayDemo
Team:	Sensors Data Co., Ltd (Company)
Organization Name:	王灼洲
Organization Identifier:	cn.sensorsdata.Demo
Bundle Identifier:	cn.sensorsdata.Demo.TodayDemo
Language:	Objective-C
Project:	Demo
Embed in Application:	Demo

Cancel   Previous   Finish

图 13-7　项目配置

图 13-8　TodayDemo 目录结构

```
//
//  TodayViewController.h
//  TodayDemo
//
//  Created by 王灼洲 on 2019/8/8.
//  Copyright © 2019 SensorsData. All rights reserved.
//

#import <UIKit/UIKit.h>
```

```
@interface TodayViewController : UIViewController

@end
```

TodayViewController.m 实现如下：

```
//
//  TodayViewController.m
//  TodayDemo
//
//  Created by王灼洲on 2019/8/8.
//  Copyright © 2019 SensorsData. All rights reserved.
//

#import "TodayViewController.h"
#import <NotificationCenter/NotificationCenter.h>

@interface TodayViewController () <NCWidgetProviding>

@end

@implementation TodayViewController

- (void)viewDidLoad {
    [super viewDidLoad];
    // Do any additional setup after loading the view.
}

- (void)widgetPerformUpdateWithCompletionHandler:(void (^)(NCUpdateResult))
    completionHandler {

    completionHandler(NCUpdateResultNewData);
}

@end
```

可以看到，TodayViewController 中的代码和普通应用程序中新建的视图控制器的代码基本上是相同的，只是多实现了 NCWidgetProviding 协议。在 NCWidgetProviding 协议中，有一个 -widgetPerformUpdateWithCompletionHandler: 方法，我们可以在这个方法中更新小组件里的内容并重新渲染界面，当小组件完成内容更新后，需要调用相应的 block，给系统返回合适的更新结果。要实现的 TodayDemo 小组件功能比较简单，不需要处理界面更新的相关逻辑。

第二步：添加控件。

在 MainInterface.storyboard 文件中添加两个 UIButton 控件和一个 UILabel 控件，按钮

分别是一个加号（+）、一个减号（-），而 UILabel 控件用于展示计算结果。添加必要的约束，最终 Storyboard 效果如图 13-9 所示。

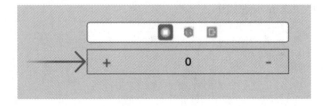

图 13-9　Storyboard 效果

将中间的 UILabel 控件绑定 IBOutlet 变量 numLabel。

```
@interface TodayViewController : UIViewController

@property (weak, nonatomic) IBOutlet UILabel *numLabel;

@end
```

然后分别给两个按钮绑定触摸事件方法 -plusAction: 和 -minusAction:。

```
@implementation TodayViewController

......

- (IBAction)plusAction:(id)sender {
    self.numLabel.text = [NSString stringWithFormat:@"%d", self.numLabel.text.
        intValue + 1];
}

- (IBAction)minusAction:(id)sender {
    if (self.numLabel.text.intValue > 0) {
        self.numLabel.text = [NSString stringWithFormat:@"%d", self.numLabel.
            text.intValue - 1];
    }
}

@end
```

选择 TodayDemo 的 Scheme 并运行，这时就可以在模拟器上的 Today 视图中看到我们实现的小组件，点击加号（+）或者减号（-）按钮，中间的数字就会跟着加或者减。

最后，要做的就是将计算结果存储在共享资源区域，让容器应用（Demo）可以获取到计算结果。实现这个功能之前，需要先添加 App Group Identifier。

第三步：创建 App Group Identifier。

在苹果公司开发者网站（https://developer.apple.com/account），登录开发者账号，点击

Certificates, Identifers & Profiles → Identifiers，然后点击加号（+）按钮，显示图 13-10 所示的页面。

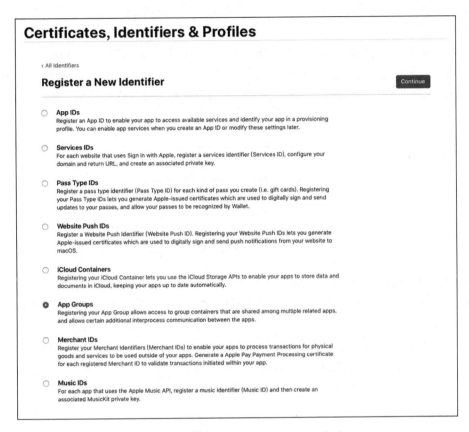

图 13-10　创建 App Group Idntifier（一）

选择 App Groups，然后点击 Continue 按钮，继续下一步操作，如图 13-11 所示。

Register an App Group　　　　　　　　　　　　　　　　　　　Back　Continue

Description
TodayDemo
You cannot use special characters such as @, &, *, ', "

Identifier
group.com.wangzhzh.demo.extension
We recommend using a reverse-domain name style string (i.e., com.domainname.appname).

图 13-11　创建 App Group Identifier（二）

　　然后填写相关描述及 Identifier，Identifier 必须以 group. 开头，在填写的时候网页也会自动填充 group.。相关信息填写完成后，点击 Continue 按钮，当前页面跳转到信息确认页面，确认信息，点击 Register 按钮，即注册成功。

第四步：数据共享。

创建了 App Group Identifier 之后，我们需要在 Xcode 中进行相关设置，将 Demo 和 TodayDemo 进行关联。

在 Xcode 中选中 Demo 项目，进入 Demo 项目设置页面，选中 Capabilities，打开 App Groups 选项，并勾选之前创建的 App Group Identifier（group.com.wangzhzh.demo.extension），如图 13-12 所示。同样，需要在 Today Demo 的项目设置页面做同样的操作，关联 App Group Identifier。

图 13-12　关联 App Group Identifier

在应用程序扩展里共享数据一般有如下两种方法。

❑ 通过 App Group Identifier 创建一个 NSUserDefaults 类的实例对象，存储键值对类型的数据。

❑ 通过 NSFileManager 类的 -containerURLForSecurityApplicationGroupIdentifier: 方法获取共享资源的文件路径，然后读写相应文件。

我们下面分别在 TodayViewController.m 文件中实现以上两种共享数据的方法。

```objc
static NSString * const kTodayDemoResult = @" com.wangzhzh.demo.result";
static NSString * const kGroupIdentifier = @"group.com.wangzhzh.demo.extension";


@implementation TodayViewController


......


//方法一:保存
- (void)saveToUserDefaultsWithString:(NSString *)value {
    NSUserDefaults *userDefaults = [[NSUserDefaults alloc] initWithSuiteName:
        kGroupIdentifier];
    [userDefaults setObject:value forKey:kTodayDemoResult];
}


//方法一:读取
- (NSString *)readFromUserDefaults {
    NSUserDefaults *userDefaults = [[NSUserDefaults alloc] initWithSuiteName:
        kGroupIdentifier];
    return [userDefaults objectForKey:kTodayDemoResult];
```

```
}

//方法二:保存
- (void)saveToFileWithString:(NSString *)value {
    NSURL *url = [[NSFileManager.defaultManager containerURLForSecurityApplicationGroup-
        Identifier:kGroupIdentifier] URLByAppendingPathComponent:@"TodayResult.txt"];
    [value writeToURL:url atomically:YES encoding:NSUTF8StringEncoding error:nil];
}

//方法二:读取
- (NSString *)readFromFile {
    NSURL *url = [[NSFileManager.defaultManager containerURLForSecurityApplicationGroup-
        Identifier:kGroupIdentifier] URLByAppendingPathComponent:@"TodayResult.txt"];
    return [NSString stringWithContentsOfURL:url encoding:NSUTF8StringEncoding error:nil];
}

@end
```

然后分别在 -plusAction: 和 -minusAction: 方法中调用以上方法保存数据，此处以方法二为例。

```
@implementation TodayViewController

......

- (IBAction)plusAction:(UIButton *)sender {
    self.numLabel.text = [NSString stringWithFormat:@"%d", self.numLabel.text.intValue + 1];

    [self saveToFileWithString:self.numLabel.text];
}

- (IBAction)minusAction:(UIButton *)sender {
    self.numLabel.text = [NSString stringWithFormat:@"%d", self.numLabel.text.intValue - 1];

    [self saveToFileWithString:self.numLabel.text];
}

@end
```

然后修改 TodayViewController 的 -viewDidLoad 方法，调用 -getFromUserDefaults 方法从共享资源中读取数据，并显示在中间的 UILabel 控件上。

```
@implementation TodayViewController

- (void)viewDidLoad {
    [super viewDidLoad];
```

```
        self.numLabel.text = [NSString stringWithFormat:@"%d", [[self getFromFile] intValue]];
    }

    ......

    @end
```

运行 TodayDemo，点击加号（+）或减号（−）按钮，可以看到中间显示的数值在变化。重复运行，Today 小组件中间显示的还是上次运行之后的结果。

我们已将 TodayDemo 中的数据保存在共享资源中，对于 Demo 应用，也可以使用相同的方法，从共享资源中读取数据。可以在 Demo 中 AppDelegate.m 文件的 -application:didFinishLaunchingWithOptions: 方法中进行读取。

```
static NSString * const kTodayDemoResult = @"com.wangzhzh.demo.result";
static NSString * const kGroupIdentifier = @"group.com.wangzhzh.demo.extension";

- (BOOL)application:(UIApplication *)application didFinishLaunchingWithOptions:(
    NSDictionary *)launchOptions {

    NSURL *fileURL = [[NSFileManager.defaultManager containerURLForSecurityApplica-
        tionGroupIdentifier:kGroupIdentifier] URLByAppendingPathComponent:@"Today-
        Result.txt"];
    NSLog(@"TodayDemo Extension Result: %@", [NSString stringWithContentsOfURL:fileURL-
        encoding:NSUTF8StringEncoding error:nil]);

    ......

    return YES;
}
```

运行 Demo，可以在控制台中看到打印了 TodayDemo 小组件的计算结果。

13.2　App Extension 埋点

通过 13.1 节的学习，我们了解了如何开发一个 App Extension，并通过 App Group Identifier 实现了应用程序扩展与容器应用共享数据。本节主要介绍如何在 App Extension 中进行埋点。

应用程序扩展的基本上是一些比较简单的任务，实现并不会特别复杂。一般情况下，要求应用程序扩展尽量做到简单易用。如何在应用程序扩展内采集各种事件信息虽然我们也可以实现全埋点，但并不建议这样做，这样不仅会增加应用程序扩展的逻辑复杂度，还会导致应用程序扩展的包体积增加。

因此，应程序扩展一般是采用代码埋点，然后将事件数据保存在共享资源中。容器应用每次启动的时候，都会尝试从共享资源中读取事件数据，然后进行二次加工并保存到本地，然后在合适的时机进行数据同步。

我们下面详细介绍实现方案。

第一步：在 SensorsSDK 中创建 SensorsAnalyticsExtensionDataManager 类，该类主要负责实现和应用程序扩展相关的事件采集逻辑，并提供一个单例方法 +sharedInstance，用于访问该类的单例对象及实例方法。

SensorsAnalyticsExtensionDataManager.h 声明如下：

```
//
//  SensorsAnalyticsExtensionDataManager.h
//  SensorsSDK
//
//  Created by 王灼洲 on 2019/8/8.
//  Copyright © 2019 SensorsData. All rights reserved.
//

#import <Foundation/Foundation.h>

NS_ASSUME_NONNULL_BEGIN

@interface SensorsAnalyticsExtensionDataManager : NSObject

+ (instancetype)sharedInstance;

@end

NS_ASSUME_NONNULL_END
```

SensorsAnalyticsExtensionDataManager.m 实现如下：

```
//
//  SensorsAnalyticsExtensionDataManager.m
//  SensorsSDK
//
//  Created by 王灼洲 on 2019/8/8.
//  Copyright © 2019 SensorsData. All rights reserved.
//

#import "SensorsAnalyticsExtensionDataManager.h"

@implementation SensorsAnalyticsExtensionDataManager

+ (instancetype)sharedInstance {
    static dispatch_once_t onceToken;
    static SensorsAnalyticsExtensionDataManager *manager = nil;
```

```
    dispatch_once(&onceToken, ^{
        manager = [[SensorsAnalyticsExtensionDataManager alloc] init];
    });
    return manager;
}

@end
```

第二步：在 SensorsAnalyticsExtensionDataManager 类中新增 -fileURLForApplication-GroupIdentifier: 方法，用于根据 App Group Identifier 获取文件存储路径。

SensorsAnalyticsExtensionDataManager.h 声明如下：

```
@interface SensorsAnalyticsExtensionDataManager : NSObject

......

/**
根据App Group Identifier获取文件存储路径

@param identifier App Group Identifier
@return路径
*/
- (NSURL *)fileURLForApplicationGroupIdentifier:(NSString *)identifier;

@end
```

SensorsAnalyticsExtensionDataManager.m 实现如下：

```
static NSString * const kSensorsExtensionFileName = @"sensors_analytics_extension_
    events.plist";

@implementation SensorsAnalyticsExtensionDataManager

......

- (NSURL *)fileURLForApplicationGroupIdentifier:(NSString *)identifier {
    return [[NSFileManager.defaultManager containerURLForSecurityApplicationGroup-
        Identifier:identifier] URLByAppendingPathComponent:kSensorsExtensionFileName];
}

@end
```

第三步：在 SensorsAnalyticsExtensionDataManager.m 文件中新增 -writeEvents:toURL: 私有方法，用于将事件数据写入共享资源。

```
@implementation SensorsAnalyticsExtensionDataManager

......
```

```
/**
把所有的事件数据写入文件中保存

@param events 所有的事件数据
@param url 事件数据写入文件地址
*/
- (void)writeEvents:(NSArray<NSDictionary *> *)events toURL:(NSURL *)url {
    // json解析错误信息
    NSError *error = nil;
    // 将字典数据解析成JSON数据
    NSData *data = [NSJSONSerialization dataWithJSONObject:events options:NSJSON-
        WritingPrettyPrinted error:&error];
    if (error) {
        return NSLog(@"The json object's serialization error: %@", error);
    }
    // 将数据写入文件
    [data writeToURL:url atomically:YES];
}


@end
```

第四步：在 SensorsAnalyticsExtensionDataManager.m 文件中新增 -allEventsForURL: 私有方法，用于从共享资源读取所有事件数据。

```
@implementation SensorsAnalyticsExtensionDataManager

......

/**
从一个路径中获取所有的事件数据
@param url 获取所有事件数据的文件地址
@return 所有的事件数据
*/
- (NSMutableArray<NSDictionary *> *)allEventsForURL:(NSURL *)url {
    // 从文件中初始化NSData对象
    NSData *data = [NSData dataWithContentsOfURL:url];
    // 当本地未保存事件数据时，直接返回空数组
    if (data.length == 0) {
        return [NSMutableArray array];
    }
    // 解析所有的JSON数据
    return [NSJSONSerialization JSONObjectWithData:data options:NSJSONReading-
        MutableContainers error:nil];
}


@end
```

第五步：在 SensorsAnalyticsExtensionDataManager 中新增 -track:properties:application-GroupIdentifier: 方法，用于在应用程序扩展中触发事件。

> **注意** 该方法与 SensorsAnalyticsSDK 中的 -track:properties: 方法的区别：在 -track:properties:applicationGroupIdentifier: 方法中，不会采集一些预置属性（用户打开容器应用时，对事件数据进行二次处理，添加的一些必要属性），只会采集事件名称、事件属性以及事件发生的时间戳（time 字段）。示例如下所示。

```
{
    "properties": {
        "value": 11
    };
    "event": "today_plus",
    "time": 1575851881946
}
```

SensorsAnalyticsExtensionDataManager.h 声明如下：

```
@interface SensorsAnalyticsExtensionDataManager : NSObject

......

/**
触发事件，采集事件名及相关属性

@param event 事件名
@param properties 事件属性
@param identifier App Group Identifier
*/
- (void)track:(NSString *)event properties:(NSDictionary<NSString *,id> *)
        properties applicationGroupIdentifier:(NSString *)identifier;

@end
```

SensorsAnalyticsExtensionDataManager.m 实现如下：

```
@implementation SensorsAnalyticsExtensionDataManager

......

- (void)track:(NSString *)event properties:(NSDictionary<NSString *,id> *)properties
        applicationGroupIdentifier:(NSString *)identifier {
    // 当事件名和事件属性都为空时，说明事件数据有问题，直接返回
    // 当App Group Identifier为空时，表示获取不到共享资源文件地址，直接返回
    if ((event.length == 0 && properties.count == 0) || identifier.length == 0) {
        return;
```

```
    }

    NSMutableDictionary *dictionary = [[NSMutableDictionary alloc] init];
    // 设置事件名称
    dictionary[@"event"] = event;
    // 设置当前事件触发的时间
    NSNumber *timeStamp = @([[NSDate date] timeIntervalSince1970] * 1000);
    dictionary[@"time"] = timeStamp;
    // 设置事件属性
    dictionary[@"properties"] = properties;

    // 根据App Group Identifier获取保存事件文件的地址
    NSURL *url = [self fileURLForApplicationGroupIdentifier:identifier];

    // 获取本地存储的所有事件数据
    NSMutableArray *events = [self allEventsForURL:url];
    // 添加事件数据
    [events addObject:dictionary];

    // 将数据写入文件进行保存
    [self writeEvents:events toURL:url];
}

@end
```

第六步：在 SensorsAnalyticsExtensionDataManager.m 文件中新增 -allEventsForApplicationGroupIdentifier: 方法，用于从共享资源读取所有事件数据。

SensorsAnalyticsExtensionDataManager.h 声明如下：

```
@interface SensorsAnalyticsExtensionDataManager : NSObject

......

/**
根据App Group Identifier获取保存的所有事件数据

@param identifier App Group Identifier
@return路径地址
*/
- (NSArray<NSDictionary *> *)allEventsForApplicationGroupIdentifier:(NSString *)identifier;

@end
```

SensorsAnalyticsExtensionDataManager.m 实现如下：

```
@implementation SensorsAnalyticsExtensionDataManager
```

```
......

- (NSMutableArray<NSDictionary *> *)allEventsForApplicationGroupIdentifier:(NS-
    String *)identifier {
    // 根据App Group Identifier获取保存事件的文件地址
    NSURL *url = [self fileURLForApplicationGroupIdentifier:identifier];
    // 读取保存的所有的事件
    return [self allEventsForURL:url];
}

@end
```

第七步：在 SensorsAnalyticsExtensionDataManager.m 文件中新增 -deleteAllEventsWith-
ApplicationGroupIdentifier: 方法，用于从共享资源中删除事件数据。

SensorsAnalyticsExtensionDataManager.h 声明如下：

```
@interface SensorsAnalyticsExtensionDataManager : NSObject

......

/**
根据App Group Identifier删除保存的所有事件数据

@param identifier App Group Identifier
*/
- (void)deleteAllEventsWithApplicationGroupIdentifier:(NSString *)identifier;

@end
```

SensorsAnalyticsExtensionDataManager.m 实现如下：

```
@implementation SensorsAnalyticsExtensionDataManager

......

- (void)deleteAllEventsWithApplicationGroupIdentifier:(NSString *)identifier {
    // 根据App Group Identifier获取保存事件的文件地址
    NSURL *url = [self fileURLForApplicationGroupIdentifier:identifier];
    // 将空数组写入文件保存
    [self writeEvents:@[] toURL:url];
}

@end
```

至此，我们已经实现了在应用程序扩展中采集数据所需的基础方法。接下来，还需要
在 SensorsSDK 中添加一个专门用于应用程序扩展的框架，并在应用程序扩展中直接引入该
框架。

第八步：在 Xcode 中依次点击 File → New → Target，弹出图 13-13 所示的新建窗口然后双击 Framework 图标。

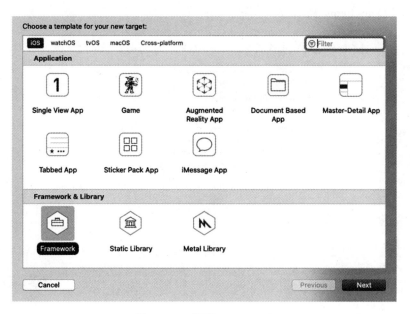

图 13-13　新建 Framework

将 Product Name 填写为 SensorsAppExtensionSDK，在 Project 处选择 SensorsSDK，显示页面图 13-14 所示，然后点击 Finish 按钮。

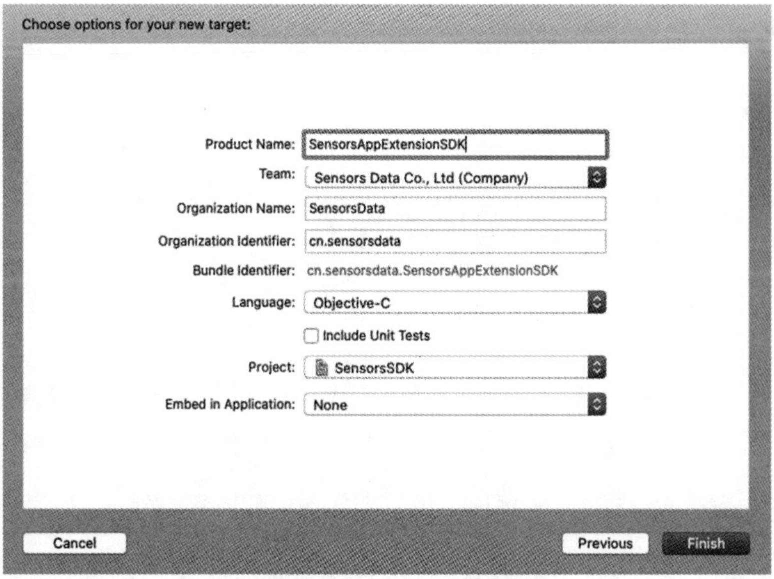

图 13-14　填写项目信息

第九步：在 Finder 中，找到 SensorsAnalyticsExtensionDataManager.h 文件和 Sensors-
AnalyticsExtensionDataManager.m 文件，然后将文件拖到 SensorsAppExtensionSDK 中，注
意不要勾选"Copy items if neede"选项，如图 13-15 所示。

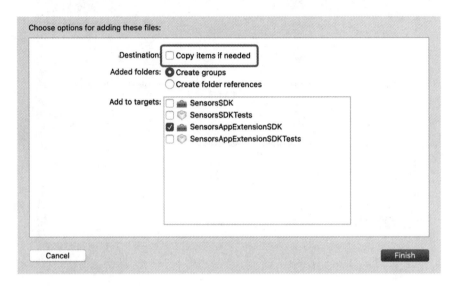

图 13-15　拖拽文件

同时，将 SensorsAnalyticsExtensionDataManager.h 头文件设置成 Public，如图 13-16
所示。

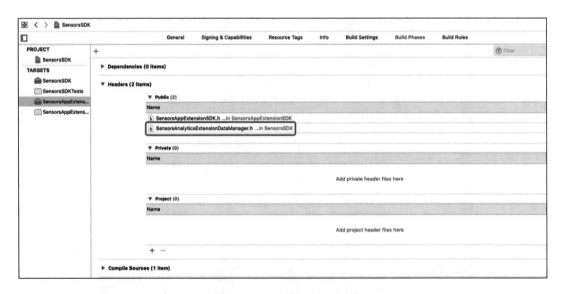

图 13-16　头文件设置成 Public

然后在 SensorsAppExtensionSDK.h 文件中导入 SensorsAnalyticsExtensionDataManager.h
头文件。

```
//
//  SensorsAppExtensionSDK.h
//  SensorsAppExtensionSDK
//
//  Created by王灼洲on 2019/8/8.
//  Copyright © 2019 SensorsData. All rights reserved.
//

#import <Foundation/Foundation.h>

FOUNDATION_EXPORT double SensorsAppExtensionSDKVersionNumber;

FOUNDATION_EXPORT const unsigned char SensorsAppExtensionSDKVersionString[];

#import "SensorsAnalyticsExtensionDataManager.h"
```

第十步：在 Demo 项目设置界面中，选中 Target 中的 TodayDemo 项目，在 General 标签
的 Framework and Libraries 选项中添加 SensorsAppExtensioSDK 的依赖，如图 13-17 所示。

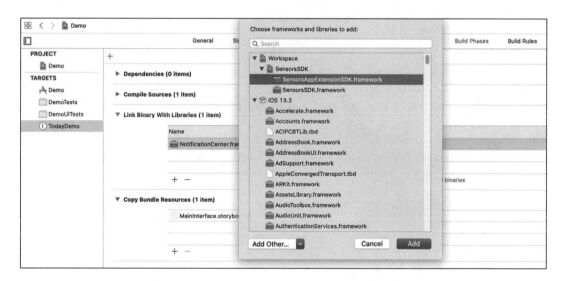

图 13-17　添加依赖

第十一步：修改 TodayViewController.m 文件中的 -plusAction: 方法和 -minusAction: 方
法，调用 SensorsAnalyticsExtensionDataManager 的 -track:@"today_plus"properties: 方法
触发相应的事件。

```
#import <SensorsAppExtensionSDK/SensorsAppExtensionSDK.h>

@implementation TodayViewController

......

- (IBAction)plusAction:(id)sender {
    self.numLabel.text = [NSString stringWithFormat:@"%d", self.numLabel.text.
        intValue + 1];

    [[SensorsAnalyticsExtensionDataManager sharedInstance] track:@"today_plus"
        properties:@{@"value": @(self.numLabel.text.intValue)} applicationGroup-
        Identifier:kGroupIdentifier];
}

- (IBAction)minusAction:(id)sender {
    if (self.numLabel.text.intValue > 0) {
        self.numLabel.text = [NSString stringWithFormat:@"%d", self.numLabel.
            text.intValue - 1];

        [[SensorsAnalyticsExtensionDataManager sharedInstance] track:@"today_
            minus" properties:@{@"value": @(self.numLabel.text.intValue)} appli-
            cationGroupIdentifier:kGroupIdentifier];
    }
}

@end
```

第十二步：在 SensorsAnalyticsSDK 类中新增 -trackFromAppExtensionForApplication-GroupIdentifier: 方法，用来从共享资源中读取事件数据并入库。

SensorsAnalyticsSDK.h 声明如下：

```
@interface SensorsAnalyticsSDK : NSObject

......

/**
 通过App Group Identifier获取应用程序扩展中的事件数据，并入库上传

 @param identifier App Group Identifier
*/
- (void)trackFromAppExtensionForApplicationGroupIdentifier:(NSString *)identifier;

@end
```

SensorsAnalyticsSDK.m 实现如下：

```
#import "SensorsAnalyticsExtensionDataManager.h"
```

```
......

- (void)trackFromAppExtensionForApplicationGroupIdentifier:(NSString *)identifier {
    dispatch_async(self.serialQueue, ^{
        // 获取App Group Identifier对应的应用程序扩展中采集的事件数据
        NSArray *allEvents = [[SensorsAnalyticsExtensionDataManager sharedInstance]
            allEventsForApplicationGroupIdentifier:identifier];
        for (NSDictionary *dic in allEvents) {
            NSMutableDictionary *properties = [dic[@"properties"] mutableCopy];
            // 在采集的事件属性中加入预置属性
            [properties addEntriesFromDictionary:self.automaticProperties];

            NSMutableDictionary *event = [dic mutableCopy];
            event[@"properties"] = properties;

            // 设置事件的distinct_id，用于唯一标识一个用户
            event[@"distinct_id"] = self.loginId ?: self.anonymousId;

            // 在Xcode 控制台中打印事件信息
            [self printEvent:event];
            // 将事件入库
            // [self.fileStore saveEvent:event];
            [self.database insertEvent:event];
        }
        // 将已经处理完成的数据删除
        [[SensorsAnalyticsExtensionDataManager sharedInstance] deleteAllEvents-
            WithApplicationGroupIdentifier:identifier];

        // 将事件上传
        [self flush];
    });
}

@end
```

从上面的代码中可以看出，我们先从共享资源中读取事件数据，然后加入预置属性，并打印事件日志，接着将事件数据存入本地缓存，最后删除共享资源中的事件数据。

第十三步：测试验证。

在 Demo 中，修改 AppDelegate.m 文件中的 applicationDidBecomeActive: 方法，调用-trackFromAppExtensionForApplicationGroupIdentifier: 方法。

```
static NSString * const kGroupIdentifier = @"group.com.wangzhzh.demo.extension";


- (void)applicationDidBecomeActive:(UIApplication *)application {
```

```
// Restart any tasks that were paused (or not yet started) while the application
    was inactive. If the application was previously in the background, optionally
    refresh the user interface.

[[SensorsAnalyticsSDK sharedInstance] trackFromAppExtensionForApplicationGroup-
    Identifier:kGroupIdentifier];
}
```

分别运行 TodayDemo 和 Demo，我们可以在 Xcode 控制台中看到相应的事件信息。

```
{
    "properties": {
        "$model": "x86_64",
        "$manufacturer": "Apple",
        "$lib_version": "1.0.0",
        "$os": "iOS",
        "value": 11,
        "$app_version": "1.0",
        "$lib": "iOS",
        "$os_version": "13.3"
    },
    "event": "today_plus",
    "time": 1576135925417.3223,
    "distinct_id": "D1E0255B-88E5-40FD-9AB8-A5DC344B01D0"
}
```

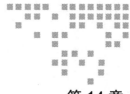

第 14 章　*Chapter 14*

React Native 全埋点

本章主要介绍如何实现 React Native 的全埋点，主要是控件点击 $AppClick 事件，默认你有一定的 React Native 开发经验。

14.1　React Native 简介

React Native 是由 Facebook 推出的移动应用开发框架，可以用来开发基于 iOS、Android、Web 的跨平台应用程序，官网地址为 https://facebook.github.io/react-native/。

React Native 和传统的 Hybrid 应用最大的区别就是它抛开了 WebView 控件。React Native 产出的并不是"网页应用""HTML5 应用"或者"混合应用"，而是一个真正的移动应用，其从使用感受上与用 Objective-C 或 Java 编写的应用相比几乎是没有区别的。React Native 所使用的基础 UI 组件和原生应用完全一致。我们要做的就是把这些基础组件使用 JavaScript 和 React 的方式组合起来。React Native 是一个非常优秀的跨平台框架。

我们下面先用 React Native 创建一个简单的 Demo。

14.1.1　创建项目

使用 React Native 开发移动应用，首先需要安装 React Native 相关的组件。具体的安装方法可以参照 React Native 的官方介绍。

React Native 安装完成后，就可以使用命令行工具创建新项目了。命令示例如下。

```
react-native init AwesomeProject
```

上面的命令创建了一个名为 AwesomeProject 的项目，然后就可以通过下面的命令进入

AwesomeProject 文件夹并运行 iOS 程序。

```
cd AwesomeProject
react-native run-ios
```

等待一会，iOS 模拟就会启动，运行结果如图 14-1 所示。

图 14-1 模拟器

在命令行输入下面的命令，Xcode 将会打开上述创建的 AwesomeProject 项目。

```
open ./ios/AwesomeProject.xcworkspace
```

在 Xcode 中，我们就可以看到 AwesomeProject 项目相关的代码。

首先，需要把 SensorsSDK 项目添加进来。在 Xcode 中，依次点击 File → Add Files to "AwesomeProject"…，弹出如图 14-2 所示的对话框，选择 SensorsSDK.xcodeproj 文件并勾选相应的 Target，最后点击 Add 按钮。

然后，添加相应的依赖关系。选中 AwesomeProject 项目，在 General 标签的 Frameworks 栏中点击加号（+）按钮，添加 SensorsSDK.framework。

最后，在 AppDelegate.m 中引入 SensorsSDK，并在 -application:didFinishLaunchingWith-Options: 方法中调用 SensorsAnalyticsSDK 的 -startWithServerURL: 方法初始化 SDK。

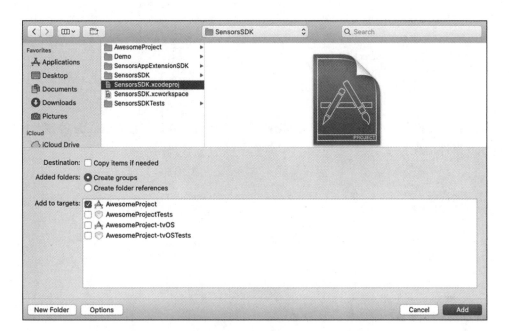

图 14-2　添加项目

```
#import <SensorsSDK/SensorsSDK.h>

@implementation AppDelegate

- (BOOL)application:(UIApplication *)application didFinishLaunchingWithOptions:(
    NSDictionary *)launchOptions
{
    [SensorsAnalyticsSDK startWithServerURL:@"xxxxx"];

    ......

    return YES;
}

@end
```

运行 AwesomeProject 项目，我们就可以在 Xcode 控制台中看到 $AppStart 事件信息。

```
{
    "properties": {
        "$model": "x86_64",
        "$manufacturer": "Apple",
        "$lib_version": "1.0.0",
        "$os": "iOS",
        "$app_version": "1.0",
        "$os_version": "12.3",
```

```
        "$lib": "iOS"
    },
    "event": "$AppStart",
    "time": 1576141146301,
    "distinct_id": "D13CE550-1EE4-45B4-AB83-CDF7601C9C77"
}
```

点击 Home 键或上滑 HomeBar 让应用程序进入后台，我们将会在 Xcode 控制台中看到 $AppEnd 事件信息。

```
{
    "properties": {
        "$model": "x86_64",
        "$manufacturer": "Apple",
        "$lib_version": "1.0.0",
        "$os": "iOS",
        "$event_duration": 434917.40625,
        "$app_version": "1.0",
        "$os_version": "12.3",
        "$lib": "iOS"
    },
    "event": "$AppEnd",
    "time": 1576141581203,
    "distinct_id": "D13CE550-1EE4-45B4-AB83-CDF7601C9C77"
}
```

这也可以说明，对于 React Native 项目的 $AppStart 和 $AppEnd 事件，我们无须做任何特殊处理即可直接支持。

其实，控制台中也会打印出页面浏览（$AppViewScreen）事件信息，但是这个事件严格意义上来说不属于 React Native 应用程序的页面浏览事件，而是应用程序中 UIWindow 控件的根视图控制器的页面浏览事件。实际上，React Native 是使用 react-navigation 进行页面间跳转的。对于 iOS 来说，跳转的新页面并不是一个视图控制器，而是弹出一个视图，因此并不能采集到正确的页面浏览事件。

14.1.2　基础控件

React Native 支持的控件有很多，详细可以参照 React Native 官网的相关介绍和说明，地址为 https://facebook.github.io/react-native/docs/activityindicator。我们下面以 React Native 的 Switch 控件为例进行介绍。

通过修改 AwesomeProject 项目中的 App.js 文件，在页面中添加一个 Switch 组件。

```
import React, { Component } from 'react';
import {
    SafeAreaView,
    StyleSheet,
```

```
    ScrollView,
    View,
    Text,
    Switch,
    StatusBar,
} from 'react-native';

import {
    Header,
    LearnMoreLinks,
    Colors,
    DebugInstructions,
    ReloadInstructions,
} from 'react-native/Libraries/NewAppScreen';

export default class App extends Component {
    state = {
        value: false,
    }
    render() {
        return (
            <>
                <StatusBar barStyle="dark-content" />
                <SafeAreaView>
                    <ScrollView
                        contentInsetAdjustmentBehavior="automatic"
                        style={styles.scrollView}>
                        <Header />
                        {global.HermesInternal == null ? null : (
                            <View style={styles.engine}>
                                <Text style={styles.footer}>Engine: Hermes</Text>
                            </View>
                        )}
                        <View style={styles.body}>
                            <View style={styles.sectionContainer}>
                                <Text style={styles.sectionTitle}>Components</Text>
                                <View style={styles.sectionContainer}>
                                <Switch style={{ marginLeft: 20 }} value={this.state.
                                    value} thumbColor='black' onValueChange={(value)
                                    => {
                                    this.setState({
                                        value: value
                                    })
                                }} />
                                </View>
                            </View>
                        </View>
                </View>
```

```
                    </ScrollView>
                </SafeAreaView>
            </>
        );
    }
};

const styles = StyleSheet.create({
    body: {
        backgroundColor: Colors.white,
    },
    sectionContainer: {
        marginTop: 32,
        paddingHorizontal: 24,
    },
});
```

使用 Xcode 运行应用程序，得到图 14-3 所示的运行效果。

图 14-3　运行效果

React Native 的 Switch 控件和 iOS 原生中的 UISwitch 控件是类似的。打开或者关闭 Switch，在 Xcode 的控制台中，均可以看到正常触发的 $AppClick 事件信息。

```
{
    "properties": {
        "$model": "x86_64",
        "$manufacturer": "Apple",
        "$element_type": "RCTSwitch",
        "$lib_version": "1.0.0",
        "$os": "iOS",
        "$element_content": "checked",
        "$app_version": "1.0",
        "$screen_name": "UIViewController",
        "$os_version": "12.3",
        "$lib": "iOS"
    },
    "event": "$AppClick",
    "time": 1576142976118,
    "distinct_id": "E934E526-6517-4CA1-A61E-0DCE2172D56A"
}
```

同时可以看出，即使我们在 SensorsSDK 中没有做任何修改，也可以正常采集 React Native 中 Switch 控件的点击事件信息。从 $element_type 属性可以看到，在 React Native 中，Switch 控件所对应的类是 RCTSwitch。

我们下面继续查看 RCTSwitch 相关的源码。

RCTSwitch.h 定义如下：

```
/**
 * Copyright (c) Facebook, Inc. and its affiliates.
 *
 * This source code is licensed under the MIT license found in the
 * LICENSE file in the root directory of this source tree.
 */

#import <UIKit/UIKit.h>

#import <React/RCTComponent.h>

@interface RCTSwitch : UISwitch

@property (nonatomic, assign) BOOL wasOn;
@property (nonatomic, copy) RCTBubblingEventBlock onChange;

@end
```

RCTSwitch.m 实现如下：

```
/**
 * Copyright (c) Facebook, Inc. and its affiliates.
 *
 * This source code is licensed under the MIT license found in the
```

```
 * LICENSE file in the root directory of this source tree.
 */

#import "RCTSwitch.h"

#import "RCTEventDispatcher.h"
#import "UIView+React.h"

@implementation RCTSwitch

- (void)setOn:(BOOL)on animated:(BOOL)animated {
  _wasOn = on;
  [super setOn:on animated:animated];
}

@end
```

从代码中可以看出，RCTSwitch 其实是继承自 UISwitch 的子类控件。前文已经在 SensorsSDK 中实现了 iOS 原生 UISwitch 控件的 $AppClick 事件全埋点，所以自然也支持 React Native 的 RCTSwitch 控件的 $AppClick 事件全埋点。

在 React Native 中，类似于 Switch 控件的还有 Slider、SegmentedControlIOS 等控件。对于这些控件来说，它们都可以支持采集各自的 $AppClick 事件信息。但是，对于 React Native 中的 Button 控件来说，情况就不太一样了。

我们可以先试验一下，修改 App.js 文件，在页面中的 UISwitch 控件的下方添加一个 Button 控件。

```
import React, { Component } from 'react';
import {
    SafeAreaView,
    StyleSheet,
    ScrollView,
    View,
    Text,
    Switch,
    Button,
    Alert,
    StatusBar,
} from 'react-native';

import {
    Header,
    Colors,
} from 'react-native/Libraries/NewAppScreen';

export default class App extends Component {
    state = {
```

```
            value: false,
        }
    render() {
        return (
            <>
                <StatusBar barStyle="dark-content" />
                <SafeAreaView>
                    <ScrollView
                        contentInsetAdjustmentBehavior="automatic"
                        style={styles.scrollView}>
                        <Header />
                        {global.HermesInternal == null ? null : (
                            <View style={styles.engine}>
                                <Text style={styles.footer}>Engine: Hermes</Text>
                            </View>
                        )}
                        <View style={styles.body}>
                            <View style={styles.sectionContainer}>
                                <Text style={styles.sectionTitle}>Components</Text>
                                <View style={styles.sectionContainer}>
                                    <Switch style={{ marginLeft: 20 }} value={this.
                                        state.value} thumbColor='black' onValueChange=
                                        {(value) => {
                                        this.setState({
                                            value: value
                                        })
                                    }} />
                                </View>
                                <View style={styles.sectionContainer}>
                                    <Button title="Press me" onPress={() =>
                                        Alert.alert('Simple Button pressed')} />
                                </View>
                            </View>
                        </View>
                    </ScrollView>
                </SafeAreaView>
            </>
        );
    }
};

const styles = StyleSheet.create({
    scrollView: {
        backgroundColor: Colors.lighter,
    },
    engine: {
        position: 'absolute',
        right: 0,
    },
```

```
    body: {
        backgroundColor: Colors.white,
    },
    sectionContainer: {
        marginTop: 32,
        paddingHorizontal: 24,
    },
    sectionTitle: {
        fontSize: 24,
        fontWeight: '600',
        color: Colors.black,
    },
    highlight: {
        fontWeight: '700',
    },
    footer: {
        color: Colors.dark,
        fontSize: 12,
        fontWeight: '600',
        padding: 4,
        paddingRight: 12,
        textAlign: 'right',
    },
});
```

保存之后，我们可以看到在 Switch 控件的下方出现了刚添加的按钮。点击按钮，弹出一个提示窗口，与 iOS 系统里的 UIAlert 的显示效果相同，如图 14-4 所示。

图 14-4　提示窗口

但是此时，我们在 Xcode 的控制台中并没有看到 $AppClick 事件被触发。

那么，我们如何实现 React Native 中 Button 控件的 $AppClick 事件全埋点呢？

14.2　React Native 全埋点

在实现 Button 控件的 $AppClick 事件全埋点之前，我们先简单介绍一下 React Native 的事件响应机制。

14.2.1　事件响应

在 React Native 中，触摸事件响应会涉及 JavaScript 端和 Native 端，这里的 Native 端指的是 iOS，本章内容暂不涉及 Android。

我们使用 Xcode 打开 AwesomeProject 项目，查看 Pod 工程中 React Native 的源码，通过类名很容易找到两个与触摸事件相关的类。

❑ RCTTouchEvent

❑ RCTTouchHandler

RCTTouchEvent 类实现了 RCTEvent 协议。从触摸开始、移动到触摸结束或取消，都会创建一个 RCTTouchEvent 类的对象，用来描述触摸的各个阶段。在 Native 端，将触摸状态发送到 JavaScript 端的过程中，传递的也是 RCTTouchEvent 类的对象。其实，RCTTouchEvent 类的对象就是在 RCTTouchHandler 类中创建的。

RCTTouchHandler 类继承自 UIGestureRecognizer 类，也就是说，RCTTouchHandler 类其实就是一个手势识别器，它重写了触摸响应传递的如下几个方法。

```
- (void)touchesBegan:(NSSet<UITouch *> *)touches withEvent:(UIEvent *)event;
- (void)touchesMoved:(NSSet<UITouch *> *)touches withEvent:(UIEvent *)event;
- (void)touchesEnded:(NSSet<UITouch *> *)touches withEvent:(UIEvent *)event;
- (void)touchesCancelled:(NSSet<UITouch *> *)touches withEvent:(UIEvent *)event;
```

这几个方法中，都会调用 -_updateAndDispatchTouches:eventName: 方法。-_updateAnd-DispatchTouches:eventName: 方法使用 RCTTouchEvent 类的对象来描述当前的触摸状态。由于 RCTTouchHandler 类也是一个手势识别器，因此需要将其添加到一个视图中才能响应触摸事件。

我们先看看 AwesomeProject 项目 AppDelegate.m 文件中 -application:didFinishLaunching-WithOptions: 方法的实现。

```
- (BOOL)application:(UIApplication *)application didFinishLaunchingWithOptions:(
    NSDictionary *)launchOptions
{
    [SensorsAnalyticsSDK startWithServerURL:@"xxxx"];
    [[SensorsAnalyticsSDK sharedInstance] enableTrackReactNativeEvent];
```

```
RCTBridge *bridge = [[RCTBridge alloc] initWithDelegate:self launchOptions:
    launchOptions];
RCTRootView *rootView = [[RCTRootView alloc] initWithBridge:bridge
moduleName:@"AwesomeProject"
                                        initialProperties:nil];

rootView.backgroundColor = [[UIColor alloc] initWithRed:1.0f green:1.0f
    blue:1.0f alpha:1];

self.window = [[UIWindow alloc] initWithFrame:[UIScreen mainScreen].bounds];
UIViewController *rootViewController = [UIViewController new];
rootViewController.view = rootView;
self.window.rootViewController = rootViewController;
[self.window makeKeyAndVisible];
return YES;
}
```

可以看到，首先创建了一个 RCTRootView 对象作为一个视图控制器的视图，然后将该视图控制器设置为 window 对象的根视图控制器。在 RCTRootView 类中，有一个很重要的视图对象，即 RCTRootContentView 类型的 _contentView。该视图对象是在 JavaScript 包加载完成之后创建的。在 React Native 中，所有 JavaScript 端生成的页面其实都添加在该视图对象中。在 _contentView 创建的时候，同时也会创建 RCTTouchHandler 类的对象并调用 -attachToView: 方法，将手势识别器添加到 _contentView 中。这也就意味着，在 _contentView 中发生的所有触摸事件都会交由 RCTTouchHandler 类的对象进行处理。

这个时候你会不会在想，如果我们交换了 RCTTouchHandler 类的 -_updateAndDispatch-Touches:eventName: 方法，是否就可以采集到控件的 $AppClick 事件？虽然通过这种方法，能接收到所有的触摸事件，但是我们无法知道在 JavaScript 端到底是哪个控件响应了触摸事件。因此，该实现方案并不可取，不能满足我们实际的全埋点采集需求。

我们继续往下分析。

在 RCTTouchHandler 类的对象处理完成之后，会通过一系列方法将触摸事件发送到 JavaScript 端。在 JavaScript 端也实现了类似于 Native 端的触摸事件处理机制——手势响应系统。每个触摸事件都可以通过手势响应系统找到能够响应的组件，并执行响应事件。当触摸事件找到响应者时，会触发 ReactNativeGlobalResponderHandler.js 的 onChange 方法，相关代码片段如下。

```
// Module provided by RN:
var ReactNativeGlobalResponderHandler = {
    onChange: function(from, to, blockNativeResponder) {
        if (to !== null) {
            var tag = to.stateNode._nativeTag;
            ReactNativePrivateInterface.UIManager.setJSResponder(
                tag,
                blockNativeResponder
```

```
            );
        } else {
            ReactNativePrivateInterface.UIManager.clearJSResponder();
        }
    }
};
```

从上面的代码可以看出，当响应控件触摸事件的时候，JavaScript 端会调用 UIManager 中的 -setJSResponder: 方法，然后会调用 Native 端的 RCTUIManager 类中的 -setJSResponder: blockNativeResponder: 方法。该方法的实现代码较少，参考如下。

```
/**
 * JS sets what *it* considers to be the responder. Later, scroll views can use
 * this in order to determine if scrolling is appropriate.
 */
RCT_EXPORT_METHOD(setJSResponder:(nonnull NSNumber *)reactTag
                  blockNativeResponder:(__unused BOOL)blockNativeResponder)
{
    [self addUIBlock:^(__unused RCTUIManager *uiManager, NSDictionary<NSNumber *,
        UIView *> *viewRegistry) {
        _jsResponder = viewRegistry[reactTag];
        if (!_jsResponder) {
            RCTLogWarn(@"Invalid view set to be the JS responder - tag %@", reactTag);
        }
    }];
}
```

该方法有两个参数，通过第一个参数 reactTag 可以获取响应者。

介绍到这里，我们已经实现 React Native 中 Button 控件 $AppClick 事件的全埋点。

14.2.2　$AppClick 事件

我们下面详细介绍实现步骤。

第一步：在 SensorsSDK 项目中，给 SensorsAnalyticsSDK 新增一个类别 ReactNative，并新增一个 -enableTrackReactNativeEvent 方法，用来开启 React Native 中 $AppClick 事件的全埋点功能。

在 SensorsAnalyticsSDK.h 文件中，类别 ReactNative 声明如下：

```
@interface SensorsAnalyticsSDK (ReactNative)

- (void)enableTrackReactNativeEvent;

@end
```

在 SensorsAnalyticsSDK.m 文件中，类别 ReactNative 实现如下：

```objc
#import <objc/runtime.h>

@implementation SensorsAnalyticsSDK (ReactNative)

/**
 * 交换两个方法的实现
 *
 * @param className需要交换的类名称
 * @param methodName1被交换的方法名称，即原始的方法
 * @param methodName2交换后的方法名称，即新的实现方法
 * @param method2IMP交换后的方法实现
 */
static inline void sensorsdata_method_exchange(const char *className, const char
    *methodName1, const char *methodName2, IMP method2IMP) {
    // 通过类名获取类
    Class cls = objc_getClass(className);
    // 获取原始方法的名称
    SEL selector1 = sel_getUid(methodName1);
    // 通过方法名获取方法指针
    Method method1 = class_getInstanceMethod(cls, selector1);
    // 获得指定方法的描述
    struct objc_method_description *desc = method_getDescription(method1);
    if (desc->types) {
        // 把交换后的实现方法注册到Runtime
        SEL selector2 = sel_registerName(methodName2);
        // 通过运行时把方法动态添加到类中
        if (class_addMethod(cls, selector2, method2IMP, desc->types)) {
            // 获取实例方法
            Method method2  = class_getInstanceMethod(cls, selector2);
            // 交换方法
            method_exchangeImplementations(method1, method2);
        }
    }
}

- (void)enableTrackReactNativeEvent {
    sensorsdata_method_exchange("RCTUIManager", "setJSResponder:blockNative-
        Responder:", "sensorsdata_setJSResponder:blockNativeResponder:", (IMP)
        sensorsdata_setJSResponder);
}

static void sensorsdata_setJSResponder(id obj, SEL cmd, NSNumber *reactTag, BOOL
    blockNativeResponder) {

}

@end
```

第二步：实现交换后的 sensorsdata_setJSResponder 函数。

该函数需要实现三件事情。

1）调用原始的方法，保证 React Native 可以继续完成触摸事件的响应。

2）获取触发事件响应的视图控件。

3）触发 $AppClick 事件。

完整的代码实现如下：

```
@implementation SensorsAnalyticsSDK (ReactNative)

......

static void sensorsdata_setJSResponder(id obj, SEL cmd, NSNumber *reactTag, BOOL
    blockNativeResponder) {
    // 先执行原来的方法
    SEL oriSel = sel_getUid("sensorsdata_setJSResponder:blockNativeResponder:");
    // 获取原始方法的实现函数指针
    void (*imp)(id, SEL, id, BOOL) = (void (*)(id, SEL, id, BOOL))[obj methodFor-
        Selector:oriSel];
    // 完成第一步调用原始方法，使React Native完成事件响应
    imp(obj, cmd, reactTag, blockNativeResponder);

    dispatch_async(dispatch_get_main_queue(), ^{
        // 获取viewForReactTag:的方法名称，目的是获取触发当前触摸事件的控件
        SEL viewForReactTagSelector = NSSelectorFromString(@"viewForReactTag:");
        // 完成第二步，获取响应触摸事件的视图
        UIView *view = ((UIView * (*)(id, SEL, NSNumber *))[obj methodForSelector:
            viewForReactTagSelector])(obj, viewForReactTagSelector, reactTag);

        // 触发$AppClick事件
        [[SensorsAnalyticsSDK sharedInstance] trackAppClickWithView:view properties:nil];
    });
}

@end
```

第三步：在 AppDelegate.m 文件的 -application:didFinish LaunchingWithOptions: 方法中，初始化 SDK 之后，调用 SensorsAnalyticsSDK 的 -enableTrack ReactNativeEvent 方法开启 React Native 的 $AppClick 事件全埋点。

```
@implementation AppDelegate

- (BOOL)application:(UIApplication *)application didFinishLaunchingWithOptions:(
    NSDictionary *)launchOptions
{
    [SensorsAnalyticsSDK startWithServerURL:@"xxxx"];
    [[SensorsAnalyticsSDK sharedInstance] enableTrackReactNativeEvent];
```

```
    ......

    return YES;
}

......

@end
```

第四步：测试验证。

运行 AwesomeProject 项目，点击"Press me"按钮，在 Xcode 控制台中可以看到 $AppClick 事件信息。

```
{
    "properties": {
        "$model": "x86_64",
        "$manufacturer": "Apple",
        "$element_type": "RCTView",
        "$lib_version": "1.0.0",
        "$os": "iOS",
        "$app_version": "1.0",
        "$screen_name": "UIViewController",
        "$os_version": "12.3",
        "$lib": "iOS"
    },
    "event": "$AppClick",
    "time": 1576146363711,
    "distinct_id": "E934E526-6517-4CA1-A61E-0DCE2172D56A"
}
```

但是，我们发现没有 $element_content 属性，其实按钮上是有文本的（Press me）。也就是说，之前获取视图控件显示内容的方法并没有覆盖到 React Native 的控件，因此，需要修改之前实现的 UIView+SensorsData.m 中获取控件显示内容的扩展方法 -sensorsdata_elementContent。通过 RCTView 的源码可知，控件上的内容可以通过 accessibilityLabel 属性进行获取。因此在 -sensorsdata_elementContent 方法中，当获取到的内容为空时，返回 accessibilityLabel 属性即可。

```
@implementation UIView (SensorsData)

- (NSString *)sensorsdata_elementContent {
    // 如果是隐藏控件，不获取控件内容
    if (self.isHidden || self.alpha == 0) {
        return nil;
    }
    // 初始化数组，用于保存子控件的内容
    NSMutableArray *contents = [NSMutableArray array];
    for (UIView *view in self.subviews) {
```

```
    // 获取子控件的内容
    // 如果子类有内容, 例如: UILabel 的text, 获取到的就是text属性
    // 如果没有就递归调用此方法, 获取其子控件的内容
    NSString *content = view.sensorsdata_elementContent;
    if (content.length > 0) {
        // 当该子控件中有内容, 则将其保存在数组中
        [contents addObject:content];
    }
}
// 当未获取到子控件内容时, 返回空。如果获取到多个子控件的内容, 使用"-"拼接
return contents.count == 0 ? self.accessibilityLabel : [contents componentsJoined-
    ByString:@"-"];
}

@end
```

再次运行 AwesomeProject 项目，点击 "Press me" 按钮，就能看到 $AppClick 事件已有 $element_content 属性。

```
{
    "properties": {
        "$model": "x86_64",
        "$manufacturer": "Apple",
        "$element_type": "RCTView",
        "$lib_version": "1.0.0",
        "$os": "iOS",
        "$element_content": "Press me",
        "$app_version": "1.0",
        "$screen_name": "UIViewController",
        "$os_version": "12.3",
        "$lib": "iOS"
    },
    "event": "$AppClick",
    "time": 1576146741159,
    "distinct_id": "E934E526-6517-4CA1-A61E-0DCE2172D56A"
}
```

不过问题并没有就此结束！当点击 Switch 控件的时候，发现会触发两次 $AppClick 事件。之前有提到一些特殊的控件其实已经支持采集 $AppClick 事件，但是当点击这些控件的时候，React Native 同样也会执行触摸事件的响应流程，因此造成触发两次 $AppClick 事件。对于这种情况，我们需要在采集 React Native 的 $AppClick 事件时，把这些特殊的控件给剔除。修改 sensorsdata_setJSResponder 函数的实现，在触发 $AppClick 事件之前判断点击的控件是否是 UIControl 子类控件，如果是，直接返回。

```
@implementation SensorsAnalyticsSDK (ReactNative)

......
```

```objc
static void sensorsdata_setJSResponder(id obj, SEL cmd, NSNumber *reactTag, BOOL
    blockNativeResponder) {
    // 先执行原来的方法
    SEL oriSel = sel_getUid("sensorsdata_setJSResponder:blockNativeResponder:");
    // 获取原始方法的实现函数指针
    void (*imp)(id, SEL, id, BOOL) = (void (*)(id, SEL, id, BOOL))[obj methodForSelector:
        oriSel];
    // 完成第一步调用原始方法，使React Native完成事件响应
    imp(obj, cmd, reactTag, blockNativeResponder);

    dispatch_async(dispatch_get_main_queue(), ^{
        // 获取viewForReactTag: 的方法名称，目的是获取触发当前触摸事件的控件
        SEL viewForReactTagSelector = NSSelectorFromString(@"viewForReactTag:");
        // 完成第二步，获取响应触摸事件的视图
        UIView *view = ((UIView * (*)(id, SEL, NSNumber *))[obj methodForSelector:
            viewForReactTagSelector])(obj, viewForReactTagSelector, reactTag);
        // 如果是UIControl的子类控件，例如RCTSwitch、RCTSlider等，直接返回
        if ([view isKindOfClass:UIControl.class]) {
            return;
        }
        // 触发$AppClick事件
        [[SensorsAnalyticsSDK sharedInstance] trackAppClickWithView:view-
            properties:nil];
    });
}

@end
```

如果此时你以为已经考虑到了所有情况，那你就错了。当我们滚动页面的时候，同样也会触发 $AppClick 事件！

```json
{
    "properties": {
        "$model": "x86_64",
        "$manufacturer": "Apple",
        "$element_type": "RCTScrollView",
        "$lib_version": "1.0.0",
        "$os": "iOS",
        "$element_content": "Welcome to React-Components-checked-Press me",
        "$app_version": "1.0",
        "$screen_name": "UIViewController",
        "$os_version": "12.3",
        "$lib": "iOS"
    },
    "event": "$AppClick",
    "time": 1576147089922,
    "distinct_id": "E934E526-6517-4CA1-A61E-0DCE2172D56A"
}
```

这是因为在滚动页面时，React Native 的 JavaScript 端同样会回调该响应方法，因此，这种情况同样需要排除在外。通过代码实现发现，在滚动页面时，在 sensorsdata_setJSResponder 函数中获取的视图类型其实是 RCTScrollView，因此，实现也比较简单。

```
@implementation SensorsAnalyticsSDK (ReactNative)

......

static void sensorsdata_setJSResponder(id obj, SEL cmd, NSNumber *reactTag, BOOL
    blockNativeResponder) {
    // 先执行原来的方法
    SEL oriSel = sel_getUid("sensorsdata_setJSResponder:blockNativeResponder:");
    // 获取原始方法的实现函数指针
    void (*imp)(id, SEL, id, BOOL) = (void (*)(id, SEL, id, BOOL))[obj methodFor-
        Selector:oriSel];
    // 完成第一步调用原始方法，使React Native完成事件响应
    imp(obj, cmd, reactTag, blockNativeResponder);

    dispatch_async(dispatch_get_main_queue(), ^{
        // 获取viewForReactTag: 的方法名称，目的是获取触发当前触摸事件的控件
        SEL viewForReactTagSelector = NSSelectorFromString(@"viewForReactTag:");
        // 完成第二步，获取响应触摸事件的视图
        UIView *view = ((UIView * (*)(id, SEL, NSNumber *))[obj methodForSelector:
            viewForReactTagSelector])(obj, viewForReactTagSelector, reactTag);
        // 如果是UIControl的子类控件，例如RCTSwitch、RCTSlider等，直接返回
        // 如果是RCTScrollView，说明是响应滑动，并不是控件的点击
        if ([view isKindOfClass:UIControl.class] || [view isKindOfClass:NSClass
            FromString(@"RCTScrollView")]) {
            return;
        }
        // 触发$AppClick事件
        [[SensorsAnalyticsSDK sharedInstance] trackAppClickWithView:view properties:nil];
    });
}

@end
```

到此，我们已经实现 React Native 的 $AppClick 事件的全埋点。

Android全埋点解决方案

畅销书，广获好评!

    这是一本实战为导向的、翔实的Android全埋点技术与解决方案手册，是国内知名大数据公司神策数据在该领域多年实践经验的总结。由神策数据合肥研发中心负责人亲自执笔，他在Android领域有近10年研发经验，开发和维护着知名的商用开源 Android & iOS 数据埋点SDK。

    本书详细阐述了 Android 全埋点的8种解决方案，涵盖各种场景，从0到1详解技术原理和实现步骤，并且提供完整的源代码，各级研发工程师均可借此实现全埋点数据采集，为市场解开全埋点的神秘面纱。

    8种Android全埋点解决方案包括:

$AppClick 全埋点方案1: 代理 View.OnClickListener、

$AppClick 全埋点方案2: 代理 Window.Callback

$AppClick 全埋点方案3: 代理 View.AccessibilityDelegate

$AppClick 全埋点方案4: 透明层

$AppClick 全埋点方案5: AspectJ

$AppClick 全埋点方案6: ASM

$AppClick 全埋点方案7: Javassist

$AppClick 全埋点方案8: AST